锂离子电池用纳米硅及硅碳负极材料

罗学涛　刘应宽　甘传海　著

北　京

冶　金　工　业　出　版　社

2023

内 容 提 要

本书系统介绍电子束制备物理气相沉积硅的机理，从数值模拟角度提出氩气调控制备气相沉积硅的技术，分析气态硅迁移、沉积行为及气相沉积硅的微观结构，并通过研磨法制备纳米硅-氧化硅颗粒。在此基础上，利用自组装法制备了纳米硅-碳负极材料及硅-碳/石墨负极材料，分析其微观结构和物化状态，通过循环测试分析了电化学性能，并阐明硅烷偶联剂对纳米硅-碳负极材料微观结构和电化学性能的影响。从微观结构和物相变化角度论述纳米硅-碳负极材料嵌脱锂稳定性，阐明了纳米硅颗粒与碳层的破坏、$Li_{15}Si_4$ 合金生长的电极电位以及对嵌脱锂稳定性的影响。

本书可供材料科学与工程、冶金工程、材料化学、能源材料与器件、应用化学等专业的科研人员及高校教师阅读，可以作为新能源新材料及锂离子电池企业技术人员引进或技术改造的参考资料，也可作有关专业研究生或大学生的参考书。

图书在版编目（CIP）数据

锂离子电池用纳米硅及硅碳负极材料/罗学涛，刘应宽，甘传海著 . —北京：冶金工业出版社，2020.8（2023.8 重印）
ISBN 978-7-5024-8569-6

Ⅰ.①锂… Ⅱ.①罗… ②刘… ③甘… Ⅲ.①锂离子电池—纳米材料 Ⅳ.①TM912

中国版本图书馆 CIP 数据核字（2020）第 165202 号

锂离子电池用纳米硅及硅碳负极材料

出版发行	冶金工业出版社	电　话	(010)64027926
地　址	北京市东城区嵩祝院北巷 39 号	邮　编	100009
网　址	www.mip1953.com	电子信箱	service@ mip1953.com

责任编辑　刘小峰　曾　媛　美术编辑　彭子赫　版式设计　孙跃红
责任校对　王永欣　责任印制　窦　唯
北京捷迅佳彩印刷有限公司印刷
2020 年 8 月第 1 版，2023 年 8 月第 3 次印刷
710mm×1000mm　1/16；14.5 印张；284 千字；222 页
定价 **99.00 元**

投稿电话　(010)64027932　投稿信箱　tougao@cnmip.com.cn
营销中心电话　(010)64044283
冶金工业出版社天猫旗舰店　yjgycbs.tmall.com
（本书如有印装质量问题，本社营销中心负责退换）

序　言

目前，锂离子电池已广泛应用于新能源汽车、电子信息等国民经济各个领域。电动汽车、储能装置、人工智能等新型领域对锂离子电池提出了更高能量密度和更高安全性的要求，以磷酸铁锂和钴酸锂为正极、石墨为负极的主流电极材料已无法满足高性能锂离子电池的要求。随着高比容量、高电压 NCM、NCA 等新型三元正极材料技术的突破，亟待研制出与之相匹配的负极材料。由于硅作为负极具有最高理论比容量，因此纳米硅-碳复合负极材料被认为最有希望应用于高性能锂离子电池的负极材料。

市场上商业应用的锂离子负极材料是以石墨为主的碳质材料且研究相对成熟。厦门大学罗学涛教授研究团队与宁夏东梦能源股份有限公司刘应宽董事长进行了长期的产学研合作，对纳米硅材料和硅碳复合负极材料进行了深入研究和产品开发，并取得了技术突破。本书从锂离子电池负极材料专业角度，系统阐述了纳米硅及硅-碳负极材料的制备原理、方法，提出适合于工业化生产的纳米硅和纳米硅-碳负极材料制备新技术。特别是使用电子束精炼制备太阳能级多晶硅过程产生的副产物多孔纳米硅，通过机械研磨和树脂复合自组装成硅-碳负极材料，独具特色。该技术使得低成本、工业化制备纳米硅以及纳米硅-碳负极材料成为可能，填补了国内外无法低成本且大规模工业化生产纳米硅-碳负极材料的空白。

　　本书兼具深入的理论分析和详细的制备技术案例。相信本书的出版能够促进纳米硅-碳负极材料在高性能锂离子电池的应用，提升电池制备企业的技术水平，推动我国锂离子电池的行业发展。

何 季麟　院士

2020 年 8 月 9 日

前　言

　　近年来，新能源汽车、储能装置、人工智能等行业对锂离子电池能量密度和使用安全性提出越来越高的要求。新型纳米硅-碳复合负极材料匹配三元正极材料构成的锂离子电池，被认为是最有希望实现能量密度大于 $300W \cdot h/kg$ 的负极材料。然而，纳米硅制备、硅碳材料复合技术，以及纳米硅-碳负极材料在充放电过程的电化学现象等尚需深入研究。这些问题没有得到完全解决，将影响到纳米硅-碳负极材料在锂离子电池的大规模市场化应用。

　　基于学术研究与产业化实际需求，厦门大学罗学涛教授研究团队与宁夏东梦能源股份有限公司刘应宽董事长（教授级高工）进行了多年紧密的产学研合作，开展了课题"用于负极材料的纳米硅粉制备及产业化应用技术研究"和宁夏回族自治区东西部科技合作项目"EDM 法制备晶体硅延伸技术的研究"，取得了制造技术和性能验证等各方面的突破。本书结合国内外硅-碳负极材料的先进技术现状，基于产学研合作项目的研究成果和甘传海博士论文《基于物理气相沉积纳米晶硅的锂离子电池负极材料研究》，对当前锂离子电池发展的趋势、纳米硅-碳负极材料前瞻性工作进行了深入剖析，对研究团队的相关工作进行深入总结。

　　本书共分 8 章，第 1 章对锂离子电池发展历史作简要回顾，分析了当前锂离子电池发展趋势以及市场应用情况；第 2 章介绍了锂离子电池基本构造、嵌/脱锂机理以及硅基负极材料在锂离子电池中的应用；第 3 章介绍了制备纳米硅-碳负极材料的常用方法；第 4 章阐述了电子束熔炼蒸发技术制备物理气相沉积纳米晶硅；第 5 章阐述了机械研磨物理气相沉积纳米晶硅制备硅纳米颗粒；第 6 章阐述了核壳结构纳米硅-碳负极材料在充放电过程微观结构和物相变化特点，探究其嵌脱锂稳定性；第 7 章阐述了自组装法制备纳米硅-碳负极材料及其电化学性能；第 8 章阐述了自组装法制备纳米硅-碳/石墨负极材料及其电化学性能，特别是 $Li_{15}Si_4$ 合金对电化学性能的影响。

学术界和产业界关于锂电池方面的书籍可谓汗牛充栋，本书具有鲜明的特色：一是专业性非常强。全书只专注于纳米硅-碳负极材料制备、表征分析以及在锂电池的电化学性能研究；二是重点阐述了电子束蒸发与机械研磨组合工艺制备硅纳米颗粒，提出了低成本、大规模制备纳米硅的新技术。本书可作为从事电池研究的科研工作者的参考书，也可作为高校研究生教材。希望本书的出版能够对纳米硅工业化制备、纳米硅-碳负极材料制备以及锂离子电池技术的发展起到积极的促进作用。

本书在撰写过程中引用了一部分书籍、研究报告以及学术论文等的图表和数据（见各章节参考文献），特向有关作者表示感谢。宁夏东梦能源股份有限公司的温卫东总经理对书稿提出建设性意见和生产现场条件支持，陈方明主管和刘邦技术员给予了工艺指导；博士后温书涛在试验模拟仿真方面做了大量工作。在此一并表示感谢！

由于作者水平所限，书中难免存在错误和不足，欢迎广大读者批评指正。

罗学涛　刘应宽　甘传海

2020 年 3 月 30 日

目　录

1 绪 论

电池在国民经济社会中扮演着举足轻重的作用。小到手机及各种电子产品，大到汽车甚至航空航天飞机，都能看到它的身影[1,2]。传统化石能源的相对短缺危机以及使用过程产生的环境污染问题，促使人们考虑以电池作为汽车的动力能源；传统的燃油发动机，由于具有机械联动滞后性，不适合用于自动驾驶汽车，而电池作为汽车动力不存在这一缺点，所以自动驾驶、人工智能等新兴技术的使用也促进了电池的商业化使用。

2019 年的诺贝尔化学奖颁发给了锂电池领域的 Goodenough、Whittingham 和 Yoshino 三位教授，以表彰他们的贡献，这也表明电池对社会作用之大。可以预见，电池将在工业和生活方方面面发挥越来越重要的作用[3]。

电池的发展已经经历了 200 余年历史。1771 年意大利生理学家、解剖学家 Galvani 发现蛙腿肌肉接触金属刀片时会发生痉挛，1800 年意大利化学家 Vota 发明了电堆，1866 年法国工程师 Leclanché 发明了 $Zn-MnO_2$ 一次电池。从宇宙大爆炸初期形成锂元素，到 1821 年 Brande 使用 Vota 电堆的电化学方式对氧化锂进行处理，可重复制备单质锂，宣告了单质锂的问世，再到 1991 年日本索尼公司推出商用锂离子电池，都在续写电池的传奇。

丘吉尔曾说："一个人若想对未来看得足够远，那他就必须向过去看得足够远。"我们通过回顾历史，理清锂电池的发展脉络，看当下锂电池发展趋势和市场化应用情况，展望未来。从事锂电池研究的学者可能常常困惑于为什么跟半导体等电子芯片行业相比，锂电池的发展速度如此之慢。回顾历史，我们发现锂电池的每一步发展都充满了艰辛，想找到一种可行材料好比大海捞针。研究者苦行僧似的研究不一定换取半点进展。

然而，从电池的起源到现在大规模商业应用，我们也可以发现正是学者前赴后继着这种看似徒劳的研究，才不断拓宽了人们对锂电池的认识，促成了某种适合于锂电池的材料，最终将锂电池的发展推向了另一个高度。我们相信锂电池以后的发展之路也仍是这样充满艰辛且徒劳，积累到临界点之后，突破到新的高度。

1.1 电池发展简史

根据是否可以重复充放电，电池可分为一次电池和二次电池。一次电池不可重复充放电，而二次电池可以多次重复充放电。根据电极材料的不同，电池可分为镍铬电池、铅酸电池、锂电池等。根据所用电解质是否为水系，电池可分为水系电池和非水系电池。如果电解质为固态，称为固态电池。根据实际需要，电池可以分为很多类别，不胜枚举。

然而，电池发展到如今琳琅满目的品种，经历了漫长的过程。

任何事物都不是突然出现的，而且事物在引起人们注意之前往往经历了缓慢变化的过程，电池发展也不例外。电池的发展，最早可以追溯到公元初年左右，那时的人类对电池有了原始又朦胧的认识[4]。由于科学技术以及生产力的落后，在后来长达十几个世纪的历史长河中，人类对电池一直停留在那种原始而又朦胧的认识，毫无进展。一直到 18 世纪下半叶，随着科学认识的不断积累和工业技术的发展，特别是电化学学科的发展，电池终于迎来了快速发展阶段。

1771 年，意大利生理学家、解剖学家 Galvani 发现蛙腿肌肉接触金属刀片时会发生痉挛。他于 1791 年发表了实验结果，这标志着电化学（和电生理学）的诞生。

1800 年，意大利化学家 Vota 发明了电堆，如图 1-1 所示。它的构造很简单，即锌（Zn）和银（Ag）作为基本组元，简单的堆叠，同时用盐水润湿的纸张将基本组元隔开。这是第一个真正意义上的电池原型。现在各式各样的电池虽然构造更加复杂，但是本质构造仍然和 Vota 发明的电堆相同。

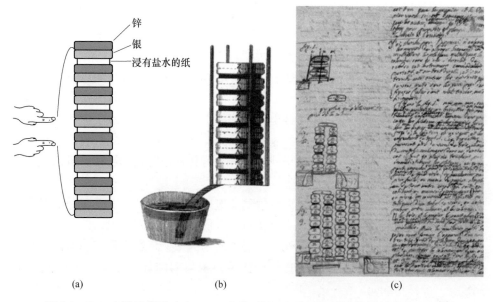

图 1-1 Vota 电堆示意图（a）、Vota 电堆（b）以及 Vota 讲述电堆的手稿（c）[5]

1802 年，德国物理学家 Ritter 发明了 H_2-O_2 二次电池。

Vota 发明了电堆之后的 30 年左右的时间，虽然电池没有取得持续发展，但是科学家对电化学的探索没有中断。这些电化学的探索为后来电池的发展奠定了理论基础。例如，1800 年，英国化学家 Carlisle 和 Nicolson 通过电解的方式成功将水分解为氢气和氧气。但是最早水的电解实验是 1789 年由两名荷兰科学家完成的，当时的电力来自于摩擦生电。1805 年，意大利化学家 Brugnatelli 进行了第一次电沉积，电沉积是在外加电流作用下溶液的金属离子在阴极上还原沉积为金属，即金属从其化合物水溶液中沉积到阴极表面。这个发现奠定了电镀的理论基础。1806 年，英国化学家 Davy 再一次进行了电解水实验。他发现在电解以后，正极的水可以使石蕊试纸变红，说明产生了酸性物质；而负极可以使石蕊试纸变蓝，说明产生了碱性物质。1807 年，Davy 用电解氢氧化钾和氢氧化钠的方法得到了钾和钠金属单质。随后，他又制出了钙、钡、镁、锶等金属物质。

1832 年，电池的发展迎来了里程碑式的壮举，英国科学家 Faraday 基于其电解实验阐述了 Faraday 电解定律，这个定律适用于一切电极反应的氧化还原过程，是电化学反应中的基本定量定律。该理论至今是电池科学的重要定理之一。

1836 年，英国科学家 Daniell 改良“Vota 电堆”，他将锌置于硫酸锌溶液中，将铜置于硫酸铜溶液中，并用盐桥或离子膜等方法将两电解质溶液连接的一种原电池。这种电池解决了电池极化问题，使电池电压趋于稳定，因此这种电池又称丹尼尔电池。

1839 年，英国科学家 Grove 提出了燃料电池的设计原理，该燃料电池利用氢和氧的化合反应。

1854 年，德国物理学家 Sinsteden 发明了铅酸二次电池。

1859 年，法国物理学家 Planté 对铅酸二次电池进行改进，获得了性能更加优异的商用铅酸电池，至今还在市场上应用。

1866 年，法国工程师 Leclanché 发明了 $Zn-MnO_2$ 一次电池。

1887 年，英国人 Hellesen 发明了最早的干电池，干电池的电解液为糊状，不会溢漏，便于携带，最后该种电池发展成电池的一大家族。

1888 年，德国科学家 Nernst 提出了原电池的电动势理论，随后他提出了能斯特方程。

1890 年，美国发明家 Edison 发明可充电的铁镍电池。

1899 年，瑞士工程师 Jungner 发明镍镉二次电池。

1914 年，美国发明家 Edison 发明碱性电池。

1938 年，Rüdorff 和 Hofmann 发明水系离子传导的二次电池。

20 世纪 60 年代，锂金属电池被发明。

1976 年，Philips Research 的科学家发明镍氢电池。

20 世纪 80 年代，以 Armand 和 Goodenough 为代表的科学家发明了非水系二次锂离子电池。

20 世纪 90 年代（1991 年，Yoshino）日本索尼公司推出商用锂离子电池。

1999 年，可充电锂聚合物电池商业化生产。

电池发展的重要节点如图 1-2 所示。电池的发展已有 200 余年历程，不管是从科学探索本身而言，还是工业技术发展所需的角度来看，可以预见的是电池的发展仍然会持续不断。

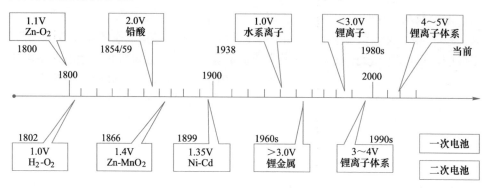

图 1-2 电池发展重要突破时间轴[6]

1.2 锂离子电池的发展趋势

1.2.1 锂元素

如图 1-3（a）所示，锂元素在大概 137 亿年前的宇宙大爆炸初期，经核反应合成的方式形成[7]。锂元素虽然与氢、氦一起作为最原始的三种元素，但是人类对锂元素的认识一直很缺乏。如图 1-3（b）所示，锂元素在地球的储量不仅远低于氢和氦元素，也远低于其他大多数重元素[8]。地球上的锂元素不仅储量相对较少，而且分布很不均匀，大多数锂矿以盐湖的形式分布在南美洲的智利、玻利维亚和阿根廷，如图 1-3（c）所示。

1817 年，年轻的瑞典化学家 Arfwedsen 在叶长石矿物中（LiAlSi$_4$O$_{10}$）发现了一种新的碱性盐。与酸反应时，该碱性盐比氢氧化钾和氢氧化钠等碱性物质更加消耗酸。由于锂是在矿物石头中被首次发现的，他的导师，即瑞典化学家 Berzelius，根据希腊语"石头（κιθος）"的发音，将其命名为 lithion。由于它很活泼，Berzelius 建议把它称为 lithium（锂）。Lithium 的叫法最早可追溯到 1818 年 Berzelius 在给学术期刊编辑写的信件，如图 1-4 所示。

自锂元素被发现之后，人们就试图从矿物质中提取出单质锂。然而，锂的化学性质极其活泼，所以任何方式提取单质锂都面临巨大的挑战。Arfwedsen[11]与合作者尝试了各种化学方法制备单质锂，均告失败。1818 年，Davy 使用 Vota 电

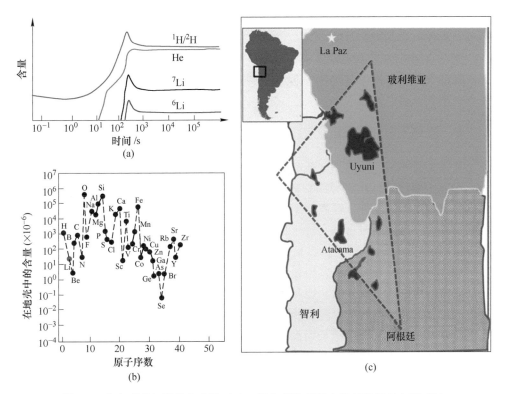

图 1-3 宇宙形成初期核合成锂（a）、锂和其他元素在地球的相对丰度（b）以及南美洲智利、玻利维亚和阿根廷锂储量的“锂三角”（c）[9]

Herr August Arfwedson, ein junger sehr verdienstvoller Chemiker, der seit einem Jahre in meinem Laboratorio arbeitet, fand bei einer Analyse des Petalits von Uto's Eisengrube, einen alka-

Talkerde. Wir haben es Lithion genannt, um dadurch auf seine erste Entdeckung im Mineralreich anzuspielen, da die beiden anderen erst in der organischen Natur entdeckt wurden. Sein Radical wird dann Lithium genannt werden. Wenn Herr

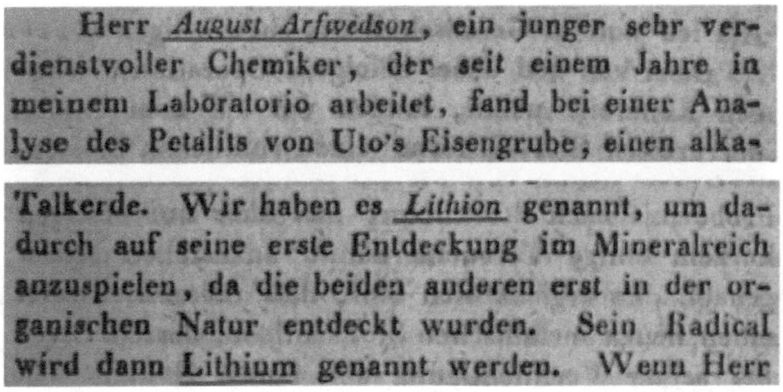

图 1-4 1818 年 Berzelius 在给学术期刊编辑写的信件首次提到 Lithium[10]

堆这种电化学的方式加热碳酸锂，但也没有得到单质锂。

1821 年，Brande 使用 Vota 电堆的电化学方式对氧化锂进行处理，可重复制备单质锂，宣告了单质锂的问世。至此，锂的命运紧紧地与电化学联系在一起。

1855 年，本生和马奇森采用电解熔化氯化锂的方法得到金属锂单质，而工业化制锂是在 1893 年由根涉提出的。实际上，由于锂的化学活泼性，直到今天，单质锂也是通过电解熔融态锂盐的方式制备。这个方法要消耗大量的电能，每炼一吨锂就耗电高达六七万度。

锂在它问世后的 100 多年中，最初主要作为药物用以治疗痛风、哮喘、抑郁、宿醉等，后来逐渐成为医学界的灵丹妙药[12]。锂也被制备成石灰碱，成为很多食物和饮料的添加剂。

1.2.2　锂离子电池的发展历史

作为 3 号元素，自然界存在的锂由两种稳定的同位素^6Li 和^7Li 组成，因此锂的相对原子质量只有 6.9。这就意味着在质量相同时，金属锂比其他活泼金属能提供更多的电子。此外，锂离子半径小，因此锂离子比其他大的离子更容易在电解液中移动，充放电时可以实现正负极间的有效、快速迁移，从而使整个电化学反应得以进行。

锂金属尽管有很多优点，但是制造锂电池还有很多需要克服的困难。首先，锂是非常活泼的碱金属元素，能和水、氧气反应，而且常温下它就能与氮气发生反应。这就导致金属锂的保存、使用或是加工都比其他金属要复杂得多，对环境要求非常高。所以，锂电池长期没有得到应用。随着科学家的攻关，锂电池的技术障碍一个个突破，锂电池渐渐也登上了舞台，锂电池随之进入了大规模的实用阶段。

将锂与电池联系在一起，最早可能要追溯到 1908 年的 Edison[9]，他当时申请的镍铁电池专利提到氢氧化锂添加到电解质中能够使得容量增加 10%，而且循环更加稳定。尽管后来他承认并不知道氢氧化锂的添加对电池性能有没有作用，但确实是将氢氧化锂添加到电解质中，误打误撞发挥了作用。

严谨地说，第一次将锂元素应用在电化学是在锂被发现将近 100 年之后的 Lewis 和 Keyes 精确地测量了锂金属对标准甘汞电极的电极电位，即 3.3044V[13]。可见，元素周期表中的任何元素的电极电位都比锂的更负，这也是现代锂电池的理论基础。

美国国防部和 NASA 的科学家从 20 世纪 50 年代开始着手系统性地研究高能量密度电池[10]。开始时，他们以金属氟化物、金属硫化物金属氧化物为正极、锂金属为负极进行重点研究。然而，他们遇到了锂枝晶、不可逆容量过高等问题，这类电池遇到的问题还包括反应物在每一圈循环过程都经历晶体结构的破坏与重组，所以电池性能均不理想。当然，这些研究成果后来衍生得到现在的一次电池，具有一定的小众市场[14]。

可充电锂电池真正的突破始于 20 世纪 70 年代 Huggins[9]在"主体-客体"化学研究的基础上对层状材料的探索。层状材料的空隙或者隧道能够容纳不同的客体。Whittingham 和 Armand 两人的科研团队也在同时期对此进行研究。1972 年，这些科学家聚集在意大利的 Belgirate 讨论了钠-硫、锂-硫以及锂-空等电池的设计和设想，这些设想如今也还受到学者不断的研究。

20 世纪 70 年代，受到石油危机的影响，美国的 Exxon Mobile 公司开始寻找石油的替代能源。该公司的 Whittingham 领导科研团队开始对锂电池进行研究。Whittingham 团队发现锂离子可以在 TiS_2 中以相当惊人的速度迁移，表明 TiS_2 是储存锂离子的理想材料，如图 1-5（a）所示。1976 年，Whittingham 团队[15]设计了第一个以 TiS_2 为正极、锂金属为负极的锂电池，此后约 40 年的时间一直在使用。然而，TiS_2 遇到空气很不稳定，而且会产生有毒气体。另外，TiS_2 的电极电势不够高，只有 2.5V，限制了它的能量密度。

受到 TiS_2 作为正极材料的启发，Goodenough 认为如果以氧代替硫，那么正极材料不仅能够耐湿气，而且能够获取更高电极电势。1980 年，Goodenough 团队从众多材料中优选出了 $LiCoO_2$，如图 1-5（b）所示。作为正极材料，$LiCoO_2$ 不仅对锂电极电势可达 4V 以上，而且是能够快速传输锂离子的层状材料。然而，此时的负极材料仍然是锂金属。

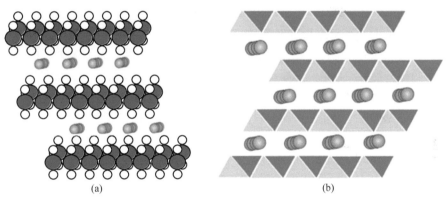

图 1-5　锂离子嵌入层状 TiS_2 示意图（a）[9,15]以及锂离子嵌入层状 $LiCoO_2$ 示意图（b）[16]

1980 年，Armand[9]研究了层状化合物作为正负极材料，如图 1-6 所示。由于层状材料在锂离子嵌入/脱出过程结构变化微小，他预测使用层状材料作为正负极材料将会大大提高锂离子电池容量和锂离子迁移的稳定性[17]。1982 年，伊利诺伊理工大学的 Agarwal 和 Selman 发现锂离子具有嵌入石墨的特性，此过程是快速的，并且可逆。与此同时，采用金属锂制成的锂电池，其安全隐患备受关注，因此人们尝试利用锂离子嵌入石墨的特性制作充电电池。首个可用的锂离子石墨电极由贝尔实验室试制成功。

1983 年，Thackeray 和 Goodenough[18]等人发现锰尖晶石是优良的正极材料，具有低价、稳定和优良的导电、导锂性能。其分解温度高，且氧化性远低于钴酸锂，即使出现短路、过充电，也能够避免燃烧、爆炸的危险。

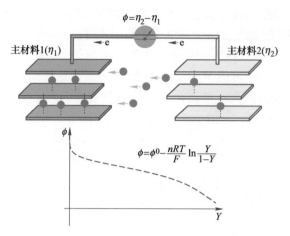

$$\phi=\eta_2-\eta_1$$

主材料1(η_1) 主材料2(η_2)

$$\phi=\phi^0-\frac{nRT}{F}\ln\frac{Y}{1-Y}$$

图 1-6 Armand 提出的以层状化合物作为正负极材料的模型[9]

1989 年，Manthiram 和 Goodenough 发现采用聚合阴离子的正极将产生更高的电压。

1990 年，日本索尼公司将 Yoshino 教授[19]发明的以炭材料为负极，以含锂的化合物作为正极的锂电池商业化，如图 1-7 所示。为了方便记住，也为了区别以锂金属为负极的锂电池，他们把新型的这种含锂电池命名为锂离子电池。在充放电过程中，没有金属锂存在，只有锂离子。随后，锂离子电池革新了消费电子产品的面貌。此类以钴酸锂作为正极材料的电池，至今仍是便携电子器件的主要电源。

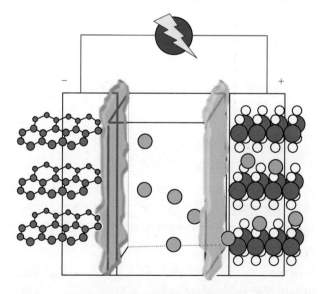

图 1-7 当今锂离子电池模型[9]

　　然而，当时的锂离子电循环还是不够稳定，这是因为当时以碳酸丙烯酯作为电解质的重要成分。当电极电势低于0.8V，碳酸丙烯酯总是会将负极的碳材料剥离，导致锂离子电池循环不稳定，如图1-8红色曲线所示。

　　1992年，日本三洋公司的工程师以及加拿大的Dahn教授研究了电解质对锂离子电池稳定工作所发挥的作用[20]。他们指出首圈充放电过程，电解质中的添加剂碳酸亚乙酯能够在负极界面生成稳定的固态电解质膜，避免了负极材料的剥离，从而提高锂离子电池循环稳定性，如图1-8蓝色曲线所示。

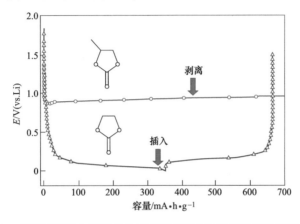

图1-8　碳酸丙烯酯和碳酸亚乙酯对锂离子电池循环稳定性的影响[21]

　　1996年，Padhi和Goodenough发现具有橄榄石结构的磷酸盐，如磷酸铁锂（$LiFePO_4$），比传统的正极材料更具安全性，尤其耐高温、耐过充电性能远超过传统锂离子电池材料。因此，已成为当前主流的大电流放电的动力锂电池的正极材料。目前，在动力电池、电子行业成为商业应用的主流产品。

　　进入21世纪之后，科学家们又陆续发明了更高比容量或是更高电压的多元富锂、富镍、富铝、$LiNi_xCo_yMn_{1-x-y}O_2$、$LiNi_xAl_yMn_{1-x-y}O_2$等正极材料[22-24]，丰富了锂离子电池的发展。

　　2015年3月，日本夏普与京都大学的田中功教授联手成功研发出了使用寿命可达70年之久的锂离子电池。此次试制出的长寿锂离子电池，体积为8cm³，充放电次数可达2.5万次。并且夏普方面表示，此长寿锂离子电池实际充放电1万次之后，其性能依旧稳定。

　　2019年诺贝尔化学奖颁发给了锂电池领域的Goodenough、Whittingham以及Yoshino三位教授。当然，他们值得这样的荣誉。然而，我们也应该看到在锂离子电池发展的历史长河（图1-9），还有很多的科学家和工程师不管是从理论角度还是实际应用角度都做出了非常卓越的工作以及不可磨灭的贡献，不应该被忘记，比如首次提出锂离子"摇椅"迁移概念的Armand、一直孜孜不倦研究富镍正极材料的Dahn[25]、提出"空间电荷层"和"分享式嵌脱锂"的Maier[26]等。

图 1-9　各个时期对锂离子电池发展做出重要贡献的主要科学家[27]

1.2.3　锂离子电池发展趋势

　　纵观电池发展的历史，可以看出当前世界电池工业发展的三个特点：一是绿色环保电池迅猛发展，包括锂离子蓄电池、氢镍电池等；二是一次电池向蓄电池转化，这符合可持续发展战略；三是电池进一步向小、轻、薄方向发展。在商品化的可充电池中，锂离子电池的比能量最高，特别是聚合物锂离子电池，可以实现可充电池的薄形化。

　　正因为锂离子电池的体积比容量和质量比容量高，可充且无污染，具备当前电池工业发展的三大特点，因此，其应用有较快增长。电信、信息市场、移动电话和笔记本电脑的大量使用，特别是自动驾驶等人工智能的发展，给锂离子电池带来了市场机遇。

　　不管是哪类锂离子电池，当前发展趋势是安全的基础上研发更高能量密度的锂离子电池。石墨负极材料、钴酸锂正极材料、磷酸铁锂正极材料等传统的电极材料在商用锂离子电池的使用，其能量密度几乎达到理论极限。锂离子电池能量密度的增加已越来越困难。当前以酯类为溶剂的液态电解质也几乎发挥到了极限。因而，研发高能量密度锂离子电池关键还是材料，比如更高比容量的正极材料、负极材料、电解质等。

　　如图 1-10 所示，历史上科学家们对成千上万的材料做过研究，期望得到可用的锂离子电池材料，然而绝大多数材料都无法投入实际应用，能用的寥寥无几。

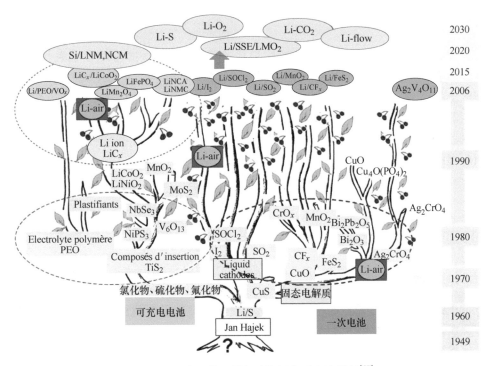

图 1-10　历史上曾经研究过的锂离子电池材料[27]

　　图 1-11 为历史上以及当前正负极主要使用的或研究的材料。当前，比较有希望成为下一代高能量密度锂离子电池的锂离子电池体系有以锂金属作为负极的锂金属电池、以离子液体为电解质的离子液体锂离子电池、以固态聚合物作为电解质的固态锂电池，以及以三元正极材料匹配纳米硅-碳负极材料的锂离子电池[28]。

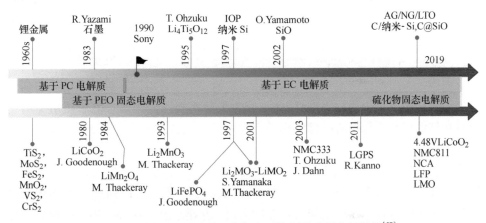

图 1-11　历史上以及当前正负极主要使用的或研究的材料[27]

1.2.3.1　锂金属负极[29]

锂金属作为锂电池的负极，被称为"圣杯"，因为直接使用锂金属作为负极，能够最大程度实现锂电池高能力密度的目标。因此，早期均使用锂金属作为锂电池的负极，20世纪80~90年代加拿大MoLi公司把它推向了商业化。然而，发生的爆炸等事故表明，直接使用锂金属作为负极存在致命的技术问题，即充/放电过程锂金属负极会生长锂枝晶，如图1-12所示。锂枝晶的生长会刺穿隔膜，引起锂电池短路，持续放热，从而引发爆炸。

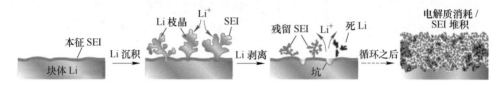

图1-12　锂金属负极在嵌/脱锂循环过程锂枝晶的生长[29]

正因为如此，随着以石墨等碳材料为负极的锂离子电池成功地商业化使用，锂金属负极在很长一段时间被束之高阁，研究者寥寥无几。

然而，随着现在很多设备对高能量密度的需求，特别是电动汽车长续航里程的要求，近年来学者又将目光转向了锂金属负极。

为了解决锂枝晶生长问题，研究者从理论角度和材料设计角度提出了各种方案，比如使用新型的电解质和添加剂。该方法是利用电解质在锂金属表面与锂反应生成稠密的保护层，达到抑制锂枝晶生长的目的。研究表明电解质中的$CsPF_6$、$LiAsF_6$以及极少量的水等对抑制锂枝晶生长起到良好效果。另外一个有效的策略是使用超高浓度锂盐电解质，因为超高浓度锂盐电解质能够显著降低电极与电解质之间的锂离子浓度梯度，从而提高锂离子传输动力，减少锂离子在电极表面的积累，从而抑制锂枝晶生长。然而，高浓度锂盐会导致电解质黏度增加，导致锂离子迁移动力降低，所以，研究者提出了在高浓度锂盐电解质中添加辅助溶剂，即能够稀释电解质浓度，只是不溶解锂离子，因此高浓度锂盐得以维持。

固态电解质的使用也是缓解锂枝晶生长的一个重要思路。固态电解质包括固态聚合物、陶瓷聚合物、固态/陶瓷复合物电解质等。这些固态电解质由于剪切模量比锂的要高，能够有效抑制锂枝晶生长，从而较好维持锂电池循环稳定性。特别是聚环氧乙烷及其衍生物等复合电解质不仅柔性较好、易加工，而且具有自我修复等特殊功能，如图1-13所示。然而，聚环氧乙烷及其衍生物作为固态电解质，在低于60℃时，离子电导率较低，限制了效果。当前固态电解质用于锂金属负极电池存在的另一个问题是厚度太大，甚至超过100μm。固态电解质厚度的增加不仅不利于锂离子传输，而且降低了能量密度。

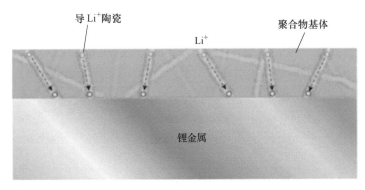

图 1-13 固态电解质对锂金属负极锂枝晶生长的抑制[29]

制备锂薄膜及巧妙结构设计也能有效缓解锂枝晶生长。锂金属负极在循环过程除了锂枝晶生长问题，还有就是巨大的体积膨胀，引起不稳定的循环。降低锂金属负极材料的尺寸以及利用巧妙的结构设计包覆锂金属是有效的方案，比如，锂金属负极的厚度降低到 $20\mu m$ 以下。如图 1-14 所示，利用碳包覆锂金属，得到管状结构的复合材料，能够有效抑制体积膨胀。此外，铜、聚合物薄膜等也是包覆锂金属负极的常用材料。然而，这些设计存在制备成本高昂等问题，还有很长的路要走。

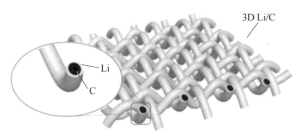

图 1-14 三维包覆结构抑制锂金属负极的锂枝晶生长[29]

1.2.3.2 离子液体电解质[30]

当前常用的锂离子电池电解质仍然是 $LiPF_6$ 溶解在环状或链状的碳化物，例如碳酸亚乙酯（EC）、碳酸二甲酯（DMC）以及混合物等。尽管这些溶剂拥有离子电导率高、易形成固态电解质膜等优点，但是也存在化学稳定性不够好、不够安全以及对环境有害等明显的缺点。使用离子液体电解质可能可以较好地避免这些缺点。

离子液体是溶解在液体中的盐，在 100℃ 温度仍然呈现液态。离子液体有很多优点，比如化学稳定性、低熔点、不易挥发（闪点低）、离子电导率高、极性大、与其他物质易溶以及适合的黏度。图 1-15 为常用的离子液体电解质分子结构式。

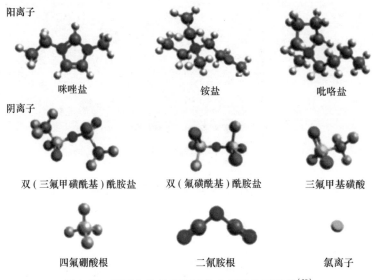

阳离子

咪唑盐   铵盐   吡咯盐

阴离子

双（三氟甲磺酰基）酰胺盐   双（氟磺酰基）酰胺盐   三氟甲基磺酸

四氟硼酸根   二氰胺根   氯离子

图 1-15 用于电池的离子液体电解质分子结构[30]

目前大多数离子液体电解质的使用是通过离子液体直接与锂盐混合，制备成电解质复合物。总的来说，这类液体电解质提高了锂电池化学稳定性，拓宽了锂电池的工作温度范围和电化学窗口，并且更加安全、环保。

当然，除了上述优点，离子液体电解质仍然存在一些明显的问题，主要是黏度和制备成本。与传统的液态电解质比较，离子液体电解质的黏度相对较高，限制了离子电导率，从而使得电池的倍率性能不佳。离子液体制备成本较高，只能通过一些其他措施来弥补，但无疑会衍生出一些其他问题。

离子液体主要是在实验室研究，而且表明离子液体锂电池确实拥有非常优异的电池性能，比如循环稳定性和热稳定性。离子液体锂电池目前还无法大规模商业化应用。不过，随着研究越来越深入，离子液体锂电池大规模商业化应用也是极有可能的。

1.2.3.3 固态电解质[31]

固态电解质，顾名思义就是在锂电池使用过程中呈现固态。目前实验室常用的固态电解质有氧氟磷酸锂（LiPON）、锂超离子导体（LISICON）、钠超离子导体（NASICON）、聚环氧乙烷（PEO）等。

如图 1-16 所示，固态电解质用在锂电池的最大优点是增加了安全性，因为相比较液态，固态的反应活性较低。这已经在实验室得到上万次循环证实。另外，金属过渡氧化物在固态电解质锂电池不易分解，所以锂电池的容量衰减也会得到显著缓解。除此之外，各种机械应力也会得到很大缓解。

(1) 金属负极　　　　　　　　　　　(2) 界面

集流体

(3) 物理接触

复合正极
固态电解质
负极

图 1-16　固态电解质及其在锂电池中的位置[31]

固态电解质也能够支持锂电池在很宽的温度范围工作（从−50℃到200℃甚至更高），而传统的液态电解质在这样的温度范围会冻住、蒸发或者分解，无法正常工作。而且，由于阴离子骨架不易迁移，固态电解质不会产生明显的极化，有助于获得更高的动量密度。

固态电解质有助于使得能量密度显著提高，因为固态电解质有助于降低重量和体积。固态电解质也适合于下一代锂电池新型的电极，比如锂金属负极。另外，固态电解质有助于缓解正极材料循环过程氧易分解的问题，即有助于稳定正极材料，从而获得更高的工作电压。

当然，固态电解质的使用仍然面临一些挑战，挑战之一就是固态电解质用于锂金属负极所面临的问题。锂金属负极在充/放电过程仍然存在锂枝晶的不均匀生长，会刺破隔膜。另外一个挑战就是电极−固态电解质界面稳定性。随着循环的进行，电解质在电极表面的成分和结构均会发生变化，甚至是电解质发生分解。这些变化会增加电极−电解质界面的锂离子传输阻力，从而加速锂电池容量衰减。第三个挑战就是物理接触问题。液体电解质与电极之间是面接触甚至是体接触，但是固态电解质与电极均是固态，所以两者之间是点对点接触。点接触对于充/放电过程机械应力的变化特别敏感，使得电解质产生裂纹，甚至是界面的剥离。固态电解质虽然已有小规模商业化应用[32,33]，但是上述的这些问题还需要研究者不断探索，进一步优化，才能实现固态电解质锂电池的大规模商业化应用。

1.2.3.4　三元正极材料[22]

商业化应用锂离子电池的正极材料常用的是 $LiCoO_2$（LCO）、$LiFePO_4$（LFP）等。然而，LCO 和 LFP 的比容量都不高，无法满足高能量密度的要求；另一方面，钴的市场价格较高。所以从提高能量密度和降低成本两方面考虑，需要探索低成本、高比容量的正极材料。如图 1-17 所示，在 LCO 的基础上，通过掺杂镍、铝等金属元素，获得三种金属元素共同存在的正极材料，不仅降低了钴的含量，而且提高了比容量。

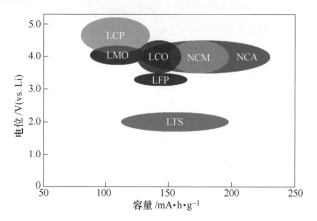

图 1-17　常用的锂离子电池正极材料[22]

当前使用的三元正极材料主要有 $LiNi_xCo_yMn_{1-x-y}O_2$（NCM）和 $LiNi_xAl_yCo_{1-x-y}O_2$（NCA）系列。NCM 系列有 $LiNi_{0.8}Co_{0.1}Mn_{0.1}O_2$、$LiNi_{0.33}Co_{0.33}Mn_{0.33}O_2$ 等；NCA 系列有 $LiNi_{0.8}Co_{0.15}Al_{0.05}O_2$、$LiNi_{0.33}Al_{0.33}Co_{0.33}O_2$ 等。

NCM 系列已经在商业化使用，比如 $LiNi_{0.33}Co_{0.33}Mn_{0.33}O_2$ 正极，其可逆比容量高达 230mA·h/g 且能够稳定循环。$LiNi_{0.8}Co_{0.1}Mn_{0.1}O_2$ 正极，由于镍含量较高，能够在锂离子脱出量较高的情况下仍然维持稳定的结构。

NCA 系列也已经开始商业化使用，比如 Tesla 使用的松下生产的 $LiNi_{0.8}Co_{0.15}Al_{0.05}O_2$ 正极，与传统的 LCO 比较，不仅具有更长的使用寿命，而且可逆比容量高达 200mA·h/g。然而，NCA 系列在较高温度（40~70℃）工作时，由于电极表面的固态电解质膜生长以及晶界微米级裂纹生长，其容量衰减较快。

1.2.3.5　纳米硅-碳负极材料

当前锂离子电池负极材料主要是石墨，少量使用无定形碳。不管是石墨还是无定形碳，比容量都不是很高。石墨理论比容量只有 372mA·h/g，无定形碳的比容量虽然会更高一些，达到 500mA·h/g 以上，但是存在稳定性较差，首次库伦效率相对较低的问题。

石墨和无定形碳在锂离子电池的实际比容量已接近理论极限，所以再有提高已经很难。为了满足日益增长的高能量密度需求，寻求高比容量的硅作为锂离子电池负极材料（如图 1-18（a）所示）十分有必要。如图 1-18（b）所示，硅虽然具有显著的比容量优势，但是嵌/脱锂过程体积膨胀十分严重，导致硅颗粒自身破碎，从集流体脱落，从而加速容量衰减。

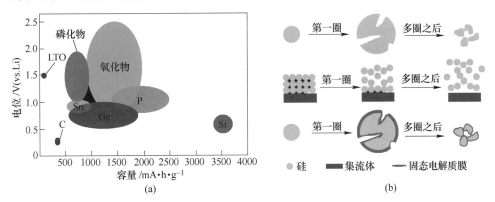

图 1-18 常用锂离子电池负极材料（a）[22] 以及硅负极充放电
过程破碎与微观结构变化（b）[34]

硅负极充放电过程除了体积膨胀过大的问题，还有导电性较差的问题。为了解决硅负极体积膨胀和导电性差的问题，研究者从两方面入手：一方面将硅尺寸纳米化，另一方面将纳米硅与导电性更好的物质复合。纳米尺寸有助于降低硅颗粒应力应变，从而减缓体积膨胀，与导电性更好的物质复合不仅能够改善硅的导电性，而且能够抑制硅的体积应变。

就目前所研究的纳米硅-X（X 为第二组元）负极材料，最有商业化应用前景的是纳米硅-碳负极材料，包括纳米硅-无定形碳负极材料、纳米硅-无定形碳-石墨负极材料、纳米硅-石墨负极材料等。如图 1-19 所示，研究者虽然提出了各种结构的纳米硅-碳负极材料，例如核壳结构、蛋黄结构、三明治结构、内嵌结构、层状结构等，其实本质上都是包覆结构，即碳材料将纳米硅包覆。

纳米硅-碳负极材料已经在电动汽车小规模地使用，比如特斯拉生产的 Model 3，其锂离子电池就使用了纳米硅-石墨负极[36]。虽然目前实验室能够制备硅含量高达 90%仍然具有优异电化学性能的纳米硅-碳负极材料，但是目前纳米硅-碳负极材料的商业化应用，其硅含量在负极活性物质中的占比不超过 5%。这是因为硅含量高于这个值，会遇到循环不稳定等各种问题，无法商业化使用。所以纳米硅-碳负极材料在锂离子电池大规模商业化应用，还需研究者在理论和应用化两方面投入更多的探索。

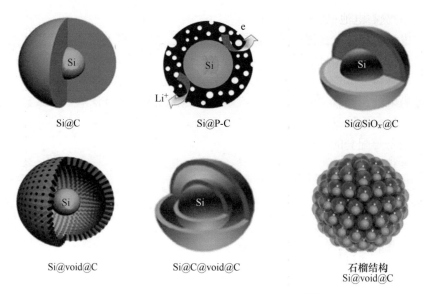

图 1-19　各种纳米硅-碳负极材料结构[35]

1.3　锂离子电池应用及市场

1.3.1　锂离子电池的应用

锂离子电池就其宏观形貌而言，有圆柱形、方形、软包片式、扣式等多种形状。如图 1-20 所示，根据锂离子电池的用途，可分为 3C 消费类电池、储能类电池和动力电池三类[37]。

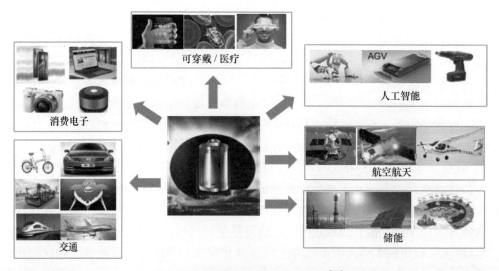

图 1-20　锂离子电池主要应用领域[38]

3C 消费类电池：手机、手提电脑、照相机、充电宝等消费类电子产品所需配套的电池；

储能类电池：通信基站电源、风力光伏发电储能电源、调峰储能电源、数据中心等场合应急电源等；

动力电池：新能源电动汽车（商用车、乘用车、物流车、场地专用车辆等）、电动自行车、无绳电动工具、机器人、无人机、无绳电动吸尘器及其他人工智能设备等配套的动力电池。

1.3.2 锂离子电池的市场[39]

1.3.2.1 锂离子电池产量

锂离子电池产业作为中国"十二五"和"十三五"期间重点发展的新能源、新能源汽车和新材料三大产业中的交叉产业，国家出台了一系列支持锂离子电池产业的支持政策，直接带动中国锂离子电池市场保持高速增长态势。

调研统计，2018 年中国锂离子电池市场产量同比增长 26.71%，达 102.00GW·h，中国在全球产量占比达 54.03%，目前已经成为全球最大的锂离子电池制造国。从中国锂离子电池的下游应用市场来看，2018 年动力电池受新能源汽车产业快速发展带动，产量同比增长 46.07%，达 65GW·h，成为占比最大的细分领域；2018 年 3C 数码电池市场整体增长平稳，产量同比下降 2.15%，达 31.8GW·h，增速下降，但以柔性电池、高倍率数码电池、高端数码软包等为代表的高端数码电池领域受可穿戴设备、无人机、高端智能手机等细分市场带动，成为 3C 数码电池市场中成长性较高的部分；储能电池领域虽然市场空间巨大，但目前受成本、技术等因素限制，仍处于市场导入期，2018 年中国储能锂离子电池小幅增长 48.57%，达 5.2GW·h。

未来几年，锂离子电池市场整体趋势向好，预计 2020 年，中国锂离子电池市场产量将达 205.33GW·h，未来两年年均复合增长率（CAGR）达 41.88%。其中动力电池将在双积分等国家政策的引导下，成为主要的增长点，未来两年 CAGR 达 56.32%；数码电池将在高端数码电池市场的驱动下，未来两年 CAGR 达 7.87%；储能电池领域未来受锂离子电池成本的下降及梯次领用的增多，对铅酸电池的替代将逐渐加快，未来两年 CAGR 预计将达 35.16%。

1.3.2.2 3C 消费类电池

数据显示，2018 年中国数码电池产量同比下降 2.15%，达 31.8GW·h。未来两年，数码电池 CAGR 为 7.87%，到 2019 年，中国数码电池产量将达 34GW·h（图 1-21）。而高端数码软包电池、柔性电池、高倍率电池等将受高端智能手机、可穿戴设备、无人机等领域带动，成为数码电池市场的主要增长点。

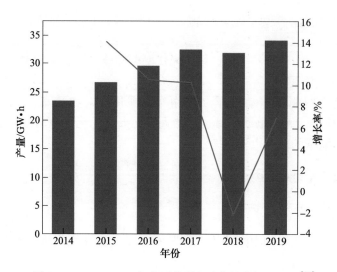

图 1-21　2014~2019 年中国数码电池产量分析及预测[39]

1.3.2.3　储能类电池

2018 年中国储能类锂离子电池产量同比增加 48.57%，达 5.2GW·h。到 2019 年，中国储能锂离子电池产量将达 6.8GW·h（图 1-22）。未来几年，锂离子电池生产企业规模化效应提升，储能用锂离子电池成本将有所下降，另外，随着动力电池梯次利用增多，储能锂离子电池成本将加速下滑，对铅酸电池的替代加速，同时带动储能电池市场重回高增长态势。

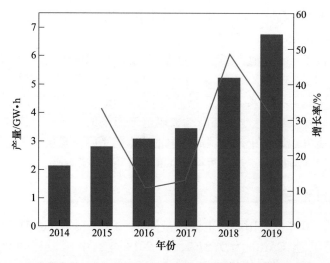

图 1-22　2014~2019 年中国储能电池产量分析及预测[39]

1.3.2.4 动力电池

近年来，我国动力锂离子电池发展迅猛，主要得益于国家政策对新能源汽车产业的大力支持。2018 年中国新能源汽车产量同比增长 50.62%，达 122 万辆，产量为 2014 年的 14.66 倍。受新能源汽车市场发展带动，2017~2018 年中国动力电池市场保持高速增长，调研统计，2018 年中国动力电池市场产量同比增长 46.07%，达 65GW·h（图 1-23）。

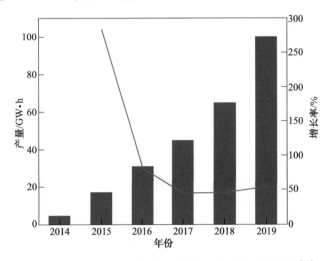

图 1-23　2014~2019 年中国动力电池产量分析及预测[39]

1.3.3　应用领域市场发展趋势[39]

未来动力电池是锂离子电池领域增长最大的引擎，其往高能量密度、高安全方向发展的趋势已定，动力电池及高端数码锂离子电池将成为锂离子电池市场主要增长点，6μm 以内的锂电铜箔将作为锂离子电池的关键原材料之一，成为主流企业布局重心。

（1）高能量密度成未来发展趋势。

随着补贴的退坡，新能源汽车市场需要完成由政策驱动向市场驱动的转化，提升其续航里程为其市场化过程中最为关键的因素之一。

另外，国家对动力电池能量密度做出相应的要求，到 2020 年动力电池单体能量密度需要达到 300W·h/kg。因此，高能量密度的动力电池成为企业研究的热点。

（2）6μm 极薄锂电铜箔成主流企业布局重心。

高能量密度锂离子电池成为企业布局的重心，企业可以通过使用高镍三元材料、硅基负极材料、超薄锂电铜箔、碳纳米管等新型导电剂等新型锂离子电池材料替代常规电池材料来提升其能量密度。目前中国锂电铜箔以 8μm 为主，为了提高锂离子电池能量密度，更薄的 6μm 铜箔成为国内主流锂电铜箔生产企业布局的重心，但 6μm 铜箔因批量化生产难度大，国内仅有少数几家企业能实现其批量化生产。随着 6μm 铜箔的产业化技术逐渐成熟及电池企业应用技术逐步提高，6μm 锂电铜箔的应用将逐渐增多。

（3）动力电池企业产能大幅扩张。

目前，新能源汽车市场爆发，动力电池供不应求，动力电池企业纷纷扩大产能以满足高速增长的市场需求。2016 年，工信部装备司发布了《汽车动力电池行业规范条件（2017 年)》（征求意见稿），对进入动力电池目录的企业提出了产能方面的要求，对于动力电池单体企业年生产能力要求不低于 8GW·h，动力电池企业纷纷择机扩大产能。且未来几年，新能源汽车市场将逐渐由政策驱动转变为市场驱动，动力电池企业的成本需要进一步降低，企业通过扩大产能规模，提高规模化效应，降低产品成本，提高企业的市场竞争力。

（4）动力电池及高端数码电池成为锂离子电池市场主要增长点。

动力电池受高速增长的新能源汽车市场带动，近年来增长迅猛。接下来 3~5年，国家对新能源汽车产业的支持将持续，越来越多的传统燃油车企开始布局新能源汽车领域，且随着国外车企如宝马、现代等开始逐渐采购中国大陆产动力电池，中国动力电池出口量将逐渐增多，动力电池将成为中国未来锂离子电池市场的主要增长动力。

参 考 文 献

[1]《新材料产业》杂志社［C］.2014（第九届）动力锂离子电池技术及产业发展国际论坛，宁德，2014.

[2] 李昌浩. 锂动力电池行业研究报告［R］.2017.

[3] Rolison D R, Nazar L F. Electrochemical energy storage to power the 21st century［J］. MRS Bulletin, 2011, 36: 486-493.

[4] 吴宇平，戴晓兵，马军旗，程预江. 锂离子电池［M］. 北京：化学工业出版社，2004.

[5] Fabbrizzi L. Strange case of signor volta and mister nicholson: how electrochemistry developed as a consequence of an editorial misconduct［J］. Angewandte Chemie International Edition, 2019, 58: 5810-5822.

[6] Placke T, Kloepsch R, Dühnen S, Winter M. Lithium ion, lithium metal, and alternative rechargeable battery technologies: the odyssey for high energy density［J］. Journal of Solid State Electrochemistry, 2017, 21: 1939-1964.

[7] Big Bang Nucleosynthesis [EB/OL]. http：//www. astro. ucla. edu/~wright/BBNS. html.

[8] Hou S Q, He J, Parikh A, et al. Non-extensive statistics to the cosmological lithium problem [J]. The Astrophysical Journal, 2017, 834：165.

[9] Xu K. A long journey of lithium：from the big bang to our smartphones [J]. Energy & Environmental Materials, 2019, 2：229-233.

[10] Winter M, Barnett B, Xu K. Before Li ion batteries [J]. Chemical Reviews, 2018, 118：11433-11456.

[11] Enghag P. Encyclopedia of the elements technical data-history-processing-applications [M]. Leimen：WILEY-VCH Verlag GmbH & Co KGaA, 2004.

[12] Historical perspective-the history of lithium therapy [J]. Bipolar Disorders, 2009, 11：4-9.

[13] Lewis G N, Keyes F G. The potential of the lithium electrode [J]. Journal of the American Chemical Society, 1913, 35：340-343.

[14] Pereira N, Amatucci G G, Whittingham M S, Hamlen R. Lithium-titanium disulfide rechargeable cell performance after 35 years of storage [J]. Journal of Power Sources, 2015, 280：18-22.

[15] Whittingham M S, Gamble F R. The lithium intercalates of the transition metal dichalcogenides [J]. Materials Research Bulltin, 1975, 10：363-372.

[16] Mizushima K. Li_xCoO_2：A new cathode material for batteries of high energy density [J]. Solid State Ionics, 1981, 3：171-174.

[17] Lazzari M, Scrosati B. A cyclable lithium organic electrolyte cell based on two intercalation electrodes [J]. Journal of the Electrochemical Society, 1980, 127：773-774.

[18] Martha S K, Haik O, Zinigrad E, et al. On the thermal stability of olivine cathode materials for lithium-ion batteries [J]. Journal of the Electrochemical Society, 2011, 158：A1115-A1122.

[19] Yoshino A. The birth of the lithium-ion battery [J]. Angewandte Chemie International Edition, 2012, 51：5798-5800.

[20] Fong R, Sacken U, Dahn J R. Studies of lithium intercalation into carbons using nonaqueous electrochemical cells [J]. Journal of the Chemical Society, 1990, 137：2009-2013.

[21] Xing L, Zheng X, Schroeder M, et al. Deciphering the ethylene carbonate-propylene carbonate mystery in Li-ion batteries [J]. Accounts of Chemical Research, 2018, 51：282-289.

[22] Nitta N, Wu F, Lee J T, Yushin G. Li-ion battery materials：present and future [J]. Materials Today, 2015, 18：252-264.

[23] Kim J, Lee H, Cha H, et al. Prospect and reality of Ni-rich cathode for commercialization [J]. Advanced Energy Materials, 2018, 8：17-28.

[24] Wang J, He X, Paillard E, et al. Passerini, Lithium-and manganese-rich oxide cathode materials for high-energy lithium ion batteries [J]. Advanced Energy Materials, 2016, 6：160-206.

[25] Li H, Liu A, Zhang N, et al. An unavoidable challenge for Ni-rich positive electrode materials for lithium-ion batteries [J]. Chemistry of Materials, 2019, 31：7574-7583.

[26] Maier J. Thermodynamics of electrochemical lithium storage [J]. Angewandte Chemie International Edition, 2013, 52：4998-5026.

［27］李弘. 第二届全国锂电池测试与分析会议［C］. 溧阳，2019.

［28］Li M, Lu J, Chen Z, Amine K. 30 Years of lithium-ion batteries［J］. Advanced Materials, 2018, 30：180-561.

［29］Liu J, Bao Z, Cui Y, et al. Pathways for practical high-energy long-cycling lithium metal batteries［J］. Nature Energy, 2019, 4：180-186.

［30］Giffin G A. Ionic liquid-based electrolytes for "beyond lithium" battery technologies［J］. Journal of Materials Chemistry A, 2016, 4：13378-13389.

［31］Famprikis T, Canepa P, Dawson J A, et al. Fundamentals of inorganic solid-state electrolytes for batteries［J］. Nature Materials, 2019, 18（12）：1278-1291.

［32］Manthiram A, Yu X, Wang S. Lithium battery chemistries enabled by solid-state electrolytes［J］. Nature Reviews Materials, 2017, 2（45）：294-303.

［33］Goodenough J B, Gao H. A perspective on the Li-ion battery［J］. Science China Chemistry, 2019, 62：1555-1556.

［34］Zuo X, Zhu J, Müller-Buschbaum P, Cheng Y. Silicon based lithium-ion battery anodes：A chronicle perspective review［J］. Nano Energy, 2017, 31：113-143.

［35］Ashuri M, He Q, Shaw L L. Silicon as a potential anode material for Li-ion batteries：Where size, geometry and structure matter［J］. Nanoscale, 2016, 8（1）：74-103.

［36］Zeng X, Li M, Abd El-Hady D, et al. Commercialization of lithium battery technologies for electric vehicles［J］. Advanced Energy Materials, 2019, 9（27）：19-61.

［37］林虹，曹开颜. 2018 年我国锂离子电池市场现状与发展趋势［J］. 电池工业，2019, 23：216-223.

［38］Liu L, Xu J, Wang S, et al. Practical evaluation of energy densities for sulfide solid-state batteries［J］. eTransportation, 2019, 1：1-10.

［39］2019 年锂电池细分市场现状及未来发展趋势预测［EB/OL］. http：//www. china-nengyuan. com/news/142134. html.

2 锂离子电池组成及硅基负极材料

2.1 锂离子电池

2.1.1 锂离子电池的基本构造

与其他二次电池比较，锂离子电池具有输出电压高（>3.7V）、能量密度大（>160W·h/kg）、自放电小（<5%/月）、循环寿命长、无记忆效应等优点[1]。锂离子电池广泛应用于手机、计算机、摄像机、汽车等领域，如图2-1所示[2-4]。

图 2-1　锂离子电池在国民经济中的应用[2]

商用锂离子电池主要由正极、负极、隔膜、电解质、正极集流体、负极集流体等构成，如图2-2所示[5,6]。正极集流体一般用铝材质，而负极集流体一般用铜材质。正/负极集流体汇集电流并导出到外电路。正极上具有储存锂离子的活性物质、导电剂、黏结剂等。活性物质被称为主体，主要化学成分是含锂的过渡金属氧化物，一般为层状、尖晶石型、橄榄石型等晶体结构。为了获得更高比容量，活性物质常制备成含有两种或两种以上金属元素组成的过渡金属氧化物。负极上具有能够存储锂离子的活性物质、导电剂、黏结剂等。商用的负极的活性物质一般是石墨或者无定形碳。为了获得性能更优异的负极材料，也常将石墨与无定形碳复合，得到石墨-无定形碳复合物。正、负极的导电剂常用乙炔黑、炭黑等，而黏结剂常用聚偏二氟乙烯（PVDF）等。隔膜处在正极和负极之间，其化学成分主要是多孔的聚乙烯等，具有导锂离子但不导电子的特性。正极与隔膜、负极与隔膜之间充满电解质。电解质一般是溶解在酯类溶剂中的锂盐，而且一般是液态。锂离子作为客体，初始状态时，以 $LiMO_2$（M 为金属）形式储存在正极

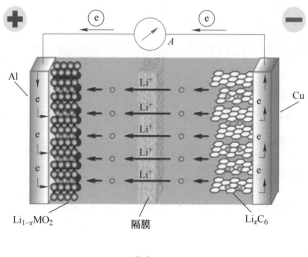

$$6C+LiMO_2 \underset{\text{放电}}{\overset{\text{充电}}{\rightleftharpoons}} Li_xC_6+Li_{1-x}MO_2$$

图 2-2　锂离子电池基本组成及充放电反应方程[5]

活性物质中。充电时，锂离子从正极活性物质中脱离，而 $LiMO_2$ 转变成$Li_{1-x}MO_2$。脱离的锂离子在电解质和隔膜发生迁移，嵌入到负极活性物质碳材料，以 Li_xC 形式存在。放电时，锂离子从负极活性物质脱离，在电解质和隔膜发生迁移，回到正极活性物质，伴随着 $Li_{1-x}MO_2$ 转变成 $LiMO_2$，Li_xC 转变成碳。正、负极活性物质作为储存锂离子媒介，充放电过程微观结构不发生明显的变化，而锂离子在正、负极之间往还迁移，犹如摇椅摆动，故又称为摇椅式电池。

正极活性物质、负极活性物质、隔膜和电解质是构成锂离子电池的四个主要部件。其中，正极活性物质和负极活性物质从根本上决定了锂离子电池比容量、能量密度、倍率以及循环稳定性等重要性能。所以，一方面提高现有正、负极活性物质循环稳定性，有助于提升锂离子电池应用性价比；另一方面，开发具有更高比容量、更高输出电压的新型正、负极活性物质，有助于获得更高能量密度锂离子电池。因此，研究正、负极活性物质嵌/脱锂离子过程的相关机理及其应用，对于锂离子电池的发展均具有十分重要意义。

2.1.2　锂离子电池正/负极活性物质

2.1.2.1　正极活性物质

锂离子电池的正极活性物质一方面作为嵌/脱锂的基体材料，另一方面也是锂离子的来源。理想的正极活性物质应具备的特点：（1）对锂的嵌/脱锂电极电位很高；（2）脱锂可逆性很高；（3）嵌/脱锂过程微观结构不发生明显变化；（4）

嵌/脱锂电位十分稳定；（5）嵌/脱锂过程保持优异的电子导电率和离子导电率；（6）嵌/脱锂过程保持化学稳定性；（7）锂离子在嵌/脱锂过程具有充足的扩散动力；（8）原料丰富、制备成本低廉、对环境友好无污染[7,8]。

当前商用或实验室探索的正极活性物质有层状结构的钴酸锂（lithium cobalt oxide，$LiCoO_2$）、层状结构的锰酸锂（lithium manganese oxide，$LiMnO_2$）、层状结构的镍酸锂（lithium nickel oxide，$LiNiO_2$）、层状结构的镍钴锰氧化物（nickel cobalt manganese oxide，如 $LiNi_{0.33}Mn_{0.33}Co_{0.33}O_2$，NCM）、层状结构的镍钴铝氧化物（nickel cobalt aluminum oxide，如 $LiNi_{0.8}Co_{0.15}Al_{0.05}O_2$，NCA）、层状结构的硫化钛锂（lithium titanium sulfide，$LiTiS_2$）、橄榄石结构的磷酸铁锂（lithium iron phosphate，$LiFePO_4$）以及橄榄石结构的磷酸钴锂（lithium cobalt phosphate，$LiCoPO_4$）等。

对于某一类正极活性物质，由于其具体的元素原子比例以及微观结构等不同，其输出电压和比容量均可能存在差异，比容量波动范围可达 $100mA \cdot h/g$。上述正极活性物质，$LiFePO_4$ 在嵌/脱锂过程发生相变，存在两个物相。从吉布斯自由能角度来看，其自由度为零，所以出现恒定不变的输出电压平台[9]。其他的正极活性物质，由于嵌/脱锂过程并不存在两个物相，从吉布斯自由能角度而言，自由度不为零，所以输出电压始终发生变化，表现为斜线状的输出电压斜坡。因此，由于输出电压变化，讨论某种正极活性物质时，往往需要指明其平均输出电压。上述具有代表性的正极活性物质理论比容量、实验比容量以及平均输出电压见表 2-1[1,10-17]。这些活性物质均属于晶体，具有特定晶体结构。锂离子如果完全从正极活性物质中脱出，会引起结构坍塌，使得循环稳定性急剧恶化，所以实际实验测试中保留一部分锂离子在活性物质中以稳定正极活性物质原有晶体结构，这也导致实验测试比容量一般低于理论比容量。

表 2-1 常见正极活性物质性质

晶体结构	活性物质	比容量/mA·h·g^{-1}（理论值/实验值）	Li$^+$/Li 平均电位/V
层状	$LiCoO_2$	274/148	3.8
	$LiMnO_2$	285/140	3.3
	$LiNiO_2$	275/150	3.8
	NCM	280/160	3.7
	NCA	279/199	3.7
	$LiTiS_2$	225/210	1.9
尖晶石型	$LiFePO_4$	170/165	3.4
	$LiCoPO_4$	167/125	4.2

2.1.2.2　负极活性物质

理想的负极活性物质应具备的特点：（1）对锂的嵌/脱锂电极电位很低；（2）锂离子脱出可逆性很高；（3）嵌/脱锂过程微观结构不发生明显变化；（4）嵌/脱锂过程电位十分平稳；（5）嵌/脱锂过程始终具有优异的电子导电率和离子导电率；（6）表面能够与电解质形成稳定的保护膜；（7）嵌锂离子形成的物质在整个电压区间内具有良好的化学稳定性；（8）锂离子在嵌入与脱出过程具有足够的扩散动力；（9）原料丰富、制备成本低廉、对环境友好无污染[7]。

当前商用或实验室探索的常用负极活性物质有立方结构的锂金属、层状结构的石墨（Graphite，G）、无定形碳（amorphous carbon，a-C）、尖晶石结构的钛酸锂（lithium titanate，$Li_4Ti_5O_{12}$）、三氧化二铁（ferric oxide，Fe_2O_3）、锡（tin，Sn）、金刚石结构的锗（germanium，Ge）以及金刚石结构的硅（silicon，Si）等，见表2-2[1,18-25]。对于某一类负极活性物质，输出电压并恒定，往往表现出多个电压较为恒定的嵌/脱锂离子平台。锂金属负极号称锂电池领域的"圣杯"，但是锂枝晶等安全问题仍阻挡着其市场化应用。当前最为成熟、市场认可度最高的负极活性物质是石墨。石墨嵌锂最高比容量可达372mA·h/g。无定形碳比石墨具有更高的比容量，但是嵌/脱锂电压相对较高，稳定性也不如石墨。$Li_4Ti_5O_{12}$具有十分稳定的循环性能，但是比容量过低，市场化应用受到制约。金属氧化物，例如Fe_2O_3虽然理论比容量较高，但是嵌/脱锂电压过高、首次库伦效率较低，难以得到市场化推广。Sn、Ge、Si等单质类的活性物质，虽然理论比容量非常高，但是巨大的体积膨胀收缩问题，也阻碍了它们大规模推广使用。

表 2-2　常用负极活性物质性质

晶体结构	活性物质	比容量/mA·h·g^{-1}	Li$^+$/Li 平均电位/V
立方	Li	∞	0.00
层状	Gr	372	0.05
无定形	C	200~1000	0.20
尖晶石型	$Li_4Ti_5O_{12}$	175	1.60
—	Fe_2O_3	1000	1.80
—	Sn	993	0.60
金刚石结构	Ge	1620	0.50
	Si	3579	0.40

2.1.3　锂离子电池电解质

锂离子电池电解质根据其状态，可分为液态电解质和固态电解质。固态电解质由于锂离子扩散动力不足等问题，还无法大规模使用，需要进一步优化[26]。

目前常用的为非水系液态电解质，被称为锂离子电池的"血液"。非水系电解液一般为含有锂盐的溶质溶解于酯类有机物溶剂。某种单一溶剂往往无法满足锂离子电池的多方面需求，所以一般使用多组分溶剂。作为溶质的锂盐，一般使用单一组分，因为可作为多组分锂盐的阴离子很有限。

理想的非水系溶剂需要满足以下条件：（1）能够极易溶解锂盐（具有高介电常数）；（2）具有很高的流动性（黏度低）；（3）在嵌/脱锂过程保持化学惰性；（4）在较宽的温度范围内保持液体状态（低熔点、高沸点）；（5）安全、无毒且经济[27,28]。常用的酯类溶剂有碳酸丙烯酯（PC）、碳酸亚乙酯（EC）、碳酸二乙酯（DEC）、碳酸二甲酯（DMC）、碳酸甲基乙基酯（EMC）、线性烷基碳酸。醚类溶剂由于电化学窗口上限电压较低而使用较少[29]。为了进一步增加锂离子电池性能，电解质中会加入所需的添加剂，如氟代碳酸乙烯酯（FEC）[30]。

理想的锂盐必须满足以下条件：（1）能够很好地溶解在溶剂中，而且嵌/脱锂过程，在溶剂中的离子迁移率很高；（2）嵌/脱锂过程，在正极表面能够稳定地抵抗氧化分解；（3）嵌/脱锂过程，对电解质保持惰性；（4）嵌/脱锂过程，阴离子、阳离子对隔膜、电极以及集流体等保持惰性；（5）嵌/脱锂过程阴离子并不因热效应等发生变化。所用锂盐主要有高氯酸锂（$LiClO_4$）、六氟砷酸锂（$LiAsF_6$）、四氟硼酸锂（$LiBF_4$）、三氟甲基磺酸锂（LiTf）、双锂（三氟甲烷磺酰）亚胺（LiIm）及其衍生物、六氟磷酸锂（$LiPF_6$）[27]。

2.1.4 锂离子电池隔膜

隔膜置于正、负极之间，不应参与任何化学反应，在锂离子电池静置和运行过程，必须保持（电）化学惰性。隔膜不贡献容量，所起的作用是将正、负极之间隔离，避免正、负极之间物理接触。隔膜对锂离子电池循环寿命、安全、反应动力学都有深远的影响。理想的隔膜必须符合以下条件：（1）在很长的充放电循环过程保持化学稳定性；（2）具有极佳的润湿性；（3）机械性能优良（>100MPa）；（4）厚度适中（20~25μm）；（5）孔径适中（<1μm）；（6）孔隙率适中（40%~60%）；（7）渗透率适中（<0.025s/mm）；（8）具有良好的三维稳定性；（9）具有优异的热稳定性（在90℃烘烤1h，萎缩率<5%）；（10）锂离子电池温度过高时能及时停止工作[31]。

隔膜分为单层隔膜和多层隔膜。常用的单层隔膜有聚丙烯（PP）、聚乙烯（PE）、聚偏二氟乙烯（PVDF）、聚丙烯腈（PAN）等。常用的多层隔膜有PP+PE、PVDF+聚酯（PET）、PAN+PET等[32]。此外，一些新型高性能陶瓷隔膜正在开发和应用之中。

2.1.5 锂离子电池嵌/脱锂机理及能量密度

锂离子电池嵌/脱锂机理主要有插入/脱出、转换反应两类[1]。在实际正、负极活性物质中，还有其他形式的嵌/脱锂，例如相变、碳基官能团键合、表面电荷吸附、有机物自由端（悬挂键）吸附、锂沉积、界面相互作用机理等，如图 2-3 所示[33]。

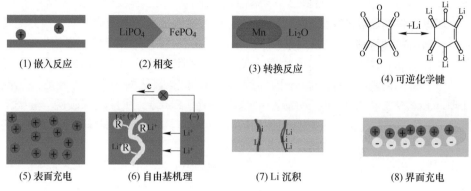

|(1) 嵌入反应|(2) 相变|(3) 转换反应|(4) 可逆化学键|
|(5) 表面充电|(6) 自由基机理|(7) Li 沉积|(8) 界面充电|

图 2-3　嵌/脱锂机理示意图[33]

（1）插入/脱出机理（Intercalation reaction mechanism）：嵌锂时，伴随着电荷传递，锂离子迁移至活性物质（基体材料）内部，形成固溶体。脱锂时，同样伴随着电荷传递，锂离子从活性物质（基体材料）内部脱出[34]。以石墨为例，该过程的电化学反应可表示为式（2-1）：

$$x\text{Li}^+ + x\text{e} + \text{C} \longleftrightarrow \text{Li}_x\text{C} \tag{2-1}$$

锂离子电池是锂离子在正、负极活性物质中来回穿梭，犹如摇椅摆动，所以首选层状化合物作为基体材料（其他结构材料也可以，但结构稳定性往往不如层状材料）。摇椅电池的概念首先由 Armand 于 1972 年在 "Fast Ion Transport in Solids" 著作中提出，之后被广泛接受。随着锂离子不断嵌入/脱出，基体材料电位逐渐发生改变，其变化规律符合格子气体模型理论[35]。储存锂离子可逆容量由基体材料的有效位点、可转移电荷以及结构稳定性共同决定。当前商用石墨负极的可逆比容量为 300～350mA·h/g，略低于理论比容量 372mA·h/g。对于 LiCoO₂ 正极，由于锂离子脱出过程需要维持稳定的层状结构，可逆比容量为 135～145mA·h/g，大约只有理论比容量的一半。

（2）转换反应机理（Conversion reaction mechanism）：转换反应也涉及相变，但不同于相变机理的是基体初始状态并不存在锂离子，而且嵌/脱锂过程往往有合金的形成与去合金化。适用于转换反应的活性物质有过渡金属氧化物、氮化物以及硅等[36-38]。以硅为例，嵌/脱锂过程，其发生电化学反应可用式（2-2）所示[24]：

$$x\text{Li}^+ + x\text{e} + \text{Si} \longleftrightarrow \text{Li}_x\text{Si} \tag{2-2}$$

与插入/脱出机理比较而言，转换反应型机理对应的活性物质往往具有很高的比容量。比如，硅在常温下能够嵌锂形成晶体 $Li_{15}Si_4$ 合金，达到大约 3580mA·h/g 的比容量。转换反应型的活性物质由于嵌入大量的锂离子，体积膨胀十分严重，导致结构不稳定、电池容量快速衰减。

（3）相变机理（Phase transition mechanism）：该机理与合金转换型最大区别在于基体材料初始状态本身含有锂离子。嵌/脱锂过程，基体材料发生分解反应，直接从初始相转变成另一相。以 $LiFePO_4$ 和 $Li_7Ti_5O_{12}$ 为例，脱锂时，$LiFePO_4$ 直接转变成 $FePO_4$[15]，$Li_7Ti_5O_{12}$ 直接转变成 $Li_4Ti_5O_{12}$[20]；嵌锂时，$FePO_4$ 直接转变成 $LiFePO_4$，$Li_4Ti_5O_{12}$ 直接转变成 $Li_7Ti_5O_{12}$。由于嵌/脱锂过程同时存在两相，使得自由度为零，所以出现恒定不变的嵌/脱锂电压平台。

（4）碳基官能团键合机理（Chemical bonding through carbonyl groups mechanism）[39,40]：室温条件下，含有碳基官能团的有机物与锂离子以化学键键合的方式结合在一起。嵌/脱锂反应主要发生在对锂电位 1.0~3.0V 区间，作为负极活性物质，其电极电位过高；作为正极活性物质，其电极电位又偏低。该方式嵌/脱锂的优点是具有明显的对锂电压平台。该类碳基有机物嵌锂比容量最高可达 500mA·h/g 以上，但是活性物质本身化学稳定性较差、离子传输率较低等。由于电极材料使用到的活性物质或者导电剂、黏结剂等都可能含有碳基官能团，所以电极嵌/脱锂时往往伴随这种方式嵌/脱锂。

（5）表面充电机理（Surface charging mechanism）[41]：电池正、负极两端加上外电场后，电解液的正、负离子遵从电荷相斥相吸原则，各自迁移至电极，达到电荷平衡后吸附在电极表面。由于电极都存在表界面，这种嵌/脱锂发生在所有电极上。该方式吸附的锂离子对容量贡献有限，嵌/脱锂可逆性往往较差。

（6）有机物自由基吸附机理（Organic free radical mechanism）[42]：有机物分子端面存在没有键合的自由基悬挂键。该悬挂键带有电荷，极易与异种电荷的分子、氧分子等相互吸引，形成共价键/化学键，以达到热力学稳定状态。由于电极材料往往需要使用黏结剂等物质，这种嵌/脱锂也会发生在所有电极上。该方式提供容量有限，而且存在性能不够稳定的缺点。

（7）锂沉积机理（Li deposition mechanism）[25,43]：在略高于对锂电极电位时，锂在微孔或介孔材料上能够发生锂沉积形式的嵌/脱锂。锂沉积易长成锂枝晶，刺破隔膜，给电池安全带来隐患。

（8）界面相互作用机理（Interfacial charging mechanism）[44-46]：界面包括成分不同的物相界面、晶界等。对于多相活性物质而言，对锂电极电位 0~1.2V 区间内，物相和锂之间因界面相互作用而发生嵌/脱锂行为。该方式嵌/脱锂对容量贡献不大。但是对于纳米晶粒活性物质而言，由于界面非常多，这种界面相互作用可引起明显的嵌/脱锂行为。

锂离子电池在嵌/脱锂过程伴随电子得失和产物的产生，可按如下推导计算

能量密度与比容量等参数[47]:

$$aA + bB \longleftrightarrow cC + dD \tag{2-3}$$

式中,a、b、c、d 为摩尔配比。该反应的标准吉布斯自由能变化可表述为方程 (2-4):

$$\Delta G^{\ominus} = c\Delta_p G_C^{\ominus} + d\Delta_p G_D^{\ominus} - a\Delta_r G_A^{\ominus} - b\Delta_r G_B^{\ominus} \tag{2-4}$$

式中,$\Delta G^{\ominus}$、$\Delta_p G_C^{\ominus}$、$\Delta_p G_D^{\ominus}$、$\Delta_r G_A^{\ominus}$、$\Delta_r G_B^{\ominus}$ 分别为标准吉布斯自由能变化值以及对应的各种物质标准吉布斯自由能。对于非标准状态下,吉布斯自由能可以简化成方程 (2-5):

$$\Delta G = \Delta G^{\ominus} + RT\ln \frac{a_p}{a_r} \tag{2-5}$$

式中,R 为气体常数;T 为开尔文温度;a_p 和 a_r 分别为产物和反应物活度。根据 Nernst 方程,吉布斯自由能与电极电位之间的关系可表述为方程 (2-6):

$$\Delta G = - nEF \tag{2-6}$$

式中,n 为反应电荷传递数;E 为锂离子电池电动势;F 为法拉第常数,数值为 96500C。

根据方程 (2-6),单位质量或单位体积的能量密度,可表述为方程 (2-7) 和方程 (2-8):

$$\varepsilon_M = \frac{\Delta G}{M} = \frac{- nEF}{M} \tag{2-7}$$

$$\varepsilon_V = \frac{\Delta G}{V} = \frac{- nEF}{V} \tag{2-8}$$

式中,M 和 V 分别为反应物的总质量、总体积。

实验室研究单个电池,质量比容量是个非常重要的性能指标。单个电极比容量的计算,可以表述为方程 (2-9):

$$C_S = \frac{nF}{3.6M} \quad (mA \cdot h/g) \tag{2-9}$$

式中,C_S 为质量比容量。

2.2　纳米硅制备常用方法

当前,将纳米硅体系应用于负极材料的大多数方案是:首先制备纳米硅,然后与其他材料复合,得到纳米硅-X(X 为其他材料)的复合材料。其微观结构、物理化学性质等影响着后续负极材料的电化学性能,所以纳米硅的制备非常关键。纳米硅的制备方法比较有代表性的主要有以下几种:

(1) 气-液-固(Vapor-Liquid-Solid,VLS)法:该方法是制备硅纳米线/柱常用的一种技术,其基本原理是在一定温度、气压等条件下,处于液态的金

（Au）、镍（Ni）、银（Ag）、铜（Cu）等金属液滴附着在不熔化基底表面，气态硅源向液态扩散，成为金属-硅液态合金，而液态硅在液态与基底之间逐渐生长成晶体硅。由于该方式自下而上（Down-top）的方式生长，晶体硅呈现纳米柱或纳米线的形貌[48,49]。

（2）水溶液（Water Solution）法：该方法以某种含有硅元素的硅化合物（例如四氯化硅，$SiCl_4$）作为硅源，溶解在水系溶剂中，再配以其他反应试剂（例如 $LiAlH_4$），制备硅纳米颗粒。该方法的硅纳米颗粒是从内向外形核生长，所以也称为自下而上（Down-top）法[50]。

（3）化学气相沉积（Chemical Vapor Deposition）法：该方法一般以硅烷（SiH_4）作为硅源。在密闭空间、较高温度、较高真空度条件下，硅烷被氢气（H_2）还原，气态硅沉积在冷凝器上，从而得到纳米硅[51]。

（4）流化床反应（Fluidized Bed Reaction）法：该方法结合了传统的流化床工艺与 CVD 工艺的优点，而且所用硅源与 CVD 法的往往相同，不同之处在于纳米硅沉积位置、具体的工艺实施条件有所不同[52]。

（5）物理气相沉积（Physical Vapor Deposition）法：该方法直接以单质硅作为硅源，在高温高真空环境下将硅加热转变成气态硅。气态硅在冷凝位置沉积，成为纳米硅薄膜[53]。常用的加热热源包括高频感应加热、电弧加热、辐射加热以及激光加热等方式。其中，电子束轰击就是比较有效的一种辐射加热技术。传统的物理气相沉积法制备纳米硅存在技术复杂、能耗高等缺点，这是由于物理气相沉积制备过程需要高真空、高温环境。因此，如果物理气相沉积法只是单一地制备纳米硅，没有充分利用物理气相沉积的优势，是无法避免高能耗高成本的问题。以电子束轰击熔融态的硅制备纳米晶硅为例，如果只是制备纳米晶硅，由于气态硅蒸发量有限，纳米晶硅的产量一般不超过投入原料的 20%，而且电耗等非常高。然而，电子束轰击熔融态硅，不仅能够激发硅蒸发，还能够去除熔融态硅的铝、氧、磷等杂质，得到高纯度多晶硅锭。基于此，如果将纳米晶硅制备与高纯多晶硅结合，一方面，蒸发的气态硅沉积在低温处成为纳米晶硅，另一方面，未蒸发的硅被有效纯化，得到高纯多晶硅锭。高纯多晶硅可以作为高价值产品。如此气相沉积纳米晶硅和高纯多晶硅均属于高附加值产品，弥补了高投入、低产出的困境，实现物理气相沉积法低成本制备纳米晶硅。

（6）等离子体系（Plasma System）法：该方法是以 SiH_4 作为硅源，以 H_2 作为还原剂，利用等离子系统加热，使得 SiH_4 分解成单质硅，沉积在冷凝位置，得到纳米硅[54]。

（7）机械研磨（Mechnical Milling）法：该方法是利用硅颗粒与研磨介质在高速运转状态下相互碰撞、摩擦，使得颗粒粉碎，细化成纳米粒径颗粒。为了增加研磨效率，研磨过程还需加入助磨剂，例如乙醇[55]。机械研磨制备纳米硅的优势在于技术简单、成本低廉，几乎不产生有害物质。机械研磨法只是利用研磨介质与硅颗粒之间的撞击与摩擦作用，不仅受到研磨设备的限制，而且与硅料的微观结构、硬度直接相关。传统的机械研磨法只能将晶体硅研磨至微米或者亚微米，很难得到纳米硅颗粒。因此，若要使用机械研磨法制备纳米硅，需要从研磨设备和硅料两方面着手。随着技术的发展，如今机械研磨设备已有显著进步，例如双动力砂磨机已经能够将一般硬度的颗粒研磨至纳米级。再配合以疏松多孔的硅料，理论上机械研磨能够得到较小尺寸的硅纳米颗粒。

上述每一种制备纳米硅技术都有其优点和缺点，所以实际制备纳米硅，往往将上述两种或两种以上方法组合使用，以达到更高效率。比如，物理气相沉积制备得到纳米晶硅薄膜，然后进行机械研磨处理，得到纳米硅颗粒。

2.3　自组装制备纳米硅-碳负极材料

制备纳米硅-碳负极材料一般包括前驱体制备和后处理。后处理包括碳化、刻蚀等，而前驱体制备的方法主要有原位制备法和自组装制备法。原位制备主要是在纳米硅基底表界面原位生长有机物，然后再配合碳化等工艺，得到纳米硅-碳负极材料。原位制备过程涉及原子或离子之间以共价键或是离子键键合。原位制备获得的纳米硅-碳负极材料表界面之间结合均匀且牢固，但是该方法往往需要昂贵的设备，操作复杂，或者因不环保的化学药品而带来污染问题[56]。

自组装制备法主要是利用纳米硅（硅纳米颗粒、硅纳米线、硅纳米片等）与有机物之间以某种溶剂混合成无序的系统。由于系统具有自发降低表面能等系统整体能量的需求，硅纳米颗粒与有机物之间发生弱相互作用而聚集成较为有序的集合体，得到碳包覆纳米硅的复合物。自组装法制备的特点是整个过程粒子之间发生弱相互作用是利用分子力、π-π键、毛细管力、氢键等，不涉及共价键、离子键、金属键等化学键的键合[57-59]。

如图 2-4（a）所示[59]，自组装发生时，一组元（例如硅纳米颗粒）与另一组元（例如酚醛树脂）接触，同时存在排斥力与吸引力。当排斥力与吸引力的综合作用表现为吸引力时，两个组元之间紧密结合在一起。结合在一起的复合物因温度、浓度等参数的不同，可能组装成无序的纳米硅-碳复合物（无序的物相），也可能组装成较为有序的纳米硅-碳复合物（有序的物相），如图 2-4（b）所示。

自组装法制备的纳米硅-碳复合材料表界面结合虽然不如原位合成法的均匀、牢固，但是自组装法往往只需简单的设备，操作简单，对环境友好，具有工业化生产的潜力。典型的自组装法制备纳米硅-碳负极材料有纳米硅与酚醛树脂、沥青等有机物在乙醇等溶剂作用下溶解、搅拌。自组装成微纳米硅-碳颗粒，经过碳化之后所得到的纳米硅-碳负极展现出优异的电化学性能[60]。

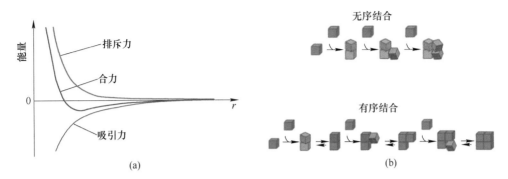

图 2-4 自组装过程系统能量变化与组元之间距离关系曲线（a）以及组元相互作用生成无序物相或者有序物相（b）[59]

2.4 纳米硅基负极材料在锂离子电池的应用

目前常用的负极活性物质是石墨，但是石墨的理论比容量只有 372mA·h/g，无法满足电动汽车等设备对高比容量与长续航里程的要求。因此，探索高比容量负极活性物质尤为重要。硅作为锂离子电池负极材料，在室温下具有高达 3580mA·h/g 的理论比容量、合适的嵌锂电极电势（≤0.4V）以及原料成本低廉等优势[24]，从而备受学界和产业界关注。早在 1976 年，有学者就已经对硅负极进行了探索[61]。然而，作为锂离子电池负极材料，与碳材料相比较，硅的电子导电性极差（石墨电子导电率为 $10^0 \sim 10^4$ S/cm，而硅材料的电子导电率为 $10^{-4} \sim 10^{-3}$ S/cm）[62,63]。硅在嵌/脱锂过程体积膨胀收缩过大而破碎，导致颗粒之间电接触性不好，如图 2-5 所示[64]。硅的导电性差与体积膨胀这两方面因素导致

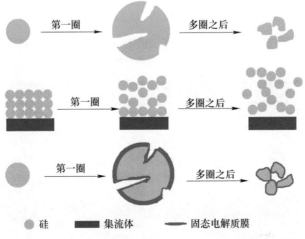

硅　　集流体　　固态电解质膜

图 2-5 硅负极体积膨胀破碎及固态电解质膜重复生长[64]

其在嵌/脱锂过程循环稳定性极差。

　　单个颗粒受到外界或内在某种力的作用时是否会破碎，存在临界尺寸。该临界值遵循方程（2-10）[65,66]：

$$h_c = \frac{\Gamma_c E}{Z\sigma^2} \tag{2-10}$$

式中，h_c、Γ_c、E、Z、σ 分别为颗粒临界尺寸、破碎能量临界值、杨氏模量、无量纲有序度以及特征应力。

　　当颗粒低于临界尺寸，硅颗粒在嵌/脱锂过程不会发生破碎，保持完整性。因此，将硅颗粒降低至纳米尺寸、利用导电性更佳的材料（例如碳、金属等）进行复合等方式能够有效缓解上述两方面问题，从而提高循环稳定性[64]。

2.4.1　纳米硅负极

　　由式（2-10）可知，硅颗粒在嵌/脱锂过程是否破碎，取决于其特征尺寸是高于还是低于临界尺寸。通常认为，对于特征尺寸低于150nm的硅颗粒，嵌入锂离子后不会破碎[67]。因此，研究者通常制备至少一个维度上低于150nm的一维硅纳米线、二维硅纳米薄膜、三维多孔硅纳米颗粒等。Chan等人以不锈钢为基体、金为催化剂，采用VLS法（VLS法是一个组合式的生长方法。生长系统中同时存在着气、液、固三种物质状态，需要生长的物质首先从气态变成液态，然后再由液态沉积在晶体衬底上生长出晶体）制备平均直径为89nm的硅纳米线。如图2-6所示，该纳米硅负极材料循环之后仍然保持着纳米线形貌，并且拥有稳定的循环性能[48]。Baranchugov等人[68]以硅单质为原料，采用直流电磁控溅射的方法获得平均厚度100nm的非晶硅薄膜。以C/16（1C=4200mA/g）电流密度嵌/脱锂时，该负极材料首次脱锂比容量大约2500mA·h/g，40圈之后几乎没有衰减。Ma等人[69]采用水溶液法，以NaSi、NH₄Br、吡啶、二甲氧基乙烷为原料和

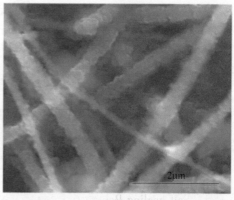

(a)　　　　　　　　　　　　　　　　　　(b)

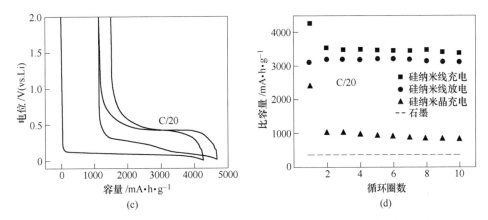

图 2-6 硅纳米线循环前与循环后的 SEM 图 (a) (b)，硅纳米线负极前 2 圈嵌/
脱锂曲线 (c)，硅纳米线、纳米晶以及石墨负极循环性能 (d)[48]

溶剂，获得平均直径为 100nm 的网状晶体硅纳米球。以 2A/g 电流密度循环，该负极材料首次脱锂比容量高达 3052mA·h/g，48 圈之后，仍有 1095mA·h/g。根据已报道的研究来看，纳米硅作为锂电池负极材料，若想要获得较好的性能，需要利用物理/化学/磁控溅射等气相沉积技术，难以产业化应用。

2.4.2 纳米硅-金属合金负极

由于硅在嵌/脱锂过程体积膨胀收缩过大，电子导电率不佳，研究者从合金角度进行改善。利用具有优异电子导电性的金属掺杂，一方面提高硅的电子导电性，另一方面降低硅的含量，减缓膨胀程度，比如 Mg_2Si、$CaSi_2$、$SiAg$ 等，但是改善效果不好，循环性能都较差[70-72]。在此基础上，研究者将硅-金属合金制备成纳米晶体以及与石墨等碳材料复合，提高循环稳定性，但是效果也不是很理想[73,74]。

2.4.3 纳米硅-聚合物负极

如上所述，硅负极在嵌/脱锂过程严重的体积膨胀和收缩导致破碎。支链型的聚合物具有优异的弹性性能，如果找到一种电子导电性较好的链状聚合物与硅颗粒复合，或许可以有效缓解硅负极膨胀破碎的问题。Wu 等人[75]将硅纳米颗粒、肌醇六磷酸、苯胺在水分散剂中混合，原位合成硅-聚苯胺导电水凝胶负极。该负极具有疏松多孔的骨架结构，在 6A/g 电流密度嵌/脱锂，首次脱锂比容量为 604mA·h/g，循环 5000 圈后容量保持率超过 90%。Chen 等人[76]利用自修复聚合物（Self-healing Polymers，SHP）与硅纳米颗粒复合（如图 2-7 所示）构造了复合负极材料，如图 2-8 所示。硅纳米颗粒负载量为 1.13mg/cm² 时，该负极以

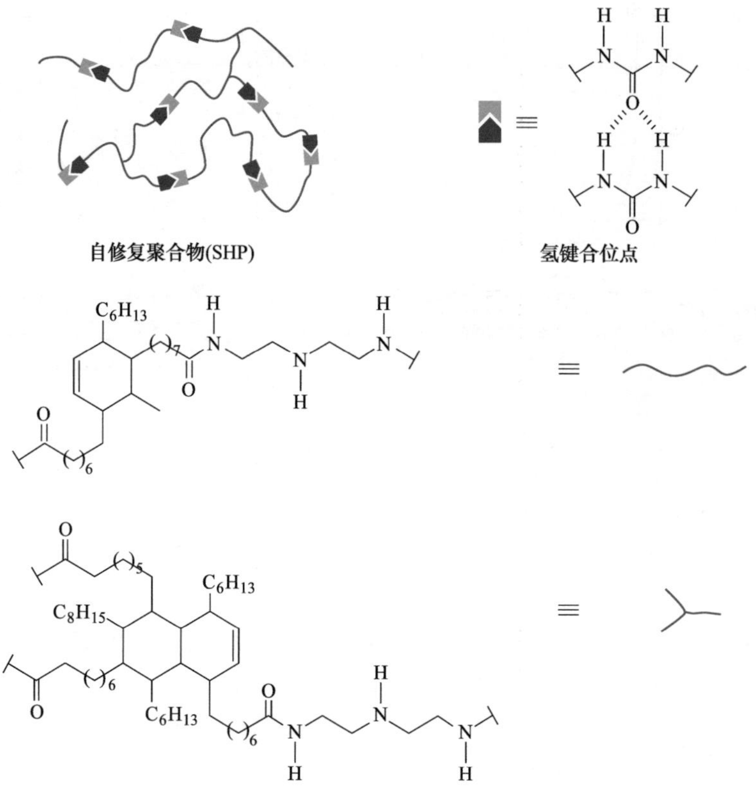

图 2-7　SHP 化学结构式[76]

（红色曲线表示聚合物骨架，浅蓝色和深蓝色方框表示氢键键合位置）

$0.1mA/cm^2$ 电流密度嵌/脱锂，首次脱锂面积容量为 $3.22mA \cdot h/cm^2$；以 $0.3mA/cm^2$ 电流密度嵌/脱锂，首次脱锂面积容量大约为 $2.72mA \cdot h/cm^2$，100 圈之后，仍然有 $2.25mA \cdot h/cm^2$，展现出优异的电化学性能。Wang 等人[77]利用上述的自修复聚合物包覆粒径 $3 \sim 8\mu m$ 的硅颗粒，制备的负极在 C/10（1C = 4200mA/g）电流密度嵌/脱锂时，首次脱锂比容量大约为 3000mA · h/g，循环 100 圈之后，脱锂比容量仍有 2000mA · h/g；在不同电流密度嵌/脱锂之后，当电流密度返回到初始电流密度，容量几乎完全恢复到初始值，展现出优异的倍率性能。

Choi 等人[78]利用聚轮烷-聚丙烯酸（polyrotaxane-polyacrylic acid，PR-PAA）作为黏结剂，复合在平均粒径 $2.1\mu m$ 的微米硅（silicon microparticles，SiMPs），与（PAA）黏结剂比较，5wt. % PR-PAA 的加入明显提升了微米硅循环稳定性。如图 2-9 所示，当硅的负载量为 $1.07mg/cm^2$、嵌/脱锂电流密度为 100mA/g 时，其首次脱锂比容量为 2971mA · h/g，对应的首次库伦效率高达 91.22%；600mA/g

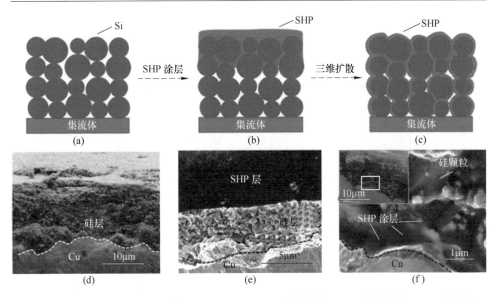

图 2-8 SHP 对硅负极作用示意图（a）（b）（c），硅负极截面 SEM 图（d），SHP-硅负极截面 SEM 图（e），以及 SHP-硅负极正面 SEM 图（f）[76]

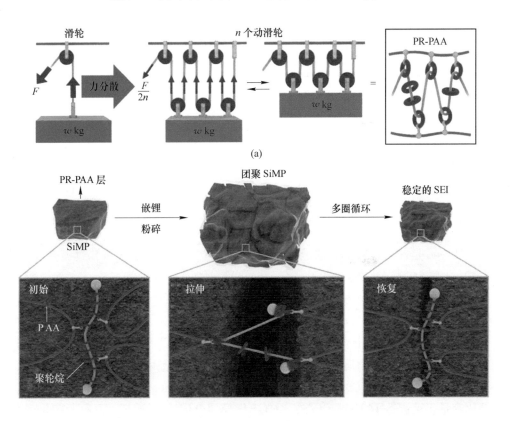

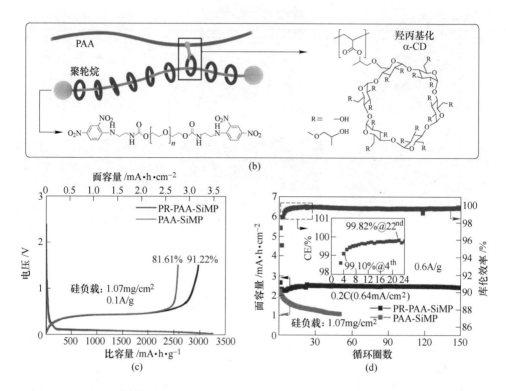

图 2-9　PR-PAA 降低拉力原理（a），PR-PAA 减缓硅颗粒破碎（b），PR-PAA 对微米硅
负极首次嵌/脱锂的影响及微米硅负极循环性能影响（c）（d）[78]

嵌/脱锂循环时，初始脱锂面积容量 $2.67mA \cdot h/cm^2$，循环 150 圈之后，仍然有 $2.43mA \cdot h/cm^2$，与只有聚丙烯酸黏结剂的微米硅负极比较，其性能有明显的提升。

2.4.4　纳米硅-MXene 负极

MXene 是一类具有良好电子导电性和离子导电性二维层状多孔过渡金属碳（氮）化物材料，犹如石墨烯（Graphene），所以名称后缀是 ene，意为烯。MXene 的化学式可简写为 $M_{n+1}X_nT_x$，其中，M 代表过渡金属元素，X 代表碳或氮元素，T 代表—OH、—O、—F 等官能团[79]。Zhang 等人[80]将平均粒径 80nm 的硅颗粒与 $Ti_3C_2T_x$ 浆料混合，获得了三明治结构的 Si/MX-C 复合负极，如图 2-10 所示。该负极在活性物质负载量为 $0.9mg/cm^2$、嵌/脱锂电流密度为 $1.5A/g$ 时，首次库伦效率 98.4%，初始脱锂比容量达到 $2000mA \cdot h/g$，循环 300 圈之后，脱锂比容量仍然高达 $1400mA \cdot h/g$，展现出优异的电化学性能。

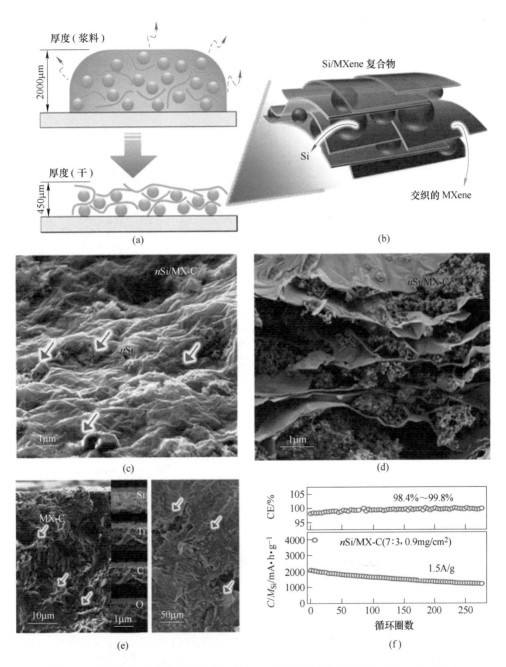

图 2-10　nSi/MX-C 干燥过程示意图（a），nSi/MX-C 结构示意图（b），nSi/MX-C
正面 SEM 图（c），nSi/MX-C 截面 SEM 示意图（d），nSi/MX-C 截元素
分布和顶部 SEM 图（e），nSi/MX-C 负极循环性能（f）[80]

Tian 等人[81]将 20~60nm 硅颗粒与 MXene(Ti$_3$AlC$_2$) 浆料混合，制备了三明治状的 Si/MXene 复合负极，如图 2-11 所示。该负极在活性物质负载量为 1.2mg/cm^2、嵌/脱锂电流密度 1A/g 时，首次库伦效率约为 70%，初始脱锂比容量大约为 1800mA·h/g，200 圈循环之后，脱锂比容量仍然高达 1500mA·h/g，展现出优异的电化学性能。

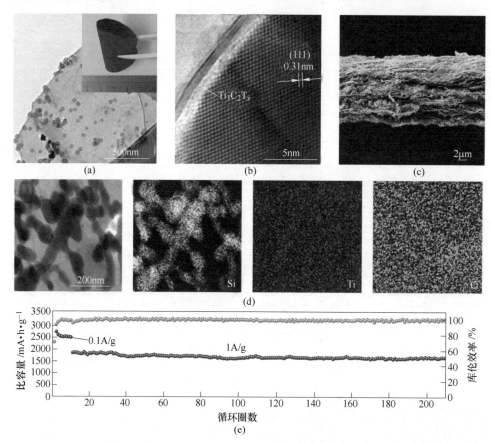

图 2-11　Si/MXene 的 TEM 图 (a)，Si/MXene 的 HRTEM 图 (b)，Si/MXene 的截面
SEM 图 (c)，Si/MXene 面扫分布图 (d)，Si/MXene 负极循环性能 (e)[81]

Zhang 等人[82]以镁还原 SiO$_2$，制备了内层晶体硅、外层氧化硅 (SiO$_x$) 的 Si@SiO$_x$，然后与 MXene (Ti$_3$AlC$_2$) 浆料混合，制备了三明治状的 MXene/Si@SiO$_x$-2 复合负极 (MXene/Si@SiO$_x$-C-3 表示硅含量高于 MXene/Si@SiO$_x$-2，而 MXene/Si@SiO$_x$-C-1 表示硅含量低于 MXene/Si@SiO$_x$-2)，如图 2-12 所示。该负极在活性物质负载量约为 1mg/cm^2、嵌/脱锂电流密度 0.2C(1C=4200mA/g) 时，首次库伦效率约为 78%，初始脱锂比容量大约为 1650mA·h/g，200 圈循环之后，脱锂比容量仍然高达 1547mA·h/g。该负极在 0.5C、1C、2C、5C、10C 电

流密度循环之后再返回到 0.5C，其容量能几乎完全恢复到初始容量平均值，展现出极佳的倍率性能。

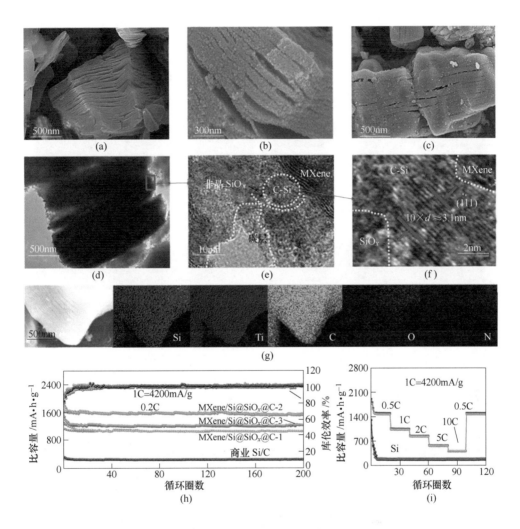

图 2-12　MXene、MXene/Si 以及 MXene/Si@SiO$_x$-C-2 的 SEM 图（a）（b）（c），
MXene/Si@SiO$_x$-C-2 的 TEM、HRTEM 以及面扫分布图（d）（e）（f）（g），
MXene/Si@SiO$_x$-C-2 与其他负极循环及倍率性能（h）（i）[82]

　　MXene 材料发现和研究大概在 2010 年前后，所以 Si-MXene 负极研究也较晚，最近两年才有较多报道。Si-MXene 展现出优异的电化学性能，具有可观的潜力，但是 MXene 多孔的微观结构特征一定程度上限制了其高压实密度电极材料的发展，需要进一步改善。

2.4.5　纳米硅-碳材料负极

碳材料具有稳定的循环性能和出色的电子导电性，是硅所不具备的，所以纳米硅与碳材料复合是被研究最多的。Liu 等人[83]分别将带正电荷的 50~80nm 硅颗粒、带负电荷的氧化介孔碳球以及蔗糖在乙醇分散剂中搅拌混合，然后碳化，制备碳包覆纳米硅的 Si@O-MCMB/C 负极材料（O-MCMB-氧化介孔碳球，Si/O-MCMB-硅与氧化介孔碳球复合物，Si/O-MCMB-C-硅纳米颗粒与氧化介孔碳球及碳复合物），如图 2-13 所示。该负极材料嵌/脱锂电流密度为 0.1A/g 时，首次

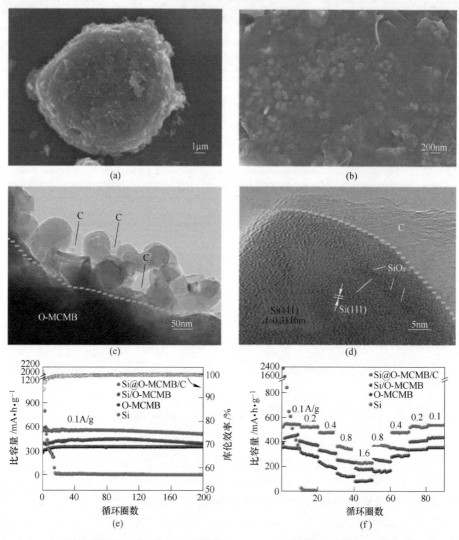

图 2-13　Si@O-MCMB/C 低倍、高倍 SEM 图（a）（b），Si@O-MCMB/C TEM 图（c），
对应于（c）图 HRTEM（d），Si@O-MCMB/C 负极循环和倍率性能（e）（f）[83]

库伦效率约为58%，初始脱锂比容量大约为552mA·h/g，200圈循环之后，脱锂比容量仍然高达511mA·h/g。与硅负极、氧化介孔碳球以及硅-氧化介孔碳球相比，该负极具备更优异的循环稳定性。该负极材料在0.1A/g、0.2A/g、0.4A/g、0.8A/g、1.6A/g电流密度循环之后再返回到0.1A/g，其容量能几乎完全恢复到初始容量平均值，展现出极佳的倍率性能。

Liu等人[84]在粒径小于100nm的硅颗粒表面原位生长SiO_2，然后利用间苯二酚和甲醛溶液在SiO_2表面原位生长酚醛树脂。经碳化、HF溶液刻蚀后，硅颗粒与碳层之间具有空隙（Void），即获得碳包覆纳米硅的Si@void@C负极材料，如图2-14所示。该负极材料嵌/脱锂电流密度C/10（1C=4200mA/g）时，首次库伦效率将近60%，初始脱锂比容量大约为2833mA·h/g；1C嵌/脱锂时，其首次脱锂比容量约为1500mA·h/g，1000圈循环之后，其可逆比容量仍然高达1110mA·h/g，展现出优异的循环稳定性。

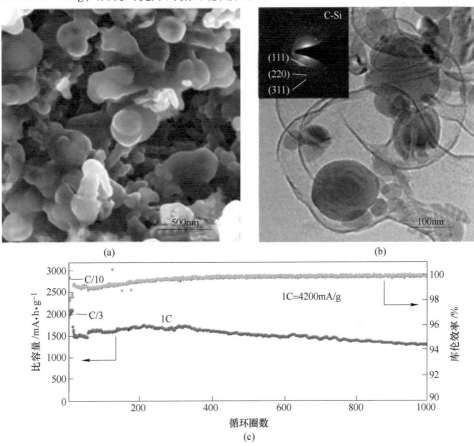

图2-14 Si@void@C的SEM图（a），Si@void@C的HRTEM图（b），Si@void@C负极的循环性能（c）[84]

在纳米硅-碳负极材料探索的基础上，利用石墨烯优异机械力学性能的特点，研究者探索了微米硅颗粒在锂离子电池负极材料的应用。Li 等人[85]在微米硅颗粒（SiMP）表面原位生长 3～4nm 厚的石墨烯（Gr），得到石墨烯包覆微米硅（SiMP@Gr）的负极材料，如图 2-15 所示。该负极材料嵌/脱锂电流密度 C/20（1C = 4200mA/g）时，首次库伦效率约为 92%，初始脱锂比容量大约为 3300mA · h/g；C/2 电流密度时，其首次脱锂比容量约为 1750mA · h/g，350 圈循环之后，其脱锂比容量仍然高达 1400mA · h/g，与硅负极（Bare SiMP+炭黑）、硅-碳复合（SiMP@aC+炭黑）负极相比，具备更优异的循环稳定性。

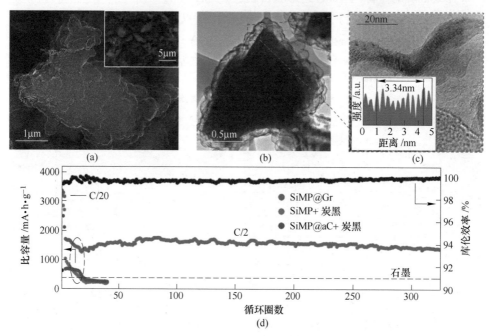

图 2-15　SiMP@Gr 的 SEM 图（a），SiMP@Gr 的 TEM 图（b），SiMP@Gr 的 HRTEM 及 Gr 厚度（c），SiMP@Gr、微米硅及碳包覆微米硅负极的循环性能（d）[85]

Chen 等人[86]在平均粒径为 50nm 的硅颗粒表面原位生长 SiO_2，接着在聚丙烯腈作用下，与 N-N 二甲基甲酰胺混合，然后静电纺丝，最后经过碳化与 HF 刻蚀 1min，获得中空（Hollow carbon）的碳纳米纤维（Carbon nanofiber）包覆硅纳米颗粒的 Si@HC/CNF-1 负极材料，如图 2-16 所示。该负极材料在嵌/脱锂电流密度 0.2A/g 时，首次库伦效率约为 53%，初始脱锂比容量大约为 1978mA · h/g，100 圈循环之后，脱锂比容量仍然高达 1077mA · h/g。与多孔碳纳米纤维（PC-NFs）以及硅/碳纤维混合（Si/CNFs）负极比较，经过一系列不同高、低电流密度后，该负极材料展现出优异的循环性能以及倍率性能。

Li 等人[87]利用硫酸铝（$Al_2(SO_4)_3$）包覆 SiO_2，接着进行碳包覆，然后盐酸

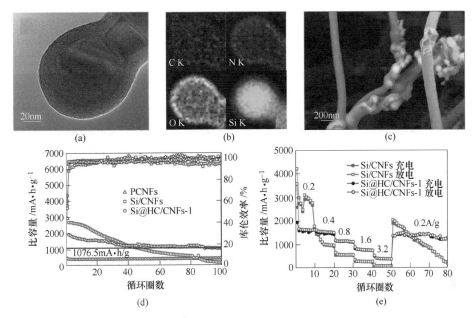

图 2-16　Si@HC/CNF-1 的 TEM、面扫分布及 SEM 图（a）（b）（c），PCNFs、Si/CNFs 及
Si@HC/CNF-1 负极循环性能（d），Si/CNFs 和 Si@HC/CNF-1 负极的倍率性能（e）[86]

（HCl）溶液刻蚀，最后进行镁热还原并利用 HCl 清洗，得到中心具有空隙的碳包覆硅纳米颗粒结构负极材料（Porous Si@C），如图 2-17 所示。该负极材料在嵌/脱锂电流密度为 0.4A/g 时，首次库伦效率约为 64%，初始脱锂比容量大约为 1726mA·h/g；以 1A/g 电流密度嵌/脱锂时，首次脱锂比容量大约为 1670mA·h/g，100 圈循环之后，脱锂比容量仍然高达 1520mA·h/g。与单纯的碳包覆硅（Si@C）以及以 SiC 为中间层的 Si@SiC@C 负极比较，该负极材料不仅低倍率循环性能优异，而且倍率性能以及高电流密度下循环性能也十分优异。

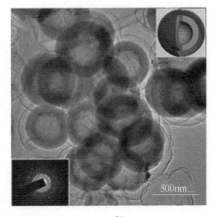

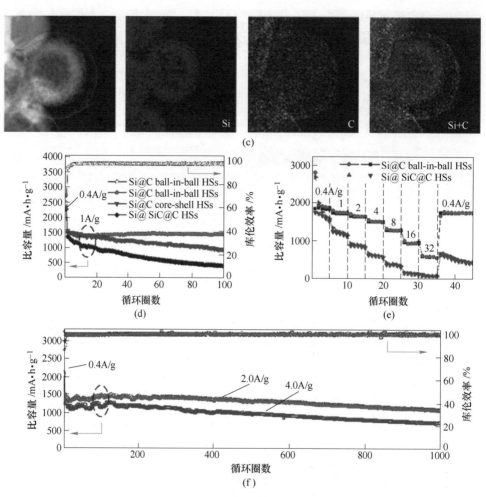

图 2-17　Porous Si@C 的 SEM、TEM 及面扫分布图（a）（b）（c）；Porous Si@C
负极低电流密度循环性能、倍率性能及高电流密度循环性能（d）（e）（f）[87]

　　Li 等人[60]将中值粒径 100nm 的硅颗粒、石墨以及沥青在聚二甲基硅氧烷分散剂中搅拌混合，然后碳化，得到尺寸为微米级的 Si/C 微球，如图 2-18 所示。该负极材料在电流密度 0.5C（1C=600mA/g）时，首次库伦效率约为 90%，初始可逆面积比容量大约为 4mA·h/cm²，300 圈循环之后，脱锂面积比容量仍然高达 3.5mA·h/cm²，与纳米硅-碳（Si/C）简单混合的负极材料相比较，展现出优异的循环性能。

　　与其他几类硅基负极材料比较，纳米硅-碳负极材料是当前研究最为活跃的领域。纳米硅-碳负极还存在不少需要解决的技术问题，例如硅-碳负极中的含量高于 15% 时，全电池的安全性还无法保证，因此无法完全成熟应用。尽管如此，纳米硅-碳负极材料已有小规模市场化应用，如特斯拉汽车 Tesla Model X 的动力锂离子电池负极使用的就是纳米硅-石墨复合材料[4]。

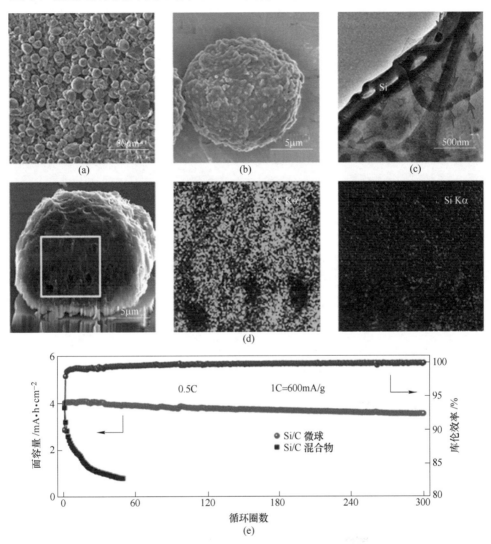

图 2-18　Si/C 微球的 SEM 图 （a）（b），Si/C 微球的 TEM 图 （c），Si/C 微球的
面扫分布图 （d），Si/C 微球、Si/C 混合负极的循环性能 （e）[60]

2.4.6　纳米硅-硅化合物-碳材料负极

缓解嵌/脱锂过程硅体积膨胀收缩带来的循环不稳定性，除了人为制造和调控中空结构给予膨胀空间之外，还可以用体积膨胀程度较低的硅化合物（SiC、Si_3N_4、SiO_x）缓解硅体积膨胀（在一定程度上也起到约束硅膨胀的作用），以达

到稳定结构目的，从而得到稳定循环性能的负极材料。

　　Yu 等人[88]利用 C_2H_4 作为碳源，高温条件下在平均粒径 100nm 的硅颗粒表面生长碳化硅和碳层，得到 Si@SiC@C 负极材料，如图 2-19 所示。与碳包覆硅（Si@C）负极以及碳化硅包覆的硅（Si@SiC）负极比较，该负极在 0.5A/g 电流密度时，首次库伦效率大约为 88.5%，初始脱锂比容量大约为 2100mA·h/g；循环 550 圈之后，其脱锂比容量仍然高达 1050mA·h/g，展现出优异的低电流密度

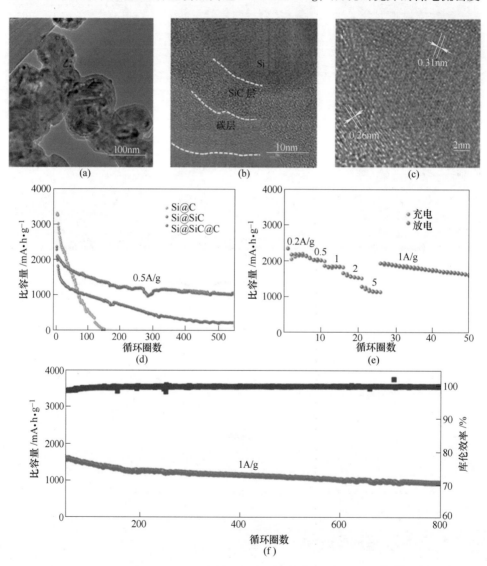

图 2-19　Si@SiC@C TEM、局部 TEM 及 HRTEM（a）（b）（c），Si@C、Si@SiC 及 Si@SiC@C
　　　　负极循环性能（d），Si@SiC@C 负极倍率及循环性能（e）（f）[88]

循环性能。倍率检测表明该负极经过一系列不同高、低电流密度后再次返回到低电流密度后，容量几乎与初始低电流密度嵌/脱锂时的一样。经过倍率循环检测之后，再次以 1A/g 的电流密度循环时，该负极初始脱锂比容量大约为 1898mA·h/g，825 圈之后，其初始比容量仍然高达 980mA·h/g，展现出优异的大电流密度循环性能。

Kim 等人[89]利用热等离子系统首先制备粒径 100~200nm 的硅颗粒，然后纳米硅与聚丙烯腈混合于二甲基甲酰胺分散剂，接着利用静电纺丝技术在碳纳米纤维上复合硅纳米颗粒和氮化硅，得到 Si@Si₃N₄/CNF 负极材料，如图 2-20 所示。该负极材料在电流密度 10A/g 嵌/脱锂时，首次库伦效率大约为 61%，初始脱锂

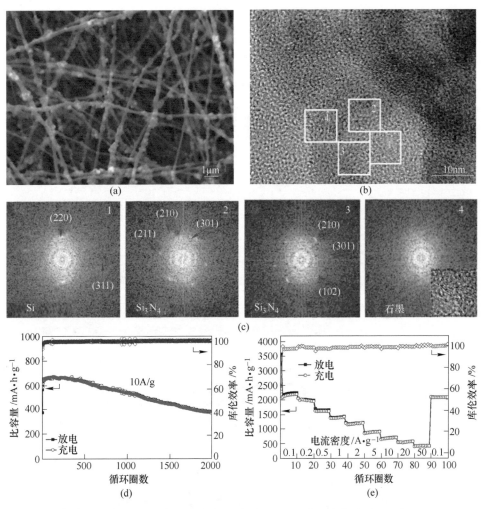

图 2-20　Si@Si₃N₄/CNF 的 SEM 和局部 TEM 图 （a）（b），对应于 （b）图的 1、2、3、4 位置的 FFT 图 （c），Si@Si₃N₄/CNF 负极的循环和倍率性能 （d）（e）[89]

比容量大约为 374mA·h/g。在后续循环过程，该负积比容量首先上升到大约 665mA·h/g，然后缓慢下降。2000 圈之后，其脱锂比容量仍有 369mA·h/g，展现出优异的大电流密度循环稳定性。当电流密度从 0.1A/g 逐渐增加至 50A/g 时，该负极在各个电流密度循环时仍然表现出优异的稳定性；经过一系列不同高、低电流密度后，当电流密度再次回到 0.1A/g，其容量几乎完全恢复到初始电流密度嵌/脱锂时的数值，表现出优异的倍率性能。

　　Fu 等人[90]以二硅化钙（CaSi₂）为硅源，首先制备氧化硅烯，然后氩气氛围下高温烧制，制备硅/氧化硅，最后在乙烯气氛下负载碳层，获得纳米 Si@SiO₂@C 负极材料，如图 2-21 所示。该负极在 0.15A/g 电流密度嵌/脱锂时，首次库伦效

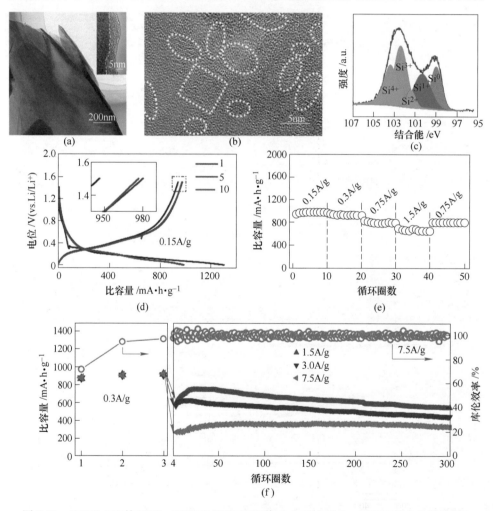

图 2-21　Si/SiO₂@C 的 TEM、HRTEM 及硅 XPS 谱（a）（b）（c），Si/SiO₂@C 负极的嵌/脱锂曲线、倍率性能及循环性能（d）（e）（f）[90]

率大约为 72.5%，初始脱锂比容量大约为 946mA·h/g。经过一系列不同高、低电流密度后，再次返回到低电流密度，该负极脱锂比容量几乎可以完全恢复到初始值，表现出优异的倍率性能。在 1.5A/g、3.0A/g 以及 7.5A/g 电流密度时，该负极仍然稳定循环，展现出优异的电化学性能。Li 等人[91]利用球磨法，首先把氧化硅、人造石墨制备成氧化硅-石墨浆料，然后加入沥青继续球磨。经喷雾干燥之后，上述样品高温碳化，获得含有纳米硅/氧化硅/石墨/碳的 $SiO_x/G/C$（$x \approx 1.02$）负极材料，如图 2-22 所示。活性物质负载量为 3.7mg/cm^2、0.2C（1C=600mA/g）电流密度嵌/脱锂时，该负极首次库伦效率大约为 84.3%，初始

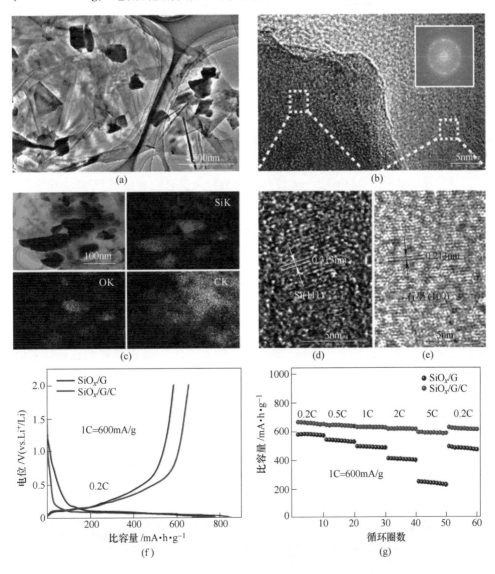

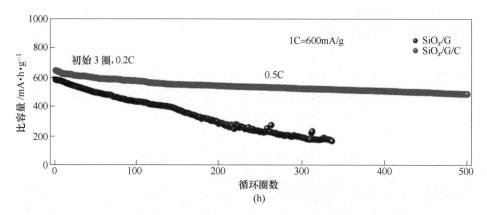

图 2-22　SiO$_x$/G/C 的 TEM 和面扫分布图（a）（c），SiO$_x$/G/C 的 HRTEM 图（b）（d）（e），

SiO$_x$/G、SiO$_x$/G/C 负极的嵌/脱锂曲线、倍率和循环性能（f）（g）（h）[91]

脱锂比容量大约为 653mA·h/g。高、低电流密度条件下，该负极容量稳定循环。经过不同高、低电流密度后再次回到初始电流密度时，其容量几乎完全恢复，展现出优异的倍率性能。以 0.2C 循环 3 圈，然后以 0.5C 电流密度循环 350 圈之后，该负极仍然具有 524mA·h/g 容量。该负极与没有碳层包覆的 SiO$_x$/G 比较，展现出优异的低倍、高倍以及倍率电化学性能。

　　纳米硅-硅化合物-碳体系负极展现出了十分可观的电化学性能，但是该类负极在硅化合物层制备与调控方面仍然存在工艺难度相对较大等问题，对技术要求较高，所以还需进一步深入探索和完善。

　　除了上述之外的各类硅负极材料之外，还有其他种类繁多的硅负极材料设计。虽然这些研究得不多，但十分具有创新性。例如电解液中添加氟代碳酸乙烯酯等阻燃性的特殊添加剂，提高硅负极固态电解质膜稳定性，从而显著提高电化学稳定性[92]；金属框架包覆的硅-金属复合物负极[93]；硅烷偶联剂在硅颗粒表面制造人工固态电解质膜以增强电化学稳定性能[94]；电解液中添加额外的金属盐（如镁、锌、铝等金属盐），使得硅颗粒表面形成锂-金属-硅三元组分相，从而稳定硅负极电化学性能[95]。

　　就使用安全性和能量密度而言，当前也没有哪种电池能够比锂离子电池更适合于电动汽车和电子产品的应用。因此，在安全的基础上研发更高能量密度的锂离子电池是必然要求。

　　锂离子电池已经广泛应用于新能源汽车、电子信息、储能等各种领域。根据锂离子电池过去、当前发展以及未来商业化应用领域，纳米硅-碳负极材料体系（包括纳米硅-无定形碳、纳米硅/氧化硅/无定形碳、纳米硅/氧化硅-石墨等）被认为是下一代锂离子电池负极材料的必然选择，如图 2-23 的红色方框所示[96]。

然而，当前纳米硅制备成本大约是石墨负极材料的数倍。更为重要的是，纳米硅-碳负极材料还存在不少没有解决的理论和技术问题，制约其商业化应用。目前，纳米硅-碳负极材料电动汽车只有小规模应用。

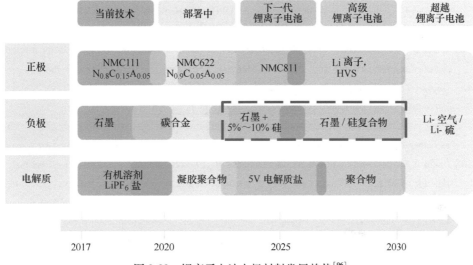

图 2-23　锂离子电池电极材料发展趋势[96]

参 考 文 献

[1]　Nitta N, Wu F, Lee J T, Yushin G. Li-ion battery materials：present and future [J]. Materials Today, 2015, 18（5）：252-264.

[2]　《新材料》杂志社. 图解动力锂电池及材料未来发展趋势 [C]. 2014（第九届）动力锂离子电池技术及产业发展国际论坛, 宁德, 2014.

[3]　Schmuch R, Wagner R, Hörpel G, Placke T, Winter M. Performance and cost of materials for lithium-based rechargeable automotive batteries [J]. Nature Energy, 2018, 3（4）：267-278.

[4]　Zeng X, Li M, El-Hady D A, et al. Commercialization of lithium battery technologies for electric vehicles [J]. Advanced Energy Materials, 2019, 9（27）：1900161.

[5]　Korthauer R. Lithium-ion batteries：Basics and applications [M]. New York：Springer, 2018.

[6]　Whittingham M S. Lithium batteries and cathode materials [J]. Chemical Reviews, 2004, 104：4271-4301.

[7]　吴宇平, 戴晓兵, 马军旗, 程预江. 锂离子电池 [M]. 北京：化学工业出版社, 2004.

[8]　马璨, 吕迎春, 李泓. 锂离子电池基础科学问题（Ⅶ）——正极材料 [J]. 储能科学与技术, 2014, 3（1）：53-65.

[9]　Julien C, Mauger A, Vijh A, Zaghib K. Lithium batteries science and technology [M]. New

York: Springer, 2016.

[10] Mizushima K, Jones P C, Wiseman P J, Goodenough J B. Li_xCoO_2 ($0<x\leqslant1$): A new cathode material for batteries of high energy density [J]. Solid State Ionics, 1981, 4 (3): 171-174.

[11] Cho J, Kim Y W, Kim B, Lee J G, Park B. A breakthrough in the safety of lithium secondary batteries by coating the cathode material with $AlPO_4$ nanoparticles [J]. Angewandte Chemie International Edition, 2003, 42: 1618-1621.

[12] Bruce P G, Armstrong A R, Gitzendanner R L. New intercalation compounds for lithium batteries layered $LiMnO_2$ [J]. Journal of Materials Chemistry, 1999, 9 (1): 193-198.

[13] Ohzuku T, Makimura Y. Layered lithium insertion material of $LiCo_{1/3}Ni_{1/3}Mn_{1/3}O_2$ for lithium-ion batteries [J]. Chemistry Letters, 2001, 7: 642-643.

[14] Shaju K M, Subba Rao G V, Chowdari B V R. Performance of layered $Li(Ni_{1/3}Co_{1/3}Mn_{1/3})O_2$ as cathode for Li-ion batteries [J]. Electrochimica Acta, 2002, 48 (2): 145-151.

[15] Padhi A K, Nanjundaswamy K S, Goodenough J B. Phospho-olivines as positive-electrode materials for rechargeable lithium batteries [J]. Journal of The Electrochemical Society, 1997, 144 (4): 1188-1194.

[16] Lloris J M, Pérez Vicente C, Tirado J L. Improvement of the electrochemical performance of $LiCoPO_4$ 5V material using a novel synthesis procedure [J]. Electrochemical and Solid-State Letters, 2002, 5 (10): A234-A237.

[17] Wang Y, Jiang J, Dahn J R. The reactivity of delithiated $Li(Ni_{1/3}Co_{1/3}Mn_{1/3})O_2$, $Li(Ni_{0.8}Co_{0.15}Al_{0.05})O_2$ or $LiCoO_2$ with non-aqueous electrolyte [J]. Electrochemistry Communications, 2007, 9: 2534-2540.

[18] Liu N, Li W, Pasta M, Cui Y. Nanomaterials for electrochemical energy storage [J]. Frontiers of Physics, 2014, 9 (3): 323-350.

[19] Shi H. Coke vs. Graphite as anodes for lithium-ion batteries [J]. Journal of Power Sources, 1998, 75 (1): 64-72.

[20] Prosini P P, Mancini R, Petrucci L, Contini V, Villano P. $Li_4Ti_5O_{12}$ as anode in all-solid-state, plastic, lithium-ion batteries for low-power applications [J]. Solid State Ionics, 2001, 144 (1): 185-192.

[21] Wang B, Chen J, Wu H, Wang Z, Lou X. Quasiemulsion-templated formation of α-Fe_2O_3 hollow spheres with enhanced lithium storage properties [J]. Journal of the American Chemical Society, 2011, 133: 17146-17148.

[22] Idota Y, Kubota T, Matsufuji A, Maekawa Y, Miyasaka T. Tin-based amorphous oxide: a high-capacity lithium-ion-storage material [J]. Science, 1997, 276 (5317): 1395-1397.

[23] Seng K, Park M, Guo Z, Liu H, Cho J. Self-assembled germanium/carbon nanostructures as high-power anode material for the lithium-ion battery [J]. Angewandte Chemie International Edition, 2012, 51 (23): 5657-5661.

[24] Obrovac M N, Krause L J. Reversible cycling of crystalline silicon powder [J]. Journal of The Electrochemical Society, 2007, 154 (2): A103-A108.

[25] Dahn J R, Zheng T, Liu Y, Xue J. Mechanisms for lithium insertion in carbonaceous materials

[J]. Science, 1995, 270 (5236): 590-593.

[26] Famprikis T, Canepa P, Dawson J A, Islam M S, Masquelier C. Fundamentals of inorganic sol-id-state electrolytes for batteries [J]. Nature Materials, 2019, 18 (12): 1278-1291.

[27] Xu K. Nonaqueous liquid electrolytes for lithium-based rechargeable batteries [J]. Chemical Reviews, 2004, 104: 4303-4417.

[28] Jow T R, Xu K, Borodin O, Ue M. Electrolytes for lithium and lithium-ion batteries [M]. New York: Springer, 2014.

[29] Winter M, Barnett B, Xu K. Before Li ion batteries [J]. Chemical Reviews, 2018, 118: 11433-11456.

[30] Aspern N V, Roschenthaler G V, Winter M, Cekic-Laskovic I. Fluorine and lithium: ideal partners for high-performance rechargeable battery electrolytes [J]. Angewandte Chemie International Edition, 2019, 58: 2-25.

[31] Lee H, Yanilmaz M, Toprakci O, Fu K, Zhang X. A review of recent developments in membrane separators for rechargeable lithium-ion batteries [J]. Energy & Environment Science, 2014, 7 (12): 3857-3886.

[32] Deimede V, Elmasides C. Separators for lithium-ion batteries: a review on the production processes and recent developments [J]. Energy Technology, 2015, 3 (5): 453-468.

[33] Zu C, Li H. Thermodynamic analysis on energy densities of batteries [J]. Energy & Environmental Science, 2011, 4 (8): 2614-2624.

[34] Julien C M. Lithium intercalated compounds charge transfer and related properties [J]. Materials Science and Engineering Reports A: Review Journal, 2003, 40 (2): 47-102.

[35] Coleman S T, McKinnon W R, Dahn J R. Lithium intercalation in $Li_xMo_6Se_8$: a model mean-field lattice gas [J]. Physical Review B, 1984, 29: 4147-4149.

[36] Poizot P, Laruelle S, Grugeon S, Dupont L, Tarascon J M. Nano-sized transition-metal oxides as negative-electrode materials for lithium-ion batteries [J]. Nature, 2000, 407: 496-499.

[37] Wang Y, Fu Z, Yue X, Qin Q. Electrochemical reactivity mechanism of Ni_3N with lithium [J]. Journal of The Electrochemical Society, 2004, 151 (4): E162-E167.

[38] Li W, Sun X, Yu Y. Si-, Ge-, Sn-based anode materials for lithium-ion batteries: from structure design to electrochemical performance [J]. Small Methods, 2017, 1 (3): 1600037.

[39] Chen H, Armand M, Demailly G, Dolhem F, Poizot P, Tarascon J M. From biomass to a renewable $Li_xC_6O_6$ organic electrode for sustainable Li-ion batteries [J]. ChemSusChem, 2008, 1 (4): 348-355.

[40] Armand M, Grugeon S, Vezin H, Laruelle S, Ribiere P, Poizot P, Tarascon J M. Conjugated dicarboxylate anodes for Li-ion batteries [J]. Nature Materials, 2009, 8 (2): 120-125.

[41] Simon P, Gogotsi Y. Materials for electrochemical capacitors [J]. Nature Materials, 2008, 7 (11): 845-854.

[42] Nakahara K, Iwasa S, Satoh M, Morioka Y, Iriyama J, Suguro M, Hasegawa E. Rechargeable batteries with organic radical cathodes [J]. Chemical Physics Letters, 2002, 359 (5-6): 351-354.

[43] Wu Y, Wan C, Jiang C, Fang S, Jiang Y. Mechanism of lithium storage in low temperature carbon [J]. Carbon, 1999, 37 (1): 1901-1908.

[44] Bekaert E, Balaya P, Murugavel S, Maier J, Ménétrier M. ^{6}Li MAS NMR investigation of electrochemical lithiation of RuO_2 evidence for an interfacial storage mechanism [J]. Chemistry of Materials, 2009, 21: 856-861.

[45] Maier J. Nanoionics ion transport and electrochemical storage in confined systems [J]. Nature Materials, 2005, 4 (11): 805-815.

[46] Jamnik J, Maier J. Nanocrystallinity effects in lithium battery materials: aspects of nano-ionics. Part IV [J]. Physical Chemistry Chemical Physics, 2003, 5: 5215-5220.

[47] Winter M, Brodd R J. What are batteries, fuel cells, and supercapacitors [J]. Chemical Reviews, 2004, 104: 4245-4269.

[48] Chan C, Peng H, Liu G, Mcilwrath K, Zhang X, Huggins R A, Cui Y. High-performance lithium battery anodes using silicon nanowires [J]. Nature Nanotechnology, 2008, 3 (1): 31-35.

[49] Wagner R S, Ellis W C. Vapor-liquid-solid mechanism of single crystal growth [J]. Applied Physics Letters, 1964, 4 (5): 89-90.

[50] Warner J H, Hoshino A, Yamamoto K, Tilley R D. Water-soluble photoluminescent silicon quantum dots [J]. Angewandte Chemie International Edition, 2005, 44 (29): 4550-4554.

[51] Bootsma G A, Gassen H J. A quantitative study on the growth of silicon whiskers from silane and germanium whiskers from germane [J]. Journal of Crystal Growth, 1971, 10 (3): 223-234.

[52] Zhou Y, Guo H, Yan G, Wang Z, Li X, Yang Z, Zheng A, Wang J. Fluidized bed reaction towards crystalline embedded amorphous Si anode with much enhanced cycling stability [J]. Chemical Communications, 2018, 54 (30): 3755-3758.

[53] Mattox D M. Handbook of Physical Vapor Deposition (PVD) Processing [M]. New York: William Andrew, 1998.

[54] Raha D, Das D. Nanocrystalline silicon thin films prepared by low pressure planar inductively coupled plasma [J]. Applied Surface Science, 2013, 276: 249-257.

[55] Švrček V, Rehspringer J L, Gaffet E, Slaoui A, Muller J C. Unaggregated silicon nanocrystals obtained by ball milling [J]. Journal of Crystal Growth, 2005, 275 (3-4): 589-597.

[56] Liu N, Lu Z, Zhao J, McDowell M T, Lee H W, Zhao W, Cui Y. A pomegranate-inspired nanoscale design for large-volume-change lithium battery anodes [J]. Nature Nanotechnology, 2014, 9 (3): 187-192.

[57] Wikipedia. Self-assembly [E]. https: //encyclopedia. thefreedictionary. com/Self-assembly.

[58] Lehn J M. Toward self-organization and complex matter [J]. Science, 2002, 295 (5564): 2400-2403.

[59] Whitesides G M, Boncheva M. Beyond molecules: self-assembly of mesoscopic and macroscopic components [J]. Proceedings of the National Academy of Sciences of the United States of America, 2002, 99 (8): 4769-4774.

[60] Li J, Li G, Zhang J, Yin Y, Yue F, Xu Q, Guo Y. Rational design of robust Si/C microspheres for high-tap-density anode materials [J]. ACS Applied Materials & Interfaces, 2019, 11 (4):

4057-4064.

[61] Sharma R A, Seefurth R N. Thermodynamic properties of the lithium-silicon system [J]. Journal of The Electrochemical Socirty, 1976, 53 (9): 1763-1768.

[62] Park M, Zhang X, Chung M, Less G B, Sastry A M. A review of conduction phenomena in Li-ion batteries [J]. Journal of Power Sources, 2010, 195 (24): 7904-7929.

[63] Fulkerson W, Moore J P, Williams R K, Graves R S, McElroy D L. Thermal conductivity, electrical resistivity, and seebeck coefficient of silicon from 100 to 1300K [J]. Physical Review, 1968, 167 (3): 765-782.

[64] Zuo X, Zhu J, Müller-Buschbaum P, Cheng Y. Silicon based lithium-ion battery anodes: a chronicle perspective review [J]. Nano Energy, 2017, 31: 113-143.

[65] Hutchinson J W, Suo Z. Mixed Mode Cracking in Layered Materials [M]. San Diego: Elsevier, 1992.

[66] Zhao K, Pharr M, Vlassak J J, Suo Z. Inelastic hosts as electrodes for high-capacity lithium-ion batteries [J]. Journal of Applied Physics, 2011, 109 (1): 016110.

[67] Liu X, Zhong L, Huang S, Mao S, Zhu T, Huang J. Size-dependent fracture of silicon nanoparticles during lithiation [J]. ACS Nano, 2012, 6 (2): 1522-1531.

[68] Baranchugov V, Markevich E, Pollak E, Salitra G, Aurbach D. Amorphous silicon thin films as a high capacity anodes for Li-ion batteries in ionic liquid electrolytes [J]. Electrochemistry Communications, 2007, 9 (4): 796-800.

[69] Ma H, Cheng F, Chen J, Zhao J, Li C, Tao Z, Liang J. Nest-like silicon nanospheres for high-capacity lithium storage [J]. Advanced Materials, 2007, 19 (22): 4067.

[70] Roberts G A, Cairns E J, Reimer J A. Magnesium silicide as a negative electrode material for lithium-ion batteries [J]. Journal of Power Source, 2002, 110 (2): 424-429.

[71] Wolfenstine J. CaSi$_2$ as an anode for lithium-ion batteries [J]. Journal of Power Sources, 2003, 124 (1): 241-245.

[72] Hwang S, Lee H, Jang S, Lee S, Lee S, Baik H, Lee J. Lithium insertion in SiAg powders produced by mechanical alloying [J]. Electrochemical and Solid-State Letters, 2001, 4 (7) A97-A100.

[73] Wang G, Sun L, Bradhurst D H, Zhong S, Dou S, Liu H. Nanocrystalline NiSi alloy as an anode material for lithium-ion batteries [J]. Journal of Alloys and Compounds, 2000, 306 (1-2): 249-252.

[74] Dong H, Feng R, Ai X, Cao Y, Yang H, Structural and electrochemical characterization of Fe-Si/C composite anodes for Li-ion batteries synthesized by mechanical alloying [J]. Electrochimica Acta, 2004, 49 (28): 5217-5222.

[75] Wu H, Yu G, Pan L, Liu N, McDowell M T, Bao Z, Cui Y. Stable Li-ion battery anodes by in-situ polymerization of conducting hydrogel to conformally coat silicon nanoparticles [J]. Nature Communications, 2013, 4: 1943.

[76] Chen Z, Wang C, Lopez J, Lu Z, Cui Y, Bao Z. High-areal-capacity silicon electrodes with low-cost silicon particles based on spatial control of self-healing binder [J]. Advanced Energy

Materials, 2015, 5 (8): 1401826.

[77] Wang C, Wu H, Chen Z, McDowell M T, Cui Y, Bao Z. Self-healing chemistry enables the stable operation of silicon microparticle anodes for high-energy lithium-ion batteries [J]. Nature Chemistry, 2013, 5 (12): 1042-1048.

[78] Choi S, Kwon T, Coskun A, Choi J W. Highly elastic binders integrating polyrotaxanes for silicon microparticle anodes in lithium ion batteries [J]. Science, 2017, 357 (6348): 279-283.

[79] Naguib M, Mashtalir O, Carle J, Presser V, Lu J, Hultman L, Gogotsi L, Barsoum M W. Two-dimensional transition metal carbides [J]. ACS Nano, 2012, 6 (2): 1322-1331.

[80] Zhang C J, Park S H, Seral-Ascaso A, Barwich S, McEvoy N, Boland C S, Coleman J N, Gogotsi Y, Nicolosi V. High capacity silicon anodes enabled by MXene viscous aqueous ink [J]. Nature Communications, 2019, 10: 849.

[81] Tian Y, An Y, Feng J. Flexible and freestanding silicon/MXene composite papers for high-performance lithium-ion batteries [J]. ACS Applied Materials & Interfaces, 2019, 11 (10): 10004-10011.

[82] Zhang Y, Mu Z, Lai J, Chao Y, Yang Y, Zhou P, Li Y, Yang W, Xia Z, Guo S. MXene/Si@ SiO_x@C layer-by-layer superstructure with autoadjustable function for superior stable lithium storage [J]. ACS Nano, 2019, 13 (2): 2167-2175.

[83] Liu H, Shan Z, Huang W, Wang D, Lin Z, Cao Z, Chen P, Meng S, Chen L. Self-assembly of silicon@oxidized mesocarbon microbeads encapsulated in carbon as anode material for lithium-ion batteries [J]. ACS Applied Materials & Interfaces, 2018, 10 (5): 4715-4725.

[84] Liu N, Wu H, McDowell M T, Yao Y, Wang C, Cui Y. A yolk-shell design for stabilized and scalable li-ion battery alloy anodes [J]. Nano Letters, 2012, 12 (6): 3315-3321.

[85] Li Y, Yan K, Lee H W, Lu Z, Liu N, Cui Y. Growth of conformal graphene cages on micrometre-sized silicon particles as stable battery anodes [J]. Nature Energy, 2016, 1: 15029.

[86] Chen Y, Hu Y, Shen Z, Chen R, He X, Zhang X, Li Y, Wu K. Hollow core-shell structured silicon@carbon nanoparticles embed in carbon nanofibers as binder-free anodes for lithium-ion batteries [J]. Journal of Power Sources, 2017, 342: 467-475.

[87] Li B, Li S, Jin Y, Zai J, Chen M, Nazakat A, Zhan P, Huang Y, Qian X. Porous Si@C ball-in-ball hollow spheres for lithium-ion capacitors with improved energy and power densities [J]. Journal of Materials Chemistry A, 2018, 6 (42): 21098-21103.

[88] Yu C, Chen X, Xiao Z, Lei C, Zhang C, Lin X, Shen B, Zhang R, Wei F. Silicon carbide as a protective layer to stabilize Si-based anodes by inhibiting chemical reactions [J]. Nano Letters, 2019, 19 (8): 5124-5132.

[89] Kim S J, Kim M C, Han S, Lee G H, Choe H S, Kwak D H, Choi S Y, Son B G, Shinms M S, Park K W. 3D flexible Si based-composite (Si@Si_3N_4)/CNF electrode with enhanced cyclability and high rate capability for lithium-ion batteries [J]. Nano Energy, 2016, 27: 545-553.

[90] Fu R, Zhang K, Zaccaria R P, Huang H, Xia Y, Liu Z. Two-dimensional silicon suboxides nanostructures with Si nanodomains confined in amorphous SiO_2 derived from siloxene as high performance anode for Li-ion batteries [J]. Nano Energy, 2017, 39: 546-553.

［91］ Li G, Li J, Yue F, Xu Q, Zuo T, Yin Y, Guo Y. Reducing the volume deformation of high capacity SiO$_x$/G/C anode toward industrial application in high energy density lithium-ion batteries ［J］. Nano Energy, 2019, 60: 485-492.

［92］ Jia H, Zou L, Gao P, Cao X, Zhao W, He Y, Engelhard M H, Burton S D, Wang H, Ren X, Li Q, Yi R, Zhang X, Wang C, Xu Z, Li X, Zhang J, Xu W. High-performance silicon anodes enabled by nonflammable localized high-concentration electrolytes ［J］. Advanced Energy Materials, 2019, 9 (31): 1900784.

［93］ Zhang A, Fang Z, Tang Y, Zhou Y, Wu P, Yu G. Inorganic gel-derived metallic frameworks enabling high-performance silicon anodes ［J］. Nano Letters, 2019, 19 (9): 6292-6298.

［94］ Shen B, Wang S, Tenhaeff W E. Ultrathin conformal polycyclosiloxane films to improve silicon cycling stability ［J］. Science Advance, 2019, 5 (7): eaaw4856.

［95］ Han B, Liao C, Dogan F, Trask S E, Lapidus S H, Vaughey J T, Key B. Using mixed salt electrolytes to stabilize silicon anodes for lithium-ion batteries via in situ formation of Li-M-Si ternaries (M = Mg, Zn, Al, Ca) ［J］. ACS Applied Materials & Interfaces, 2019, 11 (33): 29780-29790.

［96］ 全球电动汽车展望 2018，多交通方式的电气化发展 ［E］. International Energy Agency, www. iea. org/t&c/.

③　纳米硅-碳负极材料制备常用方法

3.1　引言

　　硅作为锂离子电池负极材料存在的主要问题，就是嵌锂过程体积膨胀引起的活性物质粉碎脱落导致电子导电性较差和电池失效。为了解决这两方面问题，无数的研究者探索了各种途径。最终综合考虑性能和制备成本等可行性角度，选择了以碳包覆纳米硅为主的硅-碳负极材料设计思路。碳一方面提高硅的电子导电性，另一方面阻止硅颗粒因破碎脱落，因为硅颗粒体积再小，也是难以完全避免破碎的。纳米尺寸的硅最大程度缓解了膨胀破碎。当然，如果碳等包覆层材料力学性能足够优异，也能够阻止微米尺寸硅的膨胀破碎。为了制备结构稳定和电化学性能优异的硅-碳负极材料，学者提出了各种技术路线。当前，绝大多数学者归纳硅-碳负极材料，都是从材料体系和结构特点两个角度总结。比如从材料体系角度，学者将硅基负极归纳为硅负极、硅-氧化硅负极、硅-碳负极、硅-氧化硅-碳负极、硅-碳-石墨以及硅-石墨烯等[1]。从微观结构特点角度，学者将硅-碳负极归纳为多孔结构硅-碳负极、核壳结构硅-碳负极、蛋黄结构硅-碳负极、石榴状结构硅-碳负极、三明治结构硅-碳负极以及双球结构硅-碳负极等[2]。各种分类眼花缭乱，其实从结构角度来说，所有的硅-碳负极材料几乎都可以归纳为核壳结构。不管是蛋黄结构还是三明治结构，还是其他，其本质都是碳包覆硅的包覆结构。

　　硅-碳负极材料制备归纳起来可分为化学合成法、气相沉积法以及自组装法。每一种制备方法都有其优点和缺点。化学合成法是在水、乙醇或是油脂等液态分散系中，碳的前驱体（含碳的小分子有机物）在硅纳米颗粒的表面发生化学反应，生成含碳的树脂等聚合物，得到硅纳米颗粒-聚合物的复合物。化学合成法制备的纳米硅-碳负极材料具有包覆结构牢固、均匀等优点，但操作复杂，而且往往需要使用有毒的化学试剂。气相沉积法是利用高温（一般不超过 1000℃）低压条件下硅的前驱体（比如硅烷）、碳的前驱体（比如乙烯、乙炔等）分解硅原子或者是碳原子，沉积在基体材料上。比如以石墨等碳材料为基体，硅烷分解出硅原子沉积在石墨表面，得到石墨-硅复合材料；又比如以硅纳米颗粒为基体，乙烯分解出碳原子，沉积在硅表面，得到硅-碳负极材料。气相沉积法制备的硅-碳负极材料包覆层结构均匀，牢固，但成本较高。自组装法是基于硅纳米颗粒与碳的前驱体（比如酚醛树脂、沥青等）之间分子力、π-π 键等相互作用，组装成包覆结构硅-碳复合物。该方法制备具有工艺简单、环境友好的特点，但是自组装很难保证包覆均匀，微观结构稳定性不如化学合成法和气相沉积法。

3.2　化学合成法

化学合成法得到的硅-碳负极材料有蛋黄结构（硅为核，碳为壳且硅碳之间有空隙）、石榴结构（蛋黄结构的硅-碳复合物团聚成微米尺寸石榴状的硅-碳复合物）、空心双球结构（硅为球形且内部有空隙，外层为碳）、三明治结构（硅纳米颗粒均匀分散在层状碳材料之间）以及内嵌结构（硅纳米颗粒钉扎在碳材料表面）等。根据需要，也可以在硅纳米片或者是微米硅颗粒表面生化学法合成石墨烯，得到硅-石墨烯复合物。该复合物经过碳化，得到内层为硅外层为无定形碳的硅-碳复合物。由于液态分散系中原子、分子能够充分接触，化学反应能够较为均匀发生。

3.2.1　蛋黄结构硅-碳负极材料制备[3]

如前所述，硅作为锂离子电池负极材料，需要解决的问题是嵌/脱锂过程体积膨胀引起的破碎脱落以及电子导电性差。如图 3-1 所示，为了增强硅纳米颗粒在锂离子嵌/脱过程电子导电性的同时能够缓解硅纳米颗粒破碎脱落，研究者提出了制备蛋黄结构的纳米硅-碳（SiNPs@V@C）负极材料。

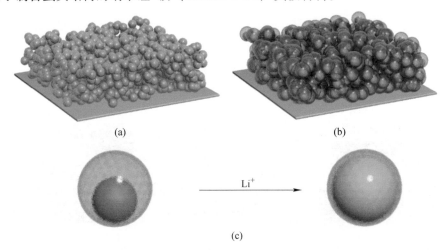

(a)　　　　　　　　　　　(b)

(c)

图 3-1　SiNPs(a)、SiNPs@V@C(b)、SiNPs@V@C 嵌锂过程体积变化（c）示意图[3]

该制备过程如下所述：240mL 乙醇与 60mL 水混合，在超声状态下加入 150mg SiNPs（粒径小于 100nm），接着加入 3mL 浓氨水。在搅拌状态下 2.4g 正硅酸乙酯逐滴加入，在室温下持续搅拌 12h。经离心分散后得到二氧化硅包覆的 SiNPs，即 SiNPs@SiO₂，用水清洗三次。获得的 SiNP@SiO₂ 混合于多巴胺盐溶液

（75mL，10mmol/L，pH=8.5），然后搅拌24h，得到 SiNPs@SiO$_2$@polydopamine。SiNPs@SiO$_2$@polydopamine 经离心分离清洗后干燥。干燥后的 SiNPs@SiO$_2$@polydopamine 首先在氮气氛围下以 1℃/min 上升到 400℃，然后保温 2h，之后以 5℃/min 上升到 800℃，保温 3h，最终得到 SiNPs@SiO$_2$@C。碳化结束后，用 10%浓度的氢氟酸溶液刻蚀 30min。刻蚀结束后离心分离、清洗、收集，然后真空干燥，获得碳层和硅核之间具有空隙（Void）的 SiNPs@V@C。

如图 3-2 所示，SiNPs 呈现土黄色，这是纳米尺寸硅的特有颜色。经过 SiO$_2$ 和多巴胺包覆之后，SiNPs 土黄色略微加深。经碳化以及氢氟酸刻蚀之后，SiNPs 被碳包覆，得到黑色的 SiNPs@V@C。

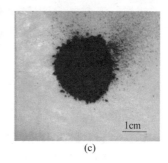

图 3-2　SiNPs(a)、SiNPs@SiO$_2$@polydopamine(b)、SiNPs@V@C(c) 的照片[3]

使用多巴胺在 SiNPs 表面制备碳包覆层，该方法能获得完好的蛋黄结构，如图 3-3 所示。SiNPs 呈球形颗粒，经过 SiO$_2$ 和多巴胺包覆之后，表面明显更加粗糙，多个颗粒团聚在一起。经过碳化和刻蚀之后，硅核与碳层之间存在明显的空隙。

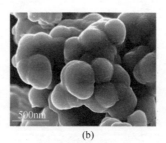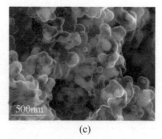

图 3-3　SiNPs(a)、SiNPs@SiO$_2$@polydopamine(b)、SiNPs@V@C(c) 的 SEM 形貌[3]

SiNPs@V@C 的空隙尺寸可以通过改变正硅酸乙酯的添加量，从而调节 SiO$_2$ 含量来实现。如图 3-4 所示，当 SiO$_2$ 含量从 0.6g 增加到 1.2g，再到 2.4g，空隙厚度大约从 20nm 增加到 30nm，再到 50nm。空隙的尺寸对于 SiNPs@V@C 负极的电池性能非常重要。空隙太小，无法容纳硅体积膨胀带来的空间挤压，导致碳层破碎,从而使得活性颗粒之间接触不良,加速容量衰减。当空隙足够容纳硅体积膨胀,那么碳层不会破坏,从而得到结构和电池性能均稳定的 SiNPs@V@C 负极材料。

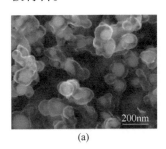

图 3-4 SiNPs@V@C 随 SiO_2 含量变化的 SEM 形貌[3]

(a) 0.6g;(b) 1.2g;(c) 2.4g

该方法制备 SiNP@V@C 是基于两个物相之间表面电荷不同而相互吸引的原理。首先,在含有正硅酸乙酯分散系统中,乙醇促进正硅酸乙酯水解出 SiO_2,而 SiNPs 相当于异质形核剂,SiO_2 在 SiNPs 表面形核生长,得到 SiNPs@SiO_2。多巴胺能够包覆在 SiNPs@SiO_2 表面是由于多巴胺在碱性条件下分解,带正电荷,而 SiNPs@SiO_2 表面由于 SiO_2 的存在带负电。如此,正负电荷吸引,得到 SiNPs@SiO_2@polydopamine。

SiNPs@V@C 颗粒相互吸引而成为微米级团簇,如图 3-5(a)所示,但是单个颗粒仍然在 100nm 左右。图 3-5(b)表明 SiNPs@V@C 的碳层为无定形碳,而 SiNPs 为晶体硅,存在显著的(111)、(220)以及(311)晶面。SiNPs@V@C 的物质状态如图 3-5(c)(d)所示,由于 XPS 的探测深度一般小于 10nm,因此,碳的包覆使得硅的特征峰被掩盖,也说明碳很好地将硅包覆。X 射线的探测深度超过微米级,所以硅的晶体特征仍然被检测到,如图 3-5(e)所示,清晰地展示了(111)、(220)以及(311)晶面。

3.2.2 微米尺寸石榴状硅-碳负极材料制备[4]

化学合成法制备蛋黄结构纳米硅-碳负极材料已经被很多学者证实是一种非常有效的技术。然而,蛋黄结构由于硅和碳之间存在空隙,虽然能够缓解硅的体积膨胀,但是堆密度很低,甚至低于 $0.15mg/cm^2$。作为锂离子电池负极材料,除了质量比容量要高,体积比容量也要高。因此,在蛋黄结构基础上,为了进一步提高堆密度以及体积比容量,研究者设计了石榴(pomegranate)结构,即把纳米尺寸的硅-碳负极材料进一步团聚,得到微米级别的硅-碳负极材料。该设计不仅能够提高单位面积的活性负载量,而且由于活性物质为微米级颗粒,能够有效降低活性物质的比表面积,从而缓解电极表面电解液的分解,有利于获得更加稳

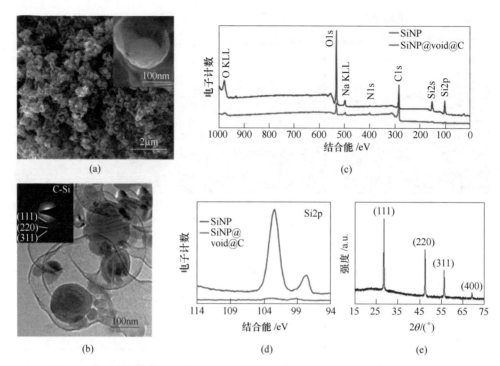

图 3-5　SiNPs@V@C 的 SEM 和 TEM 形貌（a）（b），SiNPs 和 SiNPs@V@C 的 XPS
以及分峰硅谱（c）（d），SiNPs@V@C 的 XRD 谱（e）[3]

定的硅-碳负极材料。

　　图 3-6 为石榴状包覆结构硅-碳复合物（P-SiNPs@C）制备示意图。其具体制备过程为：在超声状态下，往盛有 320mL 乙醇和 80mL 水的溶液中加入 400mg SiNPs（平均粒径 80nm），接着加入 4mL 浓氨水。在搅拌状态下，1.6mL 正硅酸乙酯加入到上述分散系中，然后搅拌 12h。之后，离心分离、清洗、收集样品，

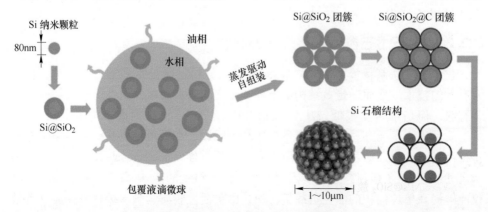

图 3-6　P-SiNPs@C 制备示意图

得到二氧化硅包覆 SiNPs 的 SiNPs@SiO$_2$。上述样品加入到 20mL 水中，然后加入 16mL 十八烷烯（该十八烷烯含有 0.3% 的两亲嵌段共聚物作为乳化稳定剂），得到的样品如图 3-7（a）所示。上述分散系经一分钟均匀化处理（7000r/min）后，在 95~98℃ 保温 2h。待水蒸发之后，上述分散系经离心分离的方式收集，最后使用环己烷清洗一次，最后置于 550℃ 中保温 1h（一方面除去有机物，另一方面也能提高 SiO$_2$ 堆密度），即得到 SiNPs@SiO$_2$ 团簇，如图 3-7（b）所示。100mg 的 SiNPs@SiO$_2$ 团簇分散于 30mL 水，然后加入 1mL 十六烷基三甲基溴化铵（CTAB）和 0.1mL 氨水（28%）。为了使得 CTAB 充分吸附在 SiNPs@SiO$_2$ 团簇的表面，上述分散系搅拌 20min。40mg 间苯二酚和 56μL 甲醛溶液（37%）加入到上述分散系中，然后搅拌 12h。设计不同对照组，分别加入 10~100mg 的间苯二酚，以此调控 SiNPs@SiO$_2$ 团簇表面的间苯二酚-甲醛树脂厚度。包覆了间苯二

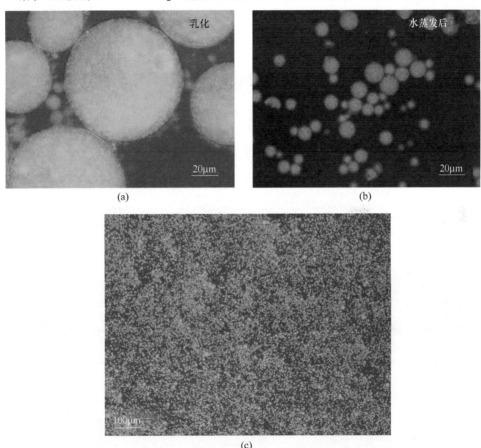

(a)   (b)

(c)

图 3-7 SiNPs@SiO$_2$ 簇包覆于水-十八烷烯分散剂（a），水蒸发后的 SiNPs@SiO$_2$ 簇（b），

以及 P-SiNPs@C（c）的宏观形貌[4]

酚-甲醛树脂的样品经过离心分离收集之后，使用乙醇清洗三次，然后以5℃/min的升温速率到800℃，保温2h，得到碳包覆的石榴状硅-碳复合物，即P-SiNPs@SiO$_2$@C。上述P-SiNPs@SiO$_2$@C样品加入到5%氢氟酸溶液中反应30min，然后离心分离，并使用乙醇清洗三次，得到P-SiNPs@C样品，如图3-7（c）所示。

P-SiNPs@C制备过程氨水的加入是为了促进正硅酸乙酯水解出SiO$_2$。十八烷烯之所以能够将分散于水中的SiNPs@SiO$_2$包覆，是因为十八烷烯的表面张力低于水的表面张力。CTAB作为一种带正电荷的表面活性剂，吸附在SiNPs@SiO$_2$团簇的表面，使得SiNPs@SiO$_2$团簇带正电荷，所以间苯二酚与甲醛反应生成间苯二酚-甲醛树脂（带负电荷）能够吸附在SiNPs@SiO$_2$团簇的表面。

SiNPs在十八烷烯和乳化稳定剂作用下也能够团聚成尺寸更大的团簇。例如，在增加十八烷烯和乳化剂含量的条件下，SiNPs团簇的尺寸可以在500nm到10μm变化，如图3-8所示。进一步优化十八烷烯和乳化剂含量的配比，甚至可以获得更大尺寸的SiNPs团簇。

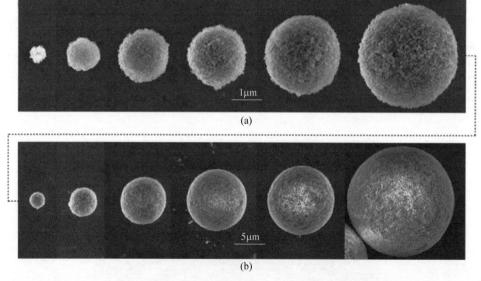

图3-8　SiNPs在微型乳化剂作用下团聚成更大尺寸团簇（从500nm到10μm）[5]

图3-9为对应不同平均粒径的SiNPs团簇及统计分析。可以发现，随着SiNPs团簇粒径的增加，其分布越来越发散，即粒径分布较宽。相比较而言，粒径越小，SiNPs团簇生长得越均匀，表现为粒径分布较窄。

碳层的厚度可以通过改变间苯二酚的含量来调控。图3-10为P-SiNPs@C经NaOH刻蚀后的碳层TEM形貌。从图中可以发现，随着间苯二酚的含量降低，碳层的厚度也逐渐降低。间苯二酚的含量为100mg、40mg以及20mg时，碳层的平

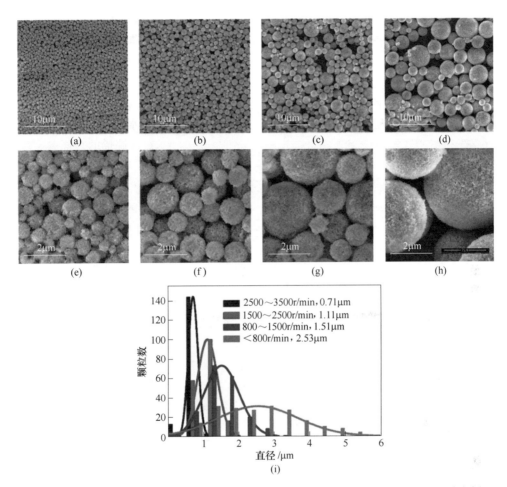

图 3-9 经离心分离得到的 SiNPs 团簇，分别对应平均粒径 0.71μm （a）（e），1.11μm （b）（f），1.51μm （c）（g）和 2.53μm （d）（h），以及 SiNPs 团簇粒径的统计学分析 （i）[4]

均厚度分别为 6.5nm、5nm 以及 2.5nm。碳层的厚度不仅影响锂离子扩散动力学，而且对结构稳定性也有影响。碳层越厚越能够支撑硅体积膨胀引起的应力，所以能够较好地保证活性颗粒之间的电子接触性，有利于维持负极材料稳定的循环性能。

图 3-11 分别为 P-SiNPs@C 经 NaOH 刻蚀以及超声分散 5min 后的 SEM 形貌。从图中可以看出，P-SiNPs@C 经 NaOH 刻蚀后，虽然硅已不存在，但是仍然维持在微米级颗粒形貌。P-SiNPs@C 经 5min 超声分散后，相比较 NaOH 刻蚀后的碳壳表面，其表面较为粗糙，主要是因为超声分散去除了表面很多细碎的小颗粒，从而增加了表面的孔隙率。不管是 NaOH 刻蚀还是超声分散之后，石榴状结构仍然没有被破坏，而是完好如初，表明这种石榴状具有良好的结构稳定性。

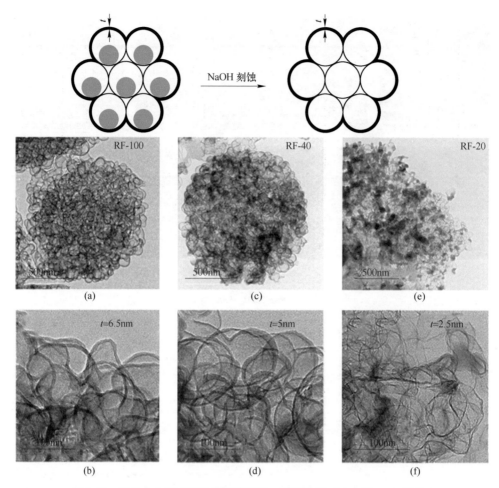

图 3-10　经 NaOH 刻蚀后的碳层随间苯二酚添加量而改变的 TEM 形貌，
对应的碳层厚度分别为 6.5nm、5nm 以及 2.5nm[4]
间苯二酚：(a)(b)100mg；(c)(d)40mg；(e)(f)20mg

　　图 3-12（a）为经乳化剂处理（改变乳化剂浓度和处理时间）后的 P-SiNPs@C 的 SEM 形貌。从图中可以看出，随着粒径的增加，P-SiNPs@C 的形貌虽然没有显著变化，但是粒径分布明显越来越不均匀。图 3-12（b）(c) 分别是 P-SiNPs@C 的 SEM 形貌及局部放大图，可以发现其表面呈现清晰的硅核、碳层以及硅与碳之间的空隙。图 3-12（d）(e) 分别是 P-SiNPs@C 以及只有碳层的 TEM，对比可知 SiNPs 均匀地包覆在碳层里面，石榴状结构十分完美。

　　图 3-13 展示的是进行空隙调控得到不同空隙的 P-SiNPs@C 以及嵌锂过程原位表征形貌变化。从图 3-13（a）~（d）可知，随着二氧化硅含量的增加，空隙厚度从 15nm 逐渐增加到 40nm。空隙为 15nm 的 P-SiNPs@C 在嵌锂过程无法提供足

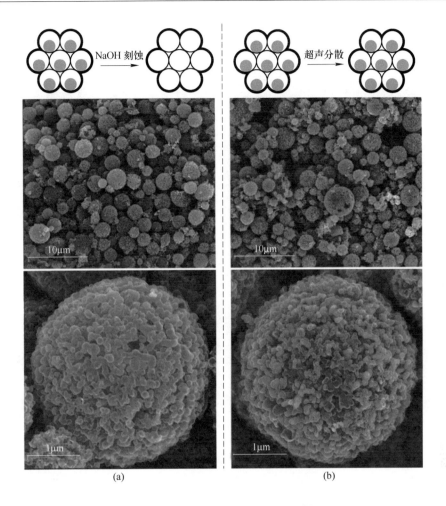

图 3-11 P-SiNPs@C 的 SEM 形貌[4]

（a）经 NaOH 刻蚀；（b）超声分散 5min

够的空间容纳硅的体积膨胀，最终将碳层破坏，如图 3-13（f）所示。比较而言，空隙为 40nm 的 P-SiNPs@C 在嵌锂过程拥有足够的空间容纳硅的体积膨胀，因此碳层始终没有遭到破坏，如图 3-13（g）所示。

3.2.3 石墨烯包覆的硅-碳负极材料制备[5]

碳包覆硅纳米颗粒获得的硅-碳负极材料，虽然微观结构上碳能够完整地将硅纳米颗粒包覆，组装的电池性能也较为优异，但是有个缺点就是硅纳米颗粒制备成本较高。再者，纳米尺寸的硅很容易发生团聚，形成较大的颗粒，甚至是微米尺寸的颗粒。

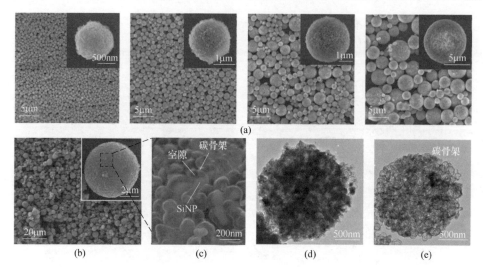

图 3-12　微型乳化剂处理得到不同粒径 P-SiNPs@C 的 SEM 形貌（a），
P-SiNPs@C 及表面形貌（b），P-SiNPs@C 表面局部放大 SEM 形貌（c），
单个 P-SiNPs@C 的 TEM 形貌（d），只有碳层的 TEM 形貌（e）[4]

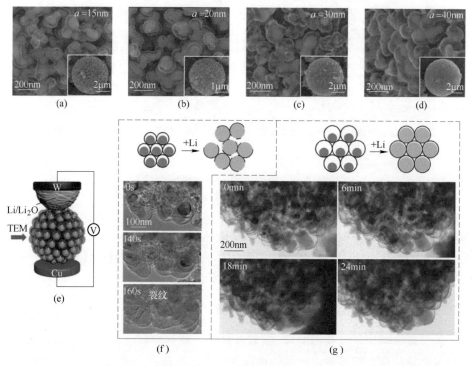

图 3-13　P-SiNPs@C 空隙调控及嵌锂过程原位表征形貌变化，空隙尺寸为 15nm（a）、20nm（b）、
30nm（c）、40nm（d），（e）为表征装置示意图，空隙尺寸为 15nm 时随嵌锂时间的
增加其形貌变化（f），空隙尺寸为 40nm 时随嵌锂时间的增加其形貌变化（g）[4]

基于上述原因，有必要探索微米尺寸硅-碳负极材料的制备。无定形碳加上空隙能够支撑纳米硅的体积膨胀，但无定形碳原子无序排列，力学性能不佳，难以支撑微米尺寸硅的膨胀。因此，为了支撑微米尺寸硅的体积膨胀，可以考虑使用原子排列十分完整有序的石墨烯作为其外壳，即石墨烯包覆微米尺寸硅的复合物SiMP@Gr。

如图3-14所示，使用粒径为1~3μm的硅颗粒为原料。首先，2g硅颗粒加入到160mL去离子水中，超声分散大约10min，然后加入1.6mL三羟甲基氨基甲烷缓冲液（1mol，pH=8.5）和320mg盐酸多巴胺，在室温下搅拌1h。该过程使得硅颗粒表面生长一层薄薄的多巴胺。多巴胺有助于镍在硅颗粒表面快速地形核生长。20mL二氯化锡溶液（5g/L二氯化锡，10mL/L盐酸）直接加入到上述样品，然后搅拌1h。由于盐酸的加入，上述样品分散系中的pH值逐渐降低，阻止多巴胺继续生长，所以可以通过盐酸加入的浓度来调节多巴胺的厚度。离心分离、收集样品并用去离子水清洗样品。上述样品加入到氯化铂溶液（0.5g/L氯化铂，6.25mL/L盐酸），然后搅拌1h。样品经三次清洗并利用离心分离方法收集。

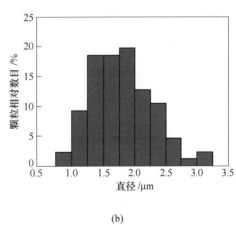

(a)   (b)

图3-14 微米硅（a）及微米硅粒径统计（b）[5]

接下来在硅颗粒表面生长镍。镍的厚度可以通过改变镍溶液的浓度或者是镀镍的反应时间来调控。在本案例，研究者将这两种方法结合起来调控镍的厚度。两种镍溶液，一组是20g/L六水合硫酸镍、10g/L柠檬酸钠二水以及5g/L乳酸混合的溶液，记为A组；另一组是40g/L六水合硫酸镍、20g/L柠檬酸钠二水以及10g/L乳酸混合的溶液，记为B组。

1g二甲胺硼烷和2mL氨水（28%）加入到180mL A组溶液，其中二甲胺硼烷在镀镍过程作为还原剂。500mg微米硅加入到上述分散系中，然后轻微地搅拌30min。随着反应的进行，上述分散系开始冒泡，并且绿色逐渐变淡。镀镍完成之后，用磁铁将颗粒吸出，得到镀有镍的微米硅，即 SiMP@Ni-A，如图 3-15（a）所示。2g 二甲胺硼烷和 3mL 氨水（28%）加入到 180mL 的 B 组溶液中，然后加入SiMP@Ni-A，搅拌 30min，得到的样品标记为 SiMP@Ni-B。SiMP@Ni-B 经乙醇清洗两次后在 50℃ 真空干燥 1h。2.3g 的 SiMP@Ni-B 加入到 150mL 三甘醇和 500μL 的NaOH 溶液，然后在 185℃ 下搅拌 8h。之后，样品经离心分离收集并用乙醇清洗三次。当有机物溶解，碳元素渗透到 SiMP@Ni-B 的镍层，并吸附在表面，石墨烯生长。接下来样品在 50℃ 真空干燥箱中干燥 1h。

干燥后的上述样品放在管式炉中，首先以 2℃/min 的升温速率到 100℃，接着以 20℃/min 的升温速率到 450℃，在 450℃ 保温 1h。整个热处理过程在氩气氛围。样品浸入到 1mol/L 的氯化铁溶液 2h，然后浸入到 10% 体积浓度的氢氟酸溶液中处理 30min。样品经乙醇清洗然后干燥，即得到石墨烯包覆的 SiMP@Gr。

作为对照组，无定形碳包覆微米硅的制备为：500mg 微米硅加入到 120mL 水中，然后加入 4mL CTAB（浓度 10mmol）和 0.4mL 氨。搅拌 20min，使得 CTAB 充分吸附在硅颗粒表面。接下来 100mg 间苯二酚和 140mL 甲醛溶液（37%）加入到上述分散系，搅拌 12h。之后离心分离、收集样品，并用乙醇清洗三次。上述样品在氩气氛围下 800℃ 碳化 2h，得到样品 SiMP@C，经氢氟酸刻蚀后得到空心的无定形碳层。

图 3-15（b）为 MSiP@Gr 的 SEM 形貌，相比较微米硅，外层碳的轮廓已可以观察到。图 3-15（c）(d) 分别为单个 MSiP@Gr 的 TEM 形貌、局部放大 HRTEM 形貌以及石墨烯厚度，可以发现微米硅被石墨烯完好地包覆，而且石墨烯的厚度大约为 3.34nm。图 3-15（e）为微米硅被刻蚀后的石墨烯 TEM 形貌。图 3-15（f）分别为 MSiP 和 MSiP@Gr 的 XPS 谱。相比较 MSiP，MSiP@Gr 展现出显著的碳峰。图 3-15（g）分别为无定形碳包覆和石墨烯包覆的硅的拉曼谱。从图中可以观察到石墨烯包覆的样品，其 D 峰与 G 峰强度面积相当，说明石有序碳原子（G 峰）的存在，虽然缺陷比较多（D 峰），但是证实了 MSiP@Gr 存在完整的石墨烯外层。

图 3-16 为单个 MSiP@Gr 的 TEM 形貌，微米硅颗粒和石墨烯外层的轮廓清晰可见。其对应的选取衍射图存在对称衍射亮斑，对其测量计算可知对应的是硅晶体（111）和（220）晶面。当然，从图中可以观察到外层是多层的石墨烯，厚度大约为 10nm，而不是单层的石墨烯。多层石墨烯在一定程度上能够加强力学性能，约束微米硅的体积膨胀。

石墨烯作为微米硅的外层，其力学性能如何非常关键，图 3-17（a）为针对MSiP@Gr 和无定形碳的力学性能原位测试示意图。图 3-17（b）为 MSiP@Gr 和无定形碳包覆微米硅在原位测试过程电压与电流的关系曲线。从曲线斜率可以发现，石墨烯包覆的 MSiP@Gr 电阻大约是 17kΩ，而无定形碳包覆的微米硅，其电阻大约是 1.4MΩ，即石墨烯的电阻大约只有无定形碳的一百分之一。可知石墨烯包覆电

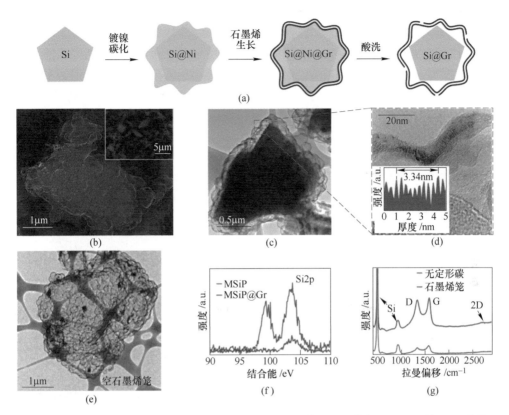

图 3-15　MSiP@Gr 制备示意图（a），MSiP@Gr 的 SEM 形貌（b），单个 MSiP@Gr 的 TEM 形貌、
局部放大 HRTEM 形貌以及石墨烯厚度（c）（d），硅被刻蚀后的石墨烯 TEM 形貌（e），
MSiP 和 MSiP@Gr 的 XPS 谱（f），无定形碳包覆和石墨烯包覆的硅的拉曼谱（g）[5]

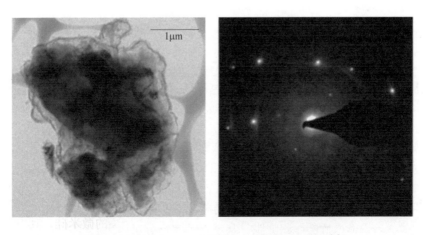

图 3-16　MSiP@Gr TEM 形貌和对应的选区衍射图[5]

子导电率非常高，有助于提高电化学反应动力。图 3-17（c）为无定形碳壳在外力作用下破碎的 TEM 形貌。图 3-17（d）为石墨烯在外力作用下 TEM 形貌。可以发现无定形碳力学性能较差，在外力作用下容易发生破裂，而石墨烯在相同条件下虽然发生变形，但是不会发生破裂。而且，当外力撤掉后，石墨烯的形状返回到初始的形貌，展现出优异的力学性能。石墨烯优异的力学性能够约束硅颗粒体积膨胀，从而维持结构稳定性，提升电化学性能。

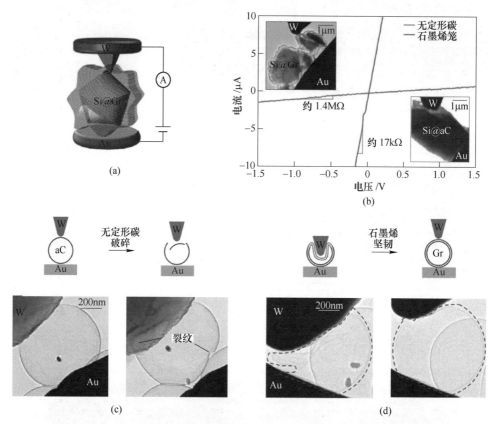

图 3-17　MSiP@Gr 力学性能原位测试示意图（a），MSiP@Gr 和无定形碳包覆微米硅在原位测试过程电压与电流的关系曲线（b），无定形碳壳在外力作用下破碎的 TEM 形貌（c），石墨烯在外力作用下 TEM 形貌（d）[5]

图 3-18（a）为原位测试 MSiP@Gr 嵌锂过程微观结构变化的示意图，而图 3-18（b）为 MSiP@Gr 嵌锂过程微观结构变化的 TEM 形貌。从图中可以发现随着嵌锂程度加深，微米硅颗粒逐渐膨胀，出现裂纹。由于晶体的各向异性，硅颗粒体积膨胀优先沿着特定方向发生，但没有把石墨烯撑破，表明石墨烯的力学性能优异，完全可以支撑、容忍微米硅的体积膨胀。基于上述表征分析，我们可以得出以下推断：嵌脱锂过程，硅颗粒因嵌锂发生体积膨胀而破裂，粉碎成更小的颗粒，但是由于石

墨烯的包覆，破碎的硅颗粒仍然能够约束在石墨烯内部，保持了细碎硅颗粒之间良好的电子接触性，从而维持结构稳定性和稳定的容量。

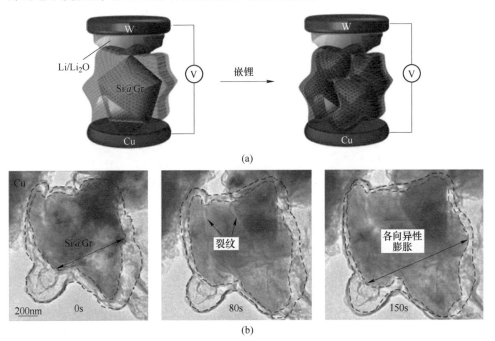

图 3-18　原位测试 MSiP@Gr 嵌锂过程微观结构变化的示意图（a）和
MSiP@Gr 嵌锂过程微观结构变化的 TEM 形貌（b）[5]

3.2.4　空心多孔双球硅-碳负极材料制备[6]

上述蛋黄结构、石榴状结构以及石墨烯包覆的硅-碳负极材料制备，有一个共同的设计思路，即硅与碳之间设计了空隙以提供足够的空间给硅体积膨胀。然而，如果硅与碳之间的间隙不存在，转而把空隙设计在硅的内部，即硅颗粒是空心的，使得硅嵌锂过程不向外膨胀，而是向内膨胀，也同样能够缓解硅嵌锂过程的体积膨胀。

如图 3-19 所示，首先制备空心多孔 SiO_2。0.3g CTAB 加入到 60mL 乙醇、100mL 水以及 2mL 氨水（25%）的溶液中，然后加入正硅酸乙酯，并在 35℃条件下搅拌 24h。之后，离心分离方式收集白色沉淀物并用乙醇清洗。上述样品分散在 90℃的水中，保温 2h。离心收集得到的样品分散在含有 480μL 的 240mL 乙醇溶液中，保持在 60℃搅拌 3h。得到空心多孔 SiO_2，即 Hollow porous SiO_2（HP-SiO_2）。

0.63g 甲酸铵加入到 200mL 去离子水中，然后加入甲酸直到溶液的 pH 降低到 4.4。0.1g HP-SiO_2 和 0.3g $Al_2(SO_4)_3$ 加入到溶液，并超声分散 30min，然后在 70℃

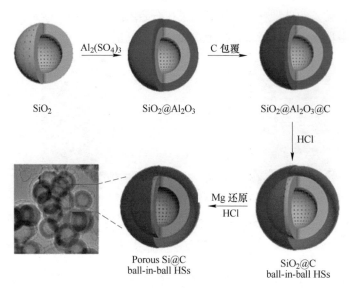

图 3-19　空心多孔双球硅-碳纳米颗粒制备示意图[6]

条件下搅拌 2h。离心方式收集样品并用乙醇和水清洗，得到 HP-SiO$_2$@Al$_2$O$_3$。

　　HP-SiO$_2$@Al$_2$O$_3$ 放入石英管，800℃ 条件下通入乙炔与氩气混合气体 10min，其中乙炔与氩气的体积比为 1:9，流速为 150sccm，得到 HP-SiO$_2$@Al$_2$O$_3$@C。

　　为了去除 Al$_2$O$_3$，HP-SiO$_2$@Al$_2$O$_3$@C 加入到 1mol 的盐酸溶液。6h 之后，过滤收集样品并用水清洗三次，最后 70℃ 干燥 6h，得到样品多孔双球二氧化硅-碳负极材料，即 SiO$_2$@C ball-in-ball HS。

　　0.3g 镁粉和 0.3g 的 SiO$_2$@C ball-in-ball HS 混合，然后放入管式炉。在管式炉中氩氢混合气（氢气体积 5%）650℃ 处理 5h。升温速率为 1℃/min。之后，样品加入到 2mol/L 盐酸溶液 6h 以除去 MgO。过滤收集样品并用水清洗三次，然后 70℃ 真空干燥 4h，得到样品 Porous Si@C ball-in-ball hollow spheres，即 Porous Si@C ball-in-ball HS（双球中空结构）。

　　图 3-20 （a）（b）为 SiO$_2$ 的不同倍率下的 SEM 形貌。可以发现 SiO$_2$ 为近乎标准的球形，而且粒径分布非常均匀。图 3-20 （c）~（e）为 SiO$_2$ 的 TEM 形貌，表明 SiO$_2$ 的直径大约为 500nm，并且有一层外壳，厚度大约为 70nm。

　　接下来，Al$_2$(SO$_4$)$_3$ 溶液吸附在 SiO$_2$ 的表面，厚度大约为 80nm，得到核壳结构的 SiO$_2$@Al$_2$O$_3$。在乙炔-氩的混合气体中，SiO$_2$@Al$_2$O$_3$ 的表面沉积一层碳，即得到 SiO$_2$@Al$_2$O$_3$@C。图 3-21 为 SiO$_2$@Al$_2$O$_3$@C 的 SEM 形貌面扫能谱以及 TEM 形貌。可以发现硅、铝、碳的分布非常均匀，而且可以观察到双层结构，即 Al$_2$O$_3$ 层和 C 层。Al$_2$O$_3$ 层和 C 层均没有晶体结构，表明两者均是无定形结构。面扫能谱信号也证实了 Al$_2$O$_3$ 层和 C 层的双层结构。

(a)

(b)

(c)

(d)

(e)

图 3-20 SiO₂ 的 SEM 形貌 (a)(b) 和 TEM 形貌 (c)(d)(e)[6]

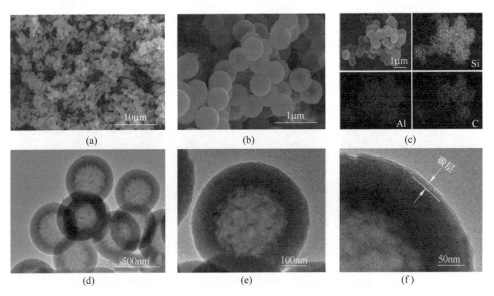

(a)

(b)

(c)

(d)

(e)

(f)

图 3-21 SiO₂@Al₂O₃@C 的 SEM 形貌 (a)(b)，对应的面扫能谱 (c)，

以及 TEM 形貌 (d)(e)(f)[6]

待 Al₂O₃ 层被盐酸刻蚀后，得到 SiO₂@C 空心球，如图 3-22 所示。球形颗粒具

有明显的核壳结构，而且多个颗粒团聚成大颗粒。壳层的厚度大约为 50nm。使用镁热还原 SiO_2 得到硅，并且盐酸去除还原过程生成的 MgO 之后，即可得到空心多孔双球 Si@C，如图 3-23 所示。SEM 形貌图表明镁热还原之后，Si@C 的粒径大约为 600nm，而且分布非常均匀，相比较 SiO_2，粒径增加了 100nm。SEM 形貌图也表明碳层和硅的中心部位均存在空隙，这一结构在图 3-23（b）（c）的 TEM 图可以得到证实。从图 3-23（d）的 HRTEM 图可以观察到晶面间距大概为 0.31nm 的有序晶体结构，对应的是晶体硅（111）晶面。从图 3-23（e）的 HRTEM 图可以发现碳层厚度大约为 10nm，且不存在晶格条纹，说明碳为无定形物相结构。图 3-23（f）的面扫能谱图表明硅是空心结构，被碳层包覆，而且再次证实了硅与碳之间存在空隙。图 3-24 为空心多孔双球 Si@C 的氮气吸脱附曲线和粒径分布。可以发现孔径分布在 10nm 左右，对应的 BET 比表面积大约为 $242.8m^2/g$。

图 3-22　SiO_2@C 空心球的 SEM 形貌（a）（b）及 TEM 形貌（c）（d）[6]

3.2.5　三明治结构硅-碳负极材料制备[7]

上述四节所制备的硅-碳负极材料，都是核壳结构，即外层为碳材料（包括无

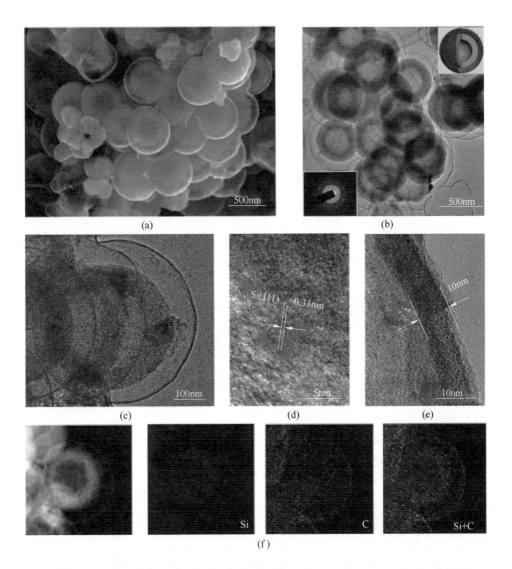

图 3-23 空心多孔双球 Si@C 的 SEM 形貌（a），TEM（b）（c），HRTEM（d）（e），
HAADF 及面扫能谱（f）[6]

定形碳、石墨烯等碳材料）。三明治结构虽然不是标准的核壳结构，但是碳与碳之间将硅颗粒隔离，得到层状的碳/硅/碳结构负极材料，其性能也优异。

如图 3-25 所示，首先 1g 硅纳米颗粒（SiNPs，粒径小于 70nm）加入到 100mL二甲苯，超声分散 1h，然后加入 1mL 偶联剂（KH-550）。在惰性气体保护下，上述样品加热到 80℃，然后回流处理 12h。过滤之后，上述样品用无水乙醇清洗多次，然后在真空干燥箱以 80℃干燥，获得接有氨基官能团的 SiNPs。

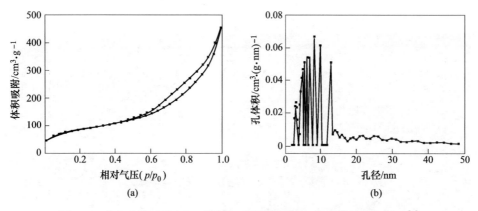

图 3-24　空心多孔双球 Si@C 的氮气吸脱附曲线（a）和粒径分布（b）[6]

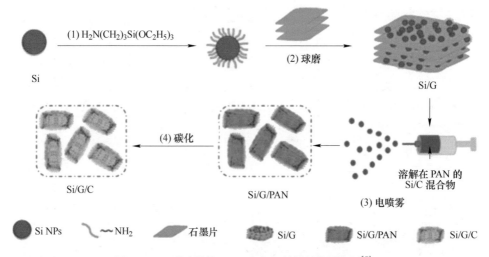

图 3-25　三明治结构 Si/G/C 负极材料制备示意图[7]

　　石墨片（Graphite flakes，G，粒径大约 0.4μm）在硝酸溶液（3mol/L）中回流处理 6h，然后使用去离子水多次清洗，获得含氧官能团的石墨片。

　　0.5g 含有氨基官能团的硅纳米颗粒加入到 50mL 无水乙醇中，然后超声分散30min。超声结束之后，加入 2g 含氧官能团的石墨片，再超声分散 30min。过滤之后获得硅/石墨复合物。上述样品在高能球磨机中以 300r/min 研磨 12h（样品与球磨介质的重量比大约为 1∶30）。研磨之后，上述样品在管式炉中氩气氛围下以650℃碳化处理 3h（升温速率 3℃/min），得到硅/石墨（Si/G）复合物。

　　0.6g Si/G 复合物与 0.6g 聚丙烯腈（PAN）加入到 20g 二甲基甲酰胺溶液，然后室温下持续搅拌 12h，得到均匀的前驱体。

　　接下来使用静电喷雾技术制备硅/石墨/碳（Si/G/C）复合物。首先上述前驱体凝胶以 0.5mL/h 注入到注射器中。静电喷雾出来的颗粒沉积在铝板上，然后在空气氛围炉中处理 3h。之后样品放入管式炉中氮气氛围下以 650℃碳化处理 3h，得到 Si/G/C 复合物。

如图 3-26（a）(b) 所示，石墨片的粒径在 0.5~3μm，且研磨之后仍然维持着

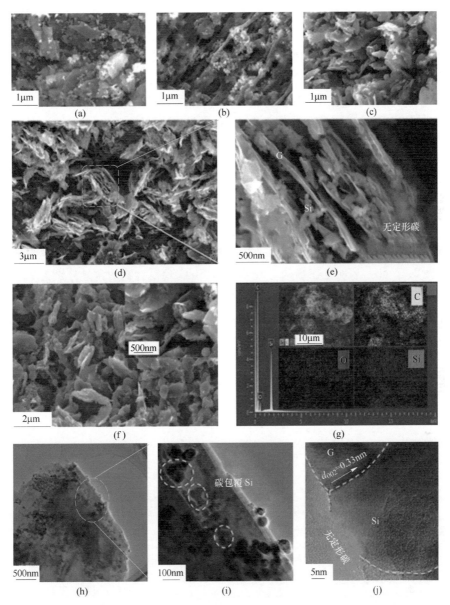

图 3-26 Si/C 复合物 SEM 形貌（a），Si/G 复合物 SEM 形貌（b），Si/G/C 复合物在不同倍率下的 SEM 形貌(c)(d)(e)(f)，Si/G/C 复合物的面扫能谱图（g），Si/G/C 复合物在不同倍率下的 TEM 形貌(h)(i)(j)[7]

片状形貌。粒径小于 100nm 的硅颗粒随机吸附或分布在石墨片之间。图 3-26（c）~
（f）为硅/石墨/碳复合物在不同倍率下的 SEM 形貌。和 Si/G 颗粒形貌比较，Si/
G/C 复合物的微观形貌与其很相似。另外值得注意的是 SiNPs 明显被包覆，而不是
单纯地附着在石墨表面。如图 3-26（d）（e）所示，由于 SiNPs 镶嵌在石墨片之间，
形成了空隙和多孔结构。图 3-26（g）表明硅、石墨、碳的原子比例分别为
81.55%、8.09%、10.36%。根据面扫分布图可知硅较为均匀地分布在石墨片。图
3-26（h）~（j）再次表明 SiNPs 较好地分布在石墨片之间。0.33nm 的晶面间距对应
的是石墨（002）晶面。需要注意的是硅颗粒出现了晶体和非晶体共存的现象，这
是因为研磨过程，硅颗粒表面发生氧化，从而生成硅氧化合物。

　　图 3-27（a）为石墨、硅、Si/C、Si/G 以及 Si/G/C 复合物的 XRD 谱。在
28.48°、47.34°、56.2°、69.16° 以及 76.44° 的特征峰分别对应硅晶体的（111）、
（220）、（311）、（400）以及（331）晶面。由于含有石墨和无定形碳，28.48° 位置
对应的硅晶体特征峰较弱。石墨在研磨之后仍然表现为显著的特征峰，说明石墨晶
体结构没有遭到明显破坏。而且，根据图 3-27（b）可知 Si/G/C 复合物特征峰的
位置并没有偏移，说明石墨和硅的晶体结构在研磨等处理过程并没有受到明显的影
响。图 3-27（b）表明硅在 Si/C、Si/G 以及 Si/G/C 复合物的含量分别为 20.22%、
21.13%、21.79%。图 3-27（d）（e）表明 Si/G/C 复合物的硅表面已被显著氧化，
其中 A 点的 99.7eV 对应零价硅，而 B 点和 C 点的 103.8eV、105.1eV 对应的是三
价和四价的硅（硅氧化物）。图 3-27（f）为 Si/G/C 复合物的拉曼谱，可以发现
498cm^{-1} 位置有显著特征峰，在低于 1000cm^{-1} 位置有两个靠近的特征峰，对应的是
硅晶体。1339cm^{-1} 和 1568cm^{-1} 位置特征峰反映的是无定形碳和石墨，其 D 峰与 G 峰
的强度比大约为 0.37，这是因为复合物中石墨较多，表现为有序结构的信号较为
强烈。

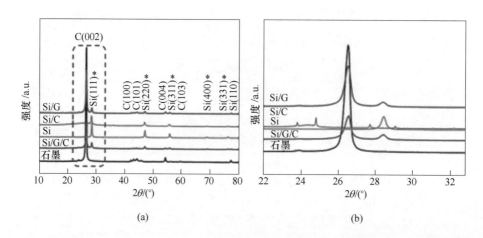

(a)　　　　　　　　　　　　　　　　　(b)

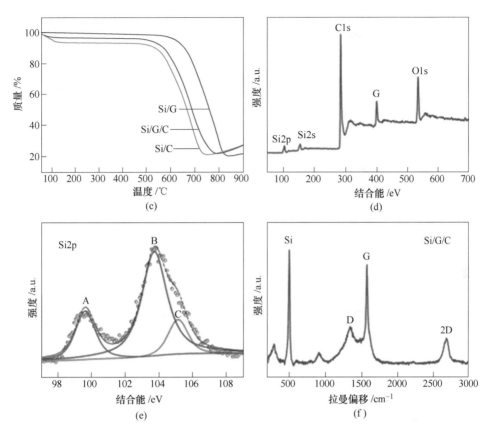

图 3-27 石墨、硅、Si/C、Si/G 以及 Si/G/C 复合物的 XRD 谱（a），对应于（a）图虚线内的 XRD 谱局部放大（b），Si/C、Si/G 以及 Si/G/C 复合物的 TG 曲线（c），Si/G/C 复合物的 XPS 谱（d），硅的 XPS 分峰（e），Si/G/C 复合物的拉曼谱（f）[7]

图 3-28 分别为 Si/G/C 复合物的吸脱附曲线及孔径分布，对应的 BET 比表面积为 152m²/g，平均孔径为 21.68nm。

3.2.6 钉扎结构硅-碳负极材料制备[8]

硅纳米颗粒钉扎在碳材料上也是一种特殊的核壳结构。该结构的设计是基于修饰后的碳材料表面带有电荷或是特殊官能团，能够与修饰后的硅或者硅氧化物结合。硅或硅氧化物犹如钉扎在碳材料表面，十分牢固。该结构制备得到的硅-碳负极材料电化学性能优异。

如图 3-29 所示，200mg 硅纳米颗粒（50nm）加入到 400mL 乙醇和水混合溶液（体积比为 4∶1）中，然后超声分散。加入 4mL 浓氨水，接着加入 2g 正硅酸乙酯，在室温下搅拌 12h。之后利用离心分离、乙醇清洗收集样品，得到 Si@SiO₂。

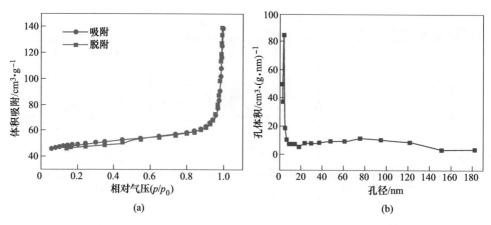

图 3-28 Si/G/C 复合物的吸脱附曲线 (a) 和孔径分布 (b)[7]

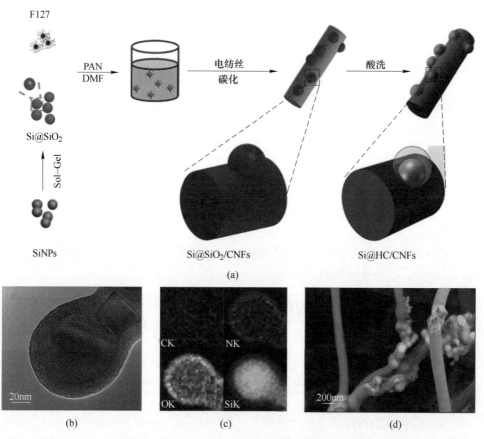

图 3-29 Si@HC/CNFs 复合物制备示意图 (a), Si@SiO₂ 的 TEM 形貌和面扫分布图 (b)(c),
Si@HC/CNFs 复合物的 TEM 形貌 (d)[8]

Si@SiO$_2$与普朗尼克 F127 表面活性剂以及聚丙烯腈以 1∶1∶2 混合，加入到 N，N 二甲基甲酰胺溶液，在 60℃搅拌 24h，之后在室温下超声分散 1h。15kV 电压的电纺丝以 0.7mL/h 持续喷出纳米片复合物。样品在 700℃碳化，得到碳纳米片包覆的硅-二氧化硅，即 Si@SiO$_2$/CNFs。Si@SiO$_2$/CNF 浸入到氢氟酸溶液（浓度 2%）中，以除去 SiO$_2$，并获得中空结构，浸泡时间为 0min、0.5min、1min 以及 2min，分别记为 Si@HC/CNFs-0、Si@HC/CNFs-0.5、Si@HC/CNFs-1、Si@HC/CNFs-2。

图 3-29（b）（c）所示 Si@SiO$_2$ 为核壳结构。晶体硅被无定形碳以及大约 15nm 厚的 SiO$_2$ 包覆。经过氢氟酸刻蚀之后，碳纳米纤维片（CNFs）得以保留，但是 SiO$_2$ 被去除，得到中空的 Si@HC/CNFs，如图 3-29（d）所示。图 3-29（d）也表明硅颗粒内嵌在 CNFs 的外壳，而不是在中心位置。Si@SiO$_2$ 颗粒分散在 CNFs 外层，在一定程度上避免了颗粒团聚。

Si@HC/CNFs 复合物经过不同酸洗时间后的 XRD 谱如图 3-30（a）所示，可以发现 SiO$_2$ 几乎没有晶体结构，而是无定形物相。随着酸洗时间的增加，硅的晶体特征逐渐显示出来，分别为（111）、（220）及（311）晶面。图 3-30（b）为 Si@HC/CNFs 复合物的能谱，从中可以发现随着酸洗时间的增加，氧含量显著降低，而硅的含量降低的不明显，表明 SiO$_2$ 被有效去除。

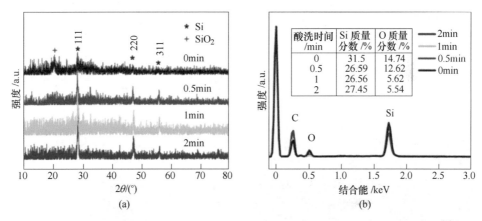

图 3-30 Si@HC/CNFs 复合物经过不同酸洗时间后的 XRD 谱（a）以及能谱（b）[8]

如图 3-31 所示，相比较没有酸洗的 Si@HC/CNFs 复合物，可以发现酸洗 0.5min 和 1min 后的 Si@HC/CNFs 复合物的硅和碳之间存在空隙。随着酸洗时间的增加，Si@HC/CNFs 复合物表面存在很多空隙，表明过长的氢氟酸刻蚀，CNFs 遭到破坏，如图 3-31（d）所示。没有硅颗粒的 CNFs 如图 3-31（e）所示。图 3-31（f）为 SiNPs 和 Si@HC/CNFs-1 复合物的 XPS 谱。99eV 位置对应的是单质硅，而 103eV 位置附近对应的是氧化态硅。与 SiNPs 的 XPS 谱比较可知 Si@HC/CNFs-1 的单质硅信号减弱，而氧化态硅的信号增强，表明电纺丝处理改变了硅的价态。从硅的体积膨胀角度来说，氧化硅的存在虽然会降低电极的比容量，但是可以缓解体积膨胀。

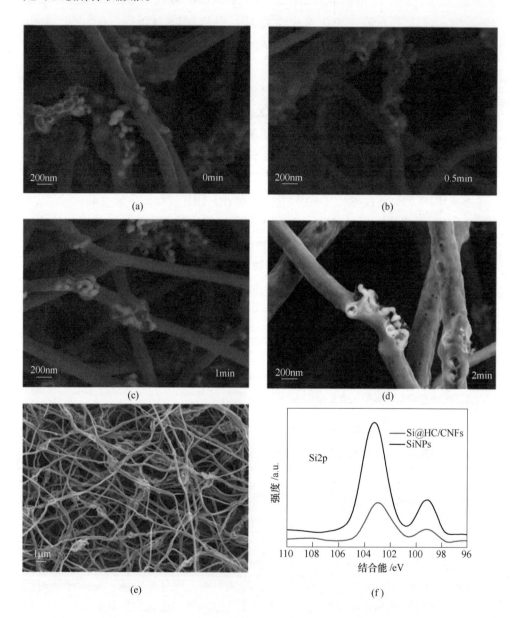

图 3-31　Si@HC/CNFs 复合物经过不同酸洗时间后的 SEM 形貌（a）（b）（c）（d），
CNFs 的 SEM 形貌（e），Si 和 Si@HC/CNFs-1 复合物的 XPS 谱（f）[8]

3.3　气相沉积法

　　气相沉积包括物理气相沉积和化学气相沉积。物理气相沉积是在真空条件下，采用物理方法，将材料源，即固体或液体表面气化成气态原子、分子或部分电离成离子，并通过低压气体（或等离子体）过程，在基体表面沉积具有某种特殊功能的薄膜的技术。化学气相沉积是反应物质在气态条件下发生化学反应，生成固态物质沉积在加热的固态基体表面，进而制得固体材料的工艺技术。它本质上属于原子范畴的气态传质过程。由于单质碳的沸点非常高，如果使用物理气相沉积法促使碳蒸发出气态碳原子，那么需要的温度过高，实际操作不可行。因此，当前气相沉积法制备硅-碳负极材料主要应用的是化学气相沉积，比如以乙烷为碳源，在不超过1000℃的温度就能分解出气态碳原子，碳原子沉积在硅纳米颗粒表面，从而得到包覆结构的纳米硅-碳负极材料。

3.3.1　碳化硅保护的硅-碳负极材料制备[9]

　　上述关于各种类型的核壳结构负极材料制备，都是设计空隙以达到给予足够空间容忍硅体积膨胀，但是从另一个角度考虑，如果硅颗粒外层使用力学性能更佳的碳化硅约束硅体积膨胀，得到硅-碳化硅-碳（Si@SiC@C），也是可以获得电池性能优异的负极材料。

　　该材料的制备，首先0.5g硅纳米颗粒（SiNPs）在氩-氢混合气管式炉中（氩气与氢气体积比为95∶5，流速为200mL/min）加热到850℃，然后氩气-乙烷混合气体（氩气与乙烷体积比为90∶10，流速为40mL/min）通入管式炉35min，得到Si@C。为了制备Si@SiC，Si@C在管式炉中以1300℃（氩气与氢气体积比为95∶5，流速为100mL/min）处理1h，得到Si@SiC。为了制备Si@SiC@C，Si@SiC在氩氢混合气管式炉中（氩气与氢气体积比为95∶5，流速为200mL/min）加热到850℃，然后氩气-乙烷混合气体（氩气与乙烷体积比为90∶10，流速为40mL/min）通入管式炉35min，得到Si@SiC@C。

　　图3-32（a）为硅的TEM形貌，表明Si主要是球形，由于纳米尺寸，颗粒之间团聚。图3-32（b）~（d）为Si@C不同倍率下的TEM形貌，可以发现与Si颗粒比较，Si@C有一层外壳。图3-32（e）（f）为Si@C的面扫能谱图，可以发现碳均匀地包覆在硅的表面。

　　图3-33（a）~（c）分别为Si、Si@SiC及Si@SiC@C的SEM形貌。可以发现形貌没有显著区别，但是图3-33（d）~（f）表明Si颗粒外层存在明显的SiC和碳层，其中晶面间距0.31nm对应的是Si晶体的（111）晶面，而晶面间距0.26nm对应的是SiC晶体的（111）晶面。图3-33（g）~（i）是Si@SiC@C的面扫能谱图，可以发现碳完好地将Si包覆。

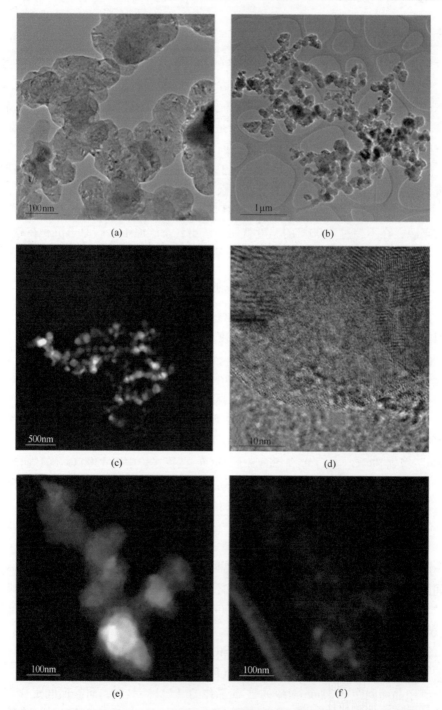

图 3-32　Si 的 TEM 形貌（a），Si@C 的 TEM 形貌（b），Si@C 的 HAADF 形貌（c），Si@C 的 HRTEM 形貌（d），Si@C 的 HAADF 形貌以及对应的面扫能谱图（e）（f）[9]

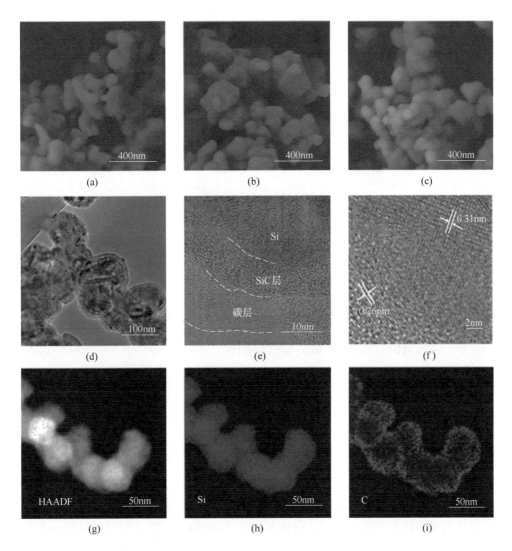

图 3-33 Si，Si@SiC 及 Si@SiC@C 的 SEM 形貌（a）（b）（c），Si@SiC@C
在不同倍率下的 TEM 形貌（d）（e）（f），Si@SiC@C 的 HAADF 形貌（g），
Si@SiC@C 的面扫能谱图（h）（i）[9]

图 3-34 为 Si、Si@C、Si@SiC 以及 Si@SiC@C 的吸脱附曲线，对应的 BET 比表面积分别为 13.33m^2/g、23.58m^2/g、16.07m^2/g、17.25m^2/g。可以发现碳含量较高的 Si@C 比表面积较大，但是与其他的区别也不明显，表明碳和 SiC 的包覆不会显著增加颗粒比表面积。较低的比表面积有助于减缓电解质在活性物质表面的分解，提高容量循环稳定性。

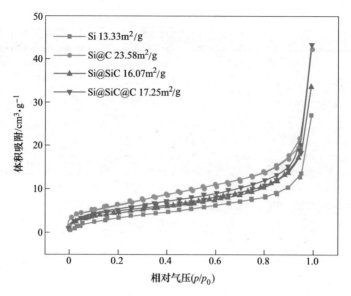

图 3-34　Si、Si@C、Si@SiC 以及 Si@SiC@C 的吸脱附曲线[9]

3.3.2　硅包覆碳结构的硅-碳负极材料制备[10]

上述结构的设计都是碳层包覆硅颗粒，从另一个角度考虑，在碳纳米线外层沉积硅纳米颗粒，得到碳-硅纳米线，在一定程度上也能获得较为优异的电池性能。但是硅的含量不能过高，否则硅层完全覆盖了碳层，硅的电子导电性较差，会使得电池性能不理想。然而，不管组装成电池的性能是否优异，硅包覆碳的结构是一种十分创新的设计。

首先使用液滴-铸造法（drop-cast method）在 304 不锈钢上制备碳纳米纤维（carbon nanofibers，CNFs）。如图 3-35 所示，载有 CNFs 的不锈钢放置在管式炉中，抽真空之后充入高纯氩气，然后充入氩气-硅烷混合气（氩气∶硅烷体积比

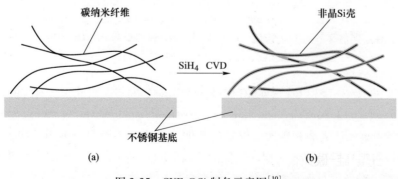

图 3-35　CNFs@Si 制备示意图[10]

为 98∶2），流速控制在 20~50sccm（标况 mL/min），气压控制在 1330~3990Pa，炉内温度为 500℃，结束之后得到 CNFs@Si。

如图 3-36（a）(b）所示，与没有沉积硅之前相比较，沉积了硅之后，纳米纤维的直径明显增加了。如图 3-36（c）(d）所示，比较其 TEM 形貌，可以清晰地观察到硅层的厚度大约为 50nm，而且硅为无定形物相。

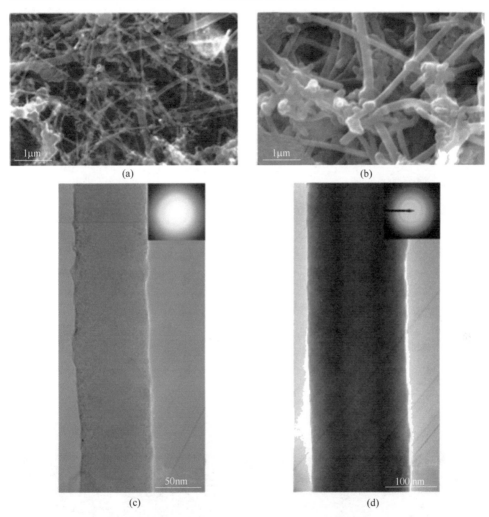

图 3-36 CNFs 的 SEM 形貌（a），CNFs@Si 的 SEM 形貌（b），
CNFs 的 TEM 形貌（c），CNFs@Si 的 TEM 形貌（d）[10]

3.3.3 石墨-硅-碳负极材料制备[11]

所谓硅-碳负极材料，这里的碳包含了石墨，石墨在嵌脱锂过程具有体积应

变低、电子导通性好的优点。因此，纳米硅嵌入在石墨颗粒中，然后以无定形碳包覆，得到石墨-硅-碳（Si-graphite-carbon，SGC）负极材料，展现出优异的电池性能。

　　天然球形石墨（Pristine graphite，PG）颗粒为原料，放置在旋转炉中，然后高纯硅烷以 1.5L/min 速率充入旋转炉中，持续 37min。之后加热到 900℃，高纯乙烯以 1.5L/min 速率充入，持续 8min，得到的样品如图 3-37（a）所示。所使用的 PG 粒径分布如图 3-37（b）所示，平均粒径为 20μm，沉积了硅和碳之后，

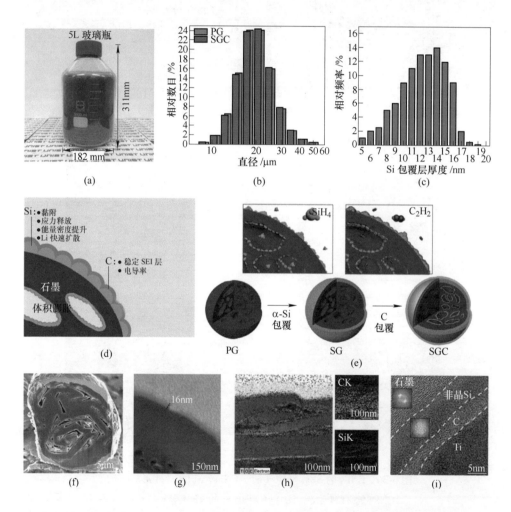

图 3-37　SGC 复合物（a），PG 和 SGC 粒径的统计学分析（b），沉积在石墨颗粒表面的
硅层厚度（c），SGC 复合物的横截面结构示意图（d），SGC 复合物制备示意图（e），
SGC 复合物截面 SEM 形貌图（f）（g），SGC 复合物截面面扫分布图（h），
SGC 复合物表面 HRTEM 形貌（i）[11]

粒径没有明显变化。如图 3-37（c）所示，石墨表面的硅厚度为 5~18nm，大部分分布在 13nm。颗粒镀上碳层以后，得到三层结构，即石墨-硅-碳，如图 3-37（d）所示。所以，SGC 复合物的制备过程如图 3-37（e）所示，主要是利用气相沉积将硅和碳层层叠加。SGC 复合物的横截面 SEM 形貌如图 3-37（f）（g）所示，其内部存在空隙，表面有一层厚度大约 16nm 的包覆层。其面扫分布能谱如图 3-37（h）所示，硅不仅吸附在石墨表面，而且渗透到石墨内部。SGC 复合物的横截面的 HRTEM 如图 3-37（i）所示，可清晰地观察到石墨、硅、无定形碳三层结构。

原料天然石墨表面较为粗糙，如图 3-38（a）（b）所示，而沉积了硅和无定形碳之后的 SGC，其表面较为光滑，而且空隙明显减少了，说明镀层显著改善了 PG 的表面形貌。这一改变也可以从图 3-39 观察到，沉积了硅纳米层之后，SGC 的表面明显有很多颗粒，但是沉积了无定形碳之后，表明变得更加光滑了，且没有明显空隙的存在。

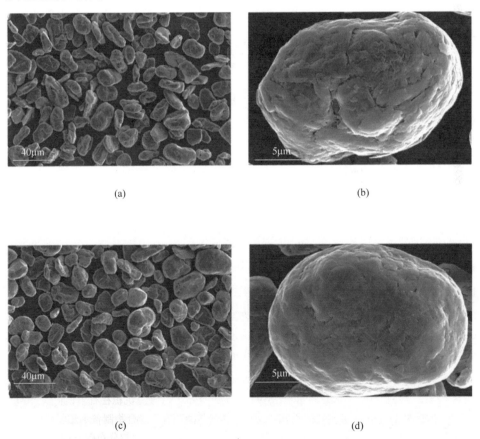

(a) (b)

(c) (d)

图 3-38　PG 的低倍和高倍 SME 形貌（a）（b）以及 SGC 的低倍和高倍 SEM 形貌（c）（d）[11]

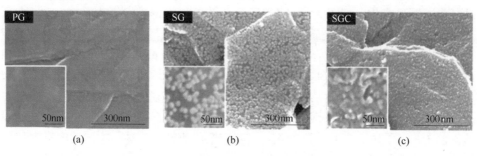

图 3-39　PG 表面（a）、SG 表面（b）以及 SGC 表面（c）SEM 形貌[11]

3.4　自组装法

自组装制备法主要是利用纳米硅（硅纳米颗粒、硅纳米线、硅纳米片等）与有机物之间以某种溶剂混合成无序的系统。由于系统具有自发降低表面能等系统整体能量的需求，硅纳米颗粒与有机物之间发生弱相互作用而聚集成较为有序的集合体，得到碳包覆纳米硅的复合物。自组装法制备的特点是整个过程粒子之间发生弱相互作用是利用分子力、π-π 键、毛细管力、氢键等，不涉及共价键、离子键、金属键等化学键的键合。

自组装法制备的纳米硅-碳复合材料表界面结合虽然不如原位合成法的均匀、牢固，但是自组装法往往只需简单的设备，操作简单，对环境友好，具有工业化生产的潜力。典型的自组装法制备纳米硅-碳负极材料有纳米硅与酚醛树脂、沥青等有机物在乙醇等溶剂作用下溶解、搅拌。自组装成微纳米硅-碳颗粒，经过碳化之后所得到的纳米硅-碳负极展现出优异的电化学性能。

3.4.1　三明治结构硅-碳-石墨烯负极材料制备[12]

因为石墨烯（Graphene，Gr）具有良好的力学性能，所以研究者也用静电雾将石墨烯沉积在硅(Si)-碳(C) 复合物外层，从而得到石墨烯包覆的 Si-C-Gr 负极材料。

如图 3-40 所示，首先将氧化 Gr(1mg/mL) 加入到乙醇中，然后超声分散，标记为混合物 A，如图 3-41（a）的左图所示。硅纳米颗粒、炭黑、多层碳纳米管以及聚乙烯吡咯烷酮以 2∶2∶1∶10 的质量比混合，然后超声分散，直至均匀，标记为混合物 B，如图 3-41（a）所示。混合物 A 沉积在铜箔上，然后沉积混合物 B，得到 Si-C-Gr 层，如图 3-41（b）所示。上述样品在氩气氛围 600℃（升温速率 5℃/min）处理 2h 之后，得到层状 Si-C-Gr 负极材料，如图 3-41（c）所示。

图 3-42（a）(b) 分别为 Si-C-Gr 负极材料表面 SEM 形貌以及横截面 TEM 形

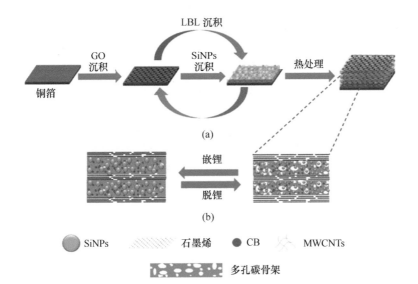

图 3-40　Si-C-Gr 负极材料制备示意图（a），以及充放电过程
Si-C-Gr 负极材料微观结构变化示意图（b）[12]

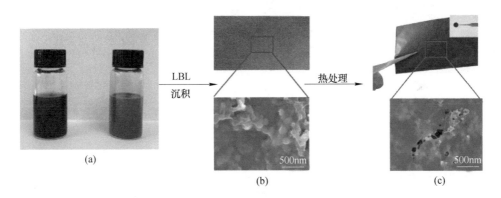

图 3-41　混合物 A 和混合物 B（a），Si-C-Gr 混合物沉积在铜箔（b），
以及热处理之后的 Si-C-Gr 混合物（c）[12]

貌，可以观察到其表面较为平滑，硅纳米颗粒镶嵌在石墨烯内部。图 3-42（c）
（d）截面 SEM 形貌图表明 Si-C-Gr 的厚度大约为 4μm，且硅纳米颗粒均匀地分布
在层状 Gr 之间。

　　图 3-43（a）（b）分别为 Si-C-Gr 负极材料不同倍率下的 TEM 形貌，可以观
察到硅纳米颗粒、炭黑以及 Gr 交织在一起。硅晶体外层为炭黑以及 Gr。图 3-43
（c）为 Si-C-Gr 负极材料面扫能谱图，可以观察到硅、碳元素的分布与形貌轮廓
较好地吻合。

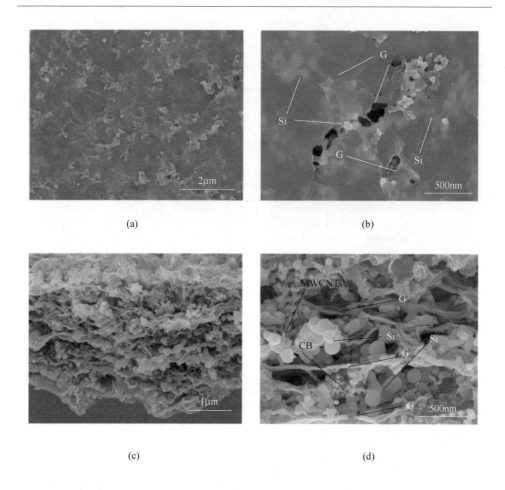

图 3-42　Si-C-Gr 负极材料表面 SEM 形貌（a）(b) 以及横截面 SEM 形貌（c）(d)[12]

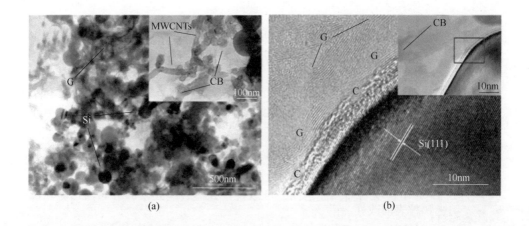

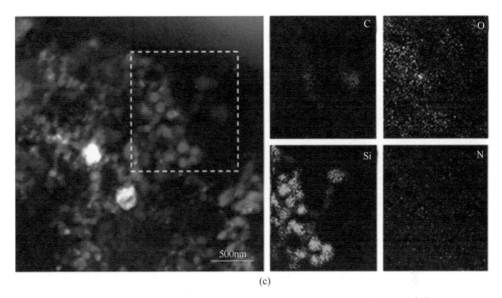

图 3-43　Si-C-Gr 负极材料 TEM 形貌（a）（b）以及面扫能谱图（c）[12]

　　图 3-44（a）为 Gr、氧化 Gr 以及 Si-C-Gr 负极材料的拉曼谱。518cm^{-1} 位置的特征峰对应晶体硅，而 1352cm^{-1} 和 1590cm^{-1} 对应碳材料的 D 峰（碳材料缺陷对应的特征峰）和 G 峰（碳材料原子有序排列，即晶体对应的特征峰）。D 峰和 G 峰的面积强度非常接近，说明碳材料的原子有序结构和无序结构存在的量相当，这是由于同时存在石墨烯（有序结构为主）和炭黑（无序结构为主）。图 3-44（b）为 Si-C-Gr 负极材料的吸脱附曲线以及孔径分布，对应的 BET 比表面积为 51.9m^2/g。另外，可以观察到存在大孔、介孔和小孔，这是由 Si-C-Gr 复合物层状结构所致。图 3-44（c）（d）分别为 Si-C-Gr 负极材料的碳、氮 XPS 谱。碳谱在 289.2eV、287.4eV、286.2eV、285.5eV 以及 284.7eV 分别对应的是 C（O）键、C＝O 键、C—O 键、C—N 键以及 C—C 键。其中，C—C 键特征峰非常强烈，表明氧化 Gr 的氧大部分已被去除。C—N 键的存在是因为聚乙烯吡咯烷酮含有氮。注意图 3-44（d）显示的氮的 XPS 谱，398.5eV 和 400.6eV 位置的特征峰分别对应吡啶氮和吡咯氮。吡啶氮是不等性 sp^2 杂化，孤电子对不参与共轭环上电子云密度小于苯环，是缺电子芳香杂环。吡咯氮是等性 sp^2 杂化，孤电子对参与共轭平面共轭体系，富电子芳香杂环化合物。图 3-44（d）表明吡咯氮含量高于吡啶氮，因此，有助于提高 Si-C-Gr 负极材料的电子导电性。

3.4.2　核壳结构硅-碳负极材料制备[13]

　　硅纳米颗粒表面改性之后含有官能团，能够与树脂进行自组装而得到硅-树脂复合物，经过碳化等处理后得到硅-碳复合物。

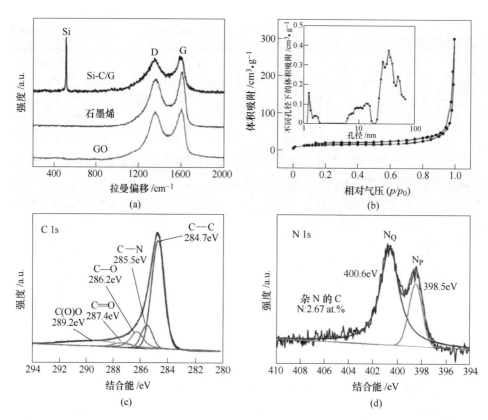

图 3-44　Gr、氧化 Gr 以及 Si-C-Gr 负极材料的拉曼谱（a），Si-C-Gr 负极材料的吸脱附曲线
以及孔径分布（b），Si-C-Gr 负极材料的碳、氮 XPS 谱（c）(d)[12]

　　如图 3-45 所示，首先 0.5g 硅纳米颗粒（SiNPs，50～80nm）加入到 100mL 去离子水中，然后超声分散，加入 5g 聚二烯丙基二甲基氯化铵（PDDA，质量分数 10%），接着超声分散。离心分离收集并用水清洗三次，得到含有 PDDA 的 SiNPs，即 SiNPs-PDDA，放在真空干燥箱中以 70℃干燥 10h。

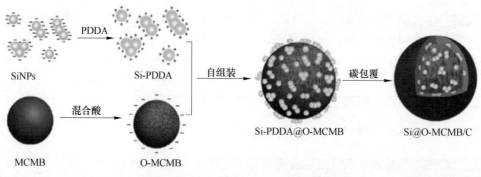

图 3-45　Si@O-MCMB/C 复合物制备示意图[13]

直径为 12~15μm 的介孔碳微珠（mesocarbon microbeards，MCMB）分散在混合酸溶液中（98%浓度的硫酸与 65%浓度的硝酸以体积 3∶1 混合），然后在 70℃搅拌 10h。用蒸馏水清洗，直至中性，然后在真空干燥箱中以 70℃干燥 10h，得到含氧的介孔碳微珠，即 O-MCMB。

0.1g SiNPs-PDDA 加入到水和乙醇溶剂中（5mL，45mL），然后超声分散 1h。0.5g O-MCMB 加入到上述分散系，然后搅拌 1h。0.5g 蔗糖溶液（0.5g 蔗糖溶解在 1mL 水中）加入到上述分散系。在搅拌状态下，上述分散系以 65℃蒸发去除水和乙醇，得到固态样品。样品放入管式炉中，然后氩气氛围下以 3℃/min 升温速率加热到 700℃，在 700℃保温 2h，得到样品 Si@O-MCMB/C 复合物。

如图 3-46（a）所示，SiNPs 粒径为 50~80nm，表面较为光滑的球形。由于

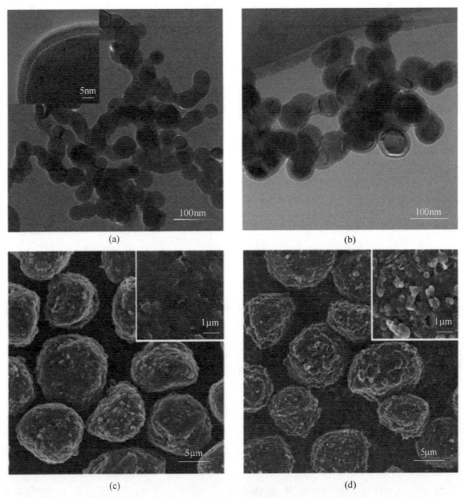

图 3-46　Si 的 TEM 形貌（a），Si-PDDA 的 TEM 形貌（b），MCMB 的 SEM 形貌（c），
以及 O-MCMB 的 SEM 形貌（d）[13]

纳米颗粒之间吸引力较强，SiNPs 团聚成更大的颗粒。另外，SiNPs 表面存在大约 5nm 厚的外壳，这是硅氧化物造成的。硅氧化物的存在是由于硅尺寸过小，活性较高，与空气接触，无法避免发生氧化。这种硅氧化物一般没有固定的化学价态，而是多价态共存（比如+1、+1.5、+2 等）硅氧化物带负电荷，而 PDDA 带正电荷，因此 PDDA 与 SiNPs 互相吸附，所以 SiNPs 表面有外壳存在，如图 3-46（b）所示。

　　MCMB 和 O-MCMB 的 SEM 形貌如图 3-46（c）（d）所示。两者都呈现近似球状的微米颗粒，粒径在 10~15μm 之间。经过酸处理之后，O-MCMB 仍然维持球形，但是表面变得更加粗糙，并且存在很多空隙，大约 200nm。MCMB 和 O-MCMB 的 XPS 谱如图 3-47（a）（b）所示，其中图（a）表明 MCMB 经过酸处理后，氧含量增加了，表明得到了 O-MCMB；图（b）的 284.5eV、285.4eV、286.4eV 以及 289.0eV 位置的特征峰对应 C—C、C—O、C＝O 以及 O＝C—O 键。MCMB 中的 O＝C—O 键所占原子比例大概是 1.11%，而 O-MCMB 中的 O＝C—O 键所占原子比例大概是 2.52%。O-MCMB 中 O＝C—O 键的增加主要是氢氧根和碳氧根的氧化。另外，C—O 键的原子比例从 MCMB 中的 9.63% 增加到 O-MCMB 中的 11.84%。因此，相比较 MCMB，O-MCMB 表面存在更多的负电荷。

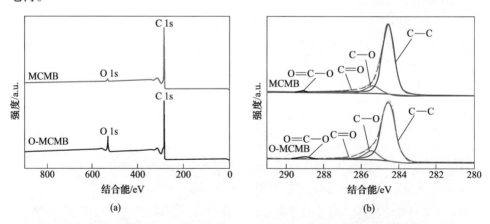

图 3-47　MCMB 和 O-MCMB 的 XPS 谱（a）以及碳分峰谱（b）[13]

　　含有 PDDA 的硅（Si-PDDA）能够与 O-MCMB 牢固结合，正是由于两者表面电荷相反。表面电荷测试表明 Si-PDDA 与 O-MCMB 混合的溶液中，Si-PDDA 的表面电荷为+27.3mV，而 O-MCMB 的表面电荷为-17.0mV。因此，两者通过静电吸引而牢固结合。

　　Si-PDDA@O-MCMB 的 SEM 形貌如图 3-48（a）（b）所示，可以发现有些 SiNPs-PDDA 吸附在微米尺寸的 O-MCMB 表面。这些暴露在表面的 SiNPs-PDDA

在电池充放电过程不稳定，容易从颗粒表面脱落。基于此，表面包覆一层无定形碳显得十分有必要。Si@O-MCMB/C 的 SEM 形貌如图 3-48（c）所示，仍然保持着球形。其局部放大图表明颗粒表面已有一层薄薄的覆盖层，如图 3-48（d）所示。Si@O-MCMB/C 表面的 TEM 形貌如图 3-48（e）(f）所示，清晰地展示了无定形碳将 SiNPs 以及 MCMB 包覆。

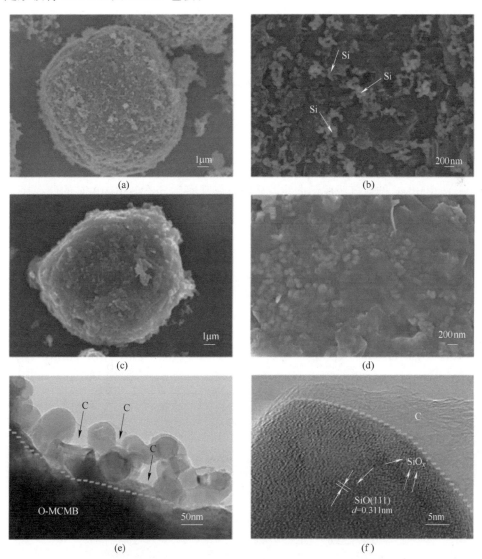

图 3-48　Si-PDDA@O-MCMB 的 SEM 形貌（a）(b），Si@O-MCMB/C 的
SEM 形貌（c）(d），Si@O-MCMB/C 的 TEM 形貌（e）(f）[13]

图 3-49（a）分别为 Si、O-MCMB、Si/O-MCMB 以及 Si@O-MCMB/C 的 XRD

谱，从中可以观察到 26.4°、42.2°、54.5° 以及 77.3° 位置对应的而是 MCMB 石墨化晶体结构的晶面（002）、（100）、（004）以及（110）（JCPDS No. 41-1487）。28.4°、47.3° 以及 56.1° 位置对应的是晶体硅（111）、（220）以及（311）晶面（JCPDS No. 27-1402）。上述特征峰表明 SiNPs 和 MCMB 的晶体结构在碳化等处理过程并不会被改变。图 3-49（b）的 290cm^{-1}、513cm^{-1} 以及 929cm^{-1} 位置对应的是硅的特征峰。290cm^{-1} 位置对应的是硅的声热子振动模式，513cm^{-1} 位置对应的是硅特征峰（与 SiNPs 相比较，Si/O-MCMB、Si@OMCMB/C 在该处的特征峰向高频移动，这是由于碳材料的包覆），929cm^{-1} 位置对应的是 SiO$_2$ 特征峰（SiNPs 表面由于氧化存在 SiO$_2$）。1346cm^{-1}（D-band，代表缺陷）和 1590cm^{-1}（G-band，代表有序结构）的特征峰分别对应的是碳材料的缺陷振动和碳原子 sp^2 杂化振动。比较 D/G 的面积强度，可知 Si@OMCMB/C 的大于 Si/O-MCMB 的，所以 Si@OMCMB/C 的石墨化程度较高。石墨化程度较高的 Si@OMCMB/C 有助于提高负极材料嵌脱锂过程的稳定性。图 3-49（c）分别为 O-MCMB、Si/O-MCMB 以及 Si@O-MCMB/C 的氮气吸脱附曲线。从中可以观察到 Si@O-MCMB/C 的曲线完全

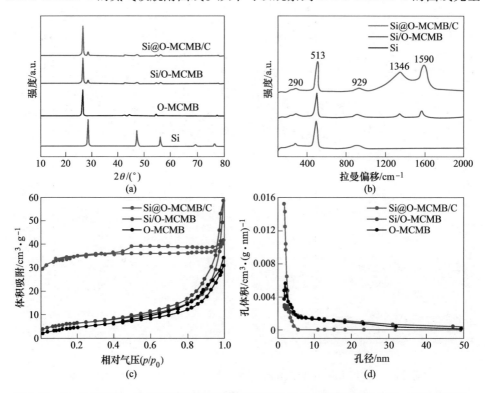

图 3-49　Si、O-MCMB、Si/O-MCMB 以及 Si@O-MCMB/C 的 XRD 谱（a），Si、Si/O-MCMB、Si@OMCMB/C 的拉曼谱（b），O-MCMB、Si/O-MCMB 以及 Si@O-MCMB/C 的氮气吸脱附曲线（c），O-MCMB、Si/O-MCMB 以及 Si@O-MCMB/C 的孔径分布（d）[13]

不同于 O-MCMB、Si/O-MCMB，表明 Si@O-MCMB/C 的孔隙率和比表面积都存在显著改变，而且孔径更加趋于集中在介孔，如图 3-49（d）所示。介孔的存在有助于提高电解液在电极材料的润湿程度，从而强化锂离子扩散动力。

3.4.3 卷轴结构硅-碳负极材料制备[14]

利用卷轴结构把硅纳米颗粒约束在层层碳材料之间，得到寿司结构硅-碳负极材料，展现出优异的电池性能。

如图 3-50（d）所示，纤维素纳米片、碳纳米片（CNT）以及硅纳米颗粒混合于 1L 去离子水，然后超声分散 15min。冷冻干燥样品，得到 Si@CNT 纤维素卷轴凝胶，接着在 5MPa 压力挤压处理。上述样品在 800℃氩气氛围下碳化处理 2h，

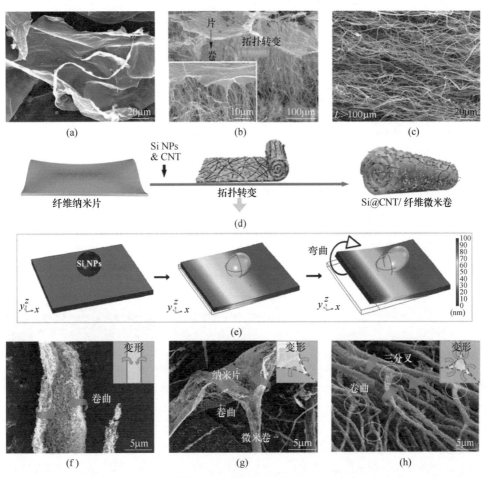

图 3-50 纤维素纳米片 SEM 形貌（a），中间过渡 SEM 形貌（b），Si@CNT/C 卷轴复合物 SEM 形貌（c），Si@CNT/C 卷轴复合物制备过程拓扑形貌变化示意图（d），Si@CNT/C 卷轴复合物拓扑变化模拟（e），Si@CNT/C 卷轴复合物拓扑变化过程 SEM 形貌（f）（g）（h）[14]

得到微米 Si@CNT/C 卷轴结构复合物。如图 3-50（a）所示，纤维素纳米片具有二维层状结构，厚度大约 4nm。纤维素纳米片经过冷冻干燥处理后得到微米尺寸的卷轴，如图 3-50（b）（c）所示。如图 3-50（d）所示，纤维素纳米片之所以能够包覆硅纳米颗粒，是因为纤维素纳米片在冷冻过程，自生表面张力作用下卷曲作用，将颗粒包覆。该卷曲过程可进一步细化成如图 3-50（f）~（h）过程，犹如纸张卷曲，首先是边缘卷曲，接着多个边与角发生卷曲，最终形成卷轴结构。

　　如图 3-51（a）所示，最终得到是纤维素纳米片将硅纳米颗粒和碳纳米片一

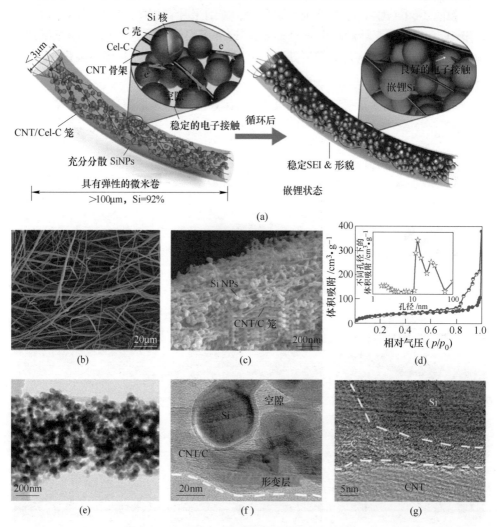

图 3-51　Si@CNT/C 卷轴复合物充放电之前与之后的形貌示意图（a），Si@CNT/C 卷轴复合物的 SEM 形貌（b），单根 Si@CNT/C 卷轴复合物 SEM 形貌（c），Si@CNT/C 卷轴复合物氮气吸脱附曲线及孔径分布（d），单根 Si@CNT/C 卷轴复合物的 TEM 形貌（e）（f）（g）[14]

起约束在内部，形成直径为微米尺寸管状–卷轴结构 Si@CNT/C 卷轴复合物（直径 3μm，长度最大可达 100μm），如图 3-51（b）所示。该结构在嵌脱锂前后均能保持较稳定的形貌。该结构设计得到的 Si@CNT/C 卷轴复合物，硅含量最高能达到 92%。粒径 30~50nm 的硅纳米颗粒与碳纳米片交织在一起，钉扎在纤维素纳米片上，如图 3-51（c）所示。硅纳米颗粒与碳纳米片以及纤维素之间存在很多空隙，而且增加了比表面积，其氮气吸脱附曲线和孔径分布如图 3-51（d）所示，可知孔径主要为介孔（2~50nm 之间）。Si@CNT/C 卷轴复合物的 TEM 形貌如图 3-51（e）~（g）所示，再次证实了空隙的存在，硅纳米颗粒被碳纳米片以及纤维素纳米片包覆的双层结构。空隙的存在有助于提高电解液在电极材料的润湿程度，从而强化锂离子扩散动力。

如图 3-52（a）所示，随着 CNT 的含量的增加（从 1.8% 增加到 21%），卷轴的直径逐渐减小，从大约 1.5μm 降低到大约 0.5μm。如图 3-52（b）所示，逐渐增加硅的含量（32% 增加到 92%），卷轴的直径逐渐增加，从大约 0.5μm 逐渐增加到大约 1.7μm。因此，Si@CNT/C 卷轴复合物的直径可以通过 CNT 和硅纳米颗粒的含量来综合调控实现。

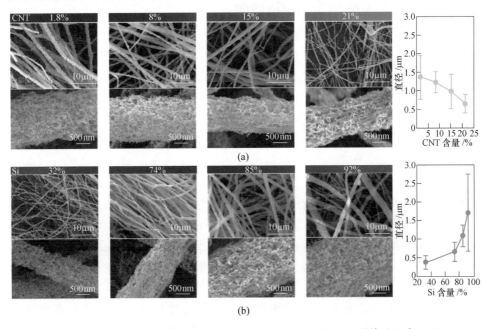

图 3-52　Si@CNT/C 卷轴复合物在不同 CNT 在含量时的 SEM 形貌及尺寸（a），在不同硅含量时的 SEM 形貌及尺寸（b）[14]

图 3-53 为 SiNPs 和 Si@CNT/C 卷轴复合物的 XPS 谱。从中可以观察到相比较 SiNPs，Si@CNT/C 卷轴复合物的碳特征峰更强烈，但是硅的特征强度减弱。

单论硅的特征峰，可以发现不管是 SiNPs 还是 Si@CNT/C 卷轴复合物，都存在硅氧化物，说明 SiNPs 不可避免地发生了氧化。

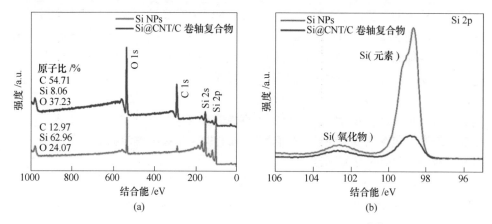

图 3-53　SiNPs 和 Si@CNT/C 卷轴复合物的 XPS 谱[14]

3.4.4　硅-碳-石墨微米球负极材料制备[15]

从实际应用角度来说，硅含量过高的硅-碳负极材料无法保证安全稳定的循环。因此，硅纳米颗粒在锂电池负极材料的应用，仍然需要以石墨为主，硅作为少量加入。从工业化制备可行性角度来说，自组装法制备硅-碳-石墨负极材料不仅成本较为低廉，而且操作简单。

如图 3-54（a）所示，7g 沥青、2g 硅纳米颗粒（SiNPs，平均粒径 100nm）以及 3g 片状石墨（5μm）混合于 100mL 聚二甲基硅氧烷（PDMS），然后利用高能球磨机进行球磨，得到浆料。浆料倒入不锈钢容器中在 430℃、1MPa 的条件下搅拌 3h。去除液体之后，上述样品放置在 120℃温度下干燥 12h。样品放置在管式炉中氩气氛围下以 1000℃碳化 3h，得到硅/碳（Si/C）微球。

图 3-54（b）~（e）分别为浆料在容器中反应 0.5h、1h、1.5h 以及 2h 后的 Si/C 微米球形复合物 SEM 形貌。从中可以观察到随着反应时间的延长，Si/C 微米球形复合物的粒径越来越大，单个颗粒从大约 2μm 到 10μm。

图 3-55（a）~（e）分别为石墨片、沥青热解碳、Si/C 复合物以及 Si/C 复合物微球的 SEM 形貌。从中可以观察到石墨片具有片状特征，而沥青裂解碳和 Si/C 复合物展现出块体颗粒特征。Si 和石墨片被沥青包覆之后，成为微米尺寸的颗粒，粒径大约 10μm。图 3-55（f）表明 Si/C 复合物微球的硅颗粒被限制在复合物内部。图 3-55（g）~（i）表明 Si/C 复合物微球的硅均匀地分布在碳材料内部。改变反应温度和压力，也能够调控 Si/C 复合物微球的粒径，如图 3-56 所示，反应温度升高，粒径增大，压力增加，粒径减小。

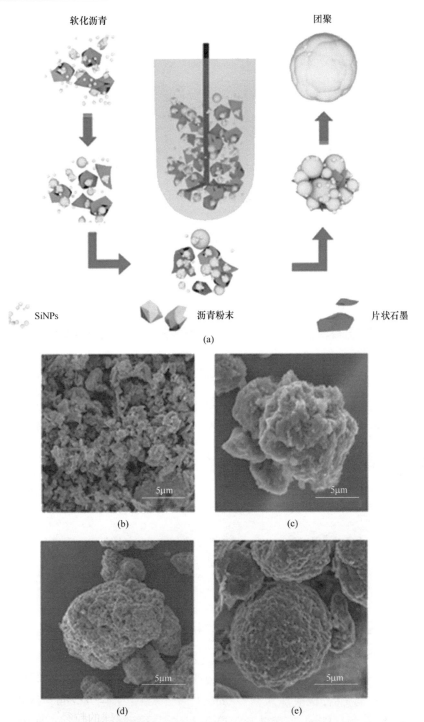

图 3-54 Si/C 微米球形复合物制备示意图（a），在容器中反应 0.5h、1h、1.5h
以及 2h 后的 Si/C 微米球形复合物（b）~（e）[15]

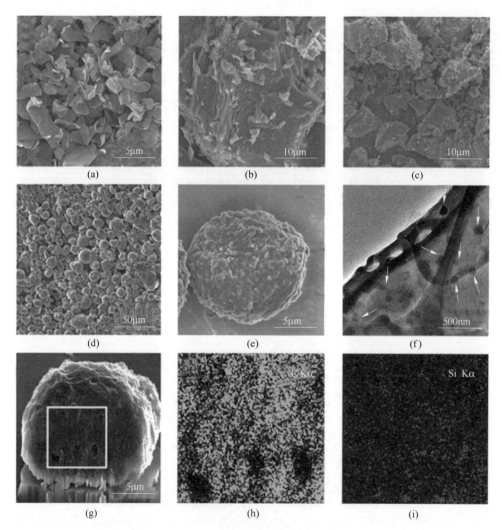

图 3-55　石墨片 SEM 形貌（a），沥青热解碳 SEM 形貌（b），Si/C 复合物（c），
Si/C 复合物微球（d）（e），Si/C 复合物微球 TEM 形貌（f），Si/C 复合物微球
SEM 形貌及面扫分布图（g）~（i）[15]

3.4.5　三明治结构硅-石墨-碳负极材料制备[16]

　　如图 3-57（a）所示，使用等离子法感应加热制备硅纳米颗粒（PNSi，粒径
100nm）。使用高能球磨机研磨石墨，得到片状石墨（MFG），如图 3-57（b）所
示。20g MFG 与 1g 柠檬酸加入到 600mL 去离子水中，搅拌 30min，得到分散系
A。3g 沥青加入到 100mL 四氢呋喃，搅拌 30min，得到分散系 B。10g PNSi 加入
到 400mL 去离子水中，然后搅拌，得到分散系 C。如图 3-57（c）所示，上述 A、

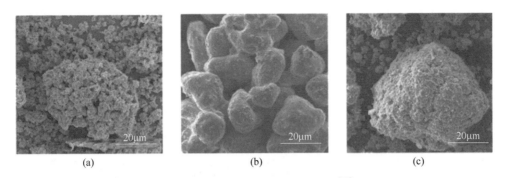

图 3-56　Si/C 复合物微球 SEM 形貌[15]

（a）350℃，2MPa；（b）480℃，4MPa；（c）430℃，2MPa

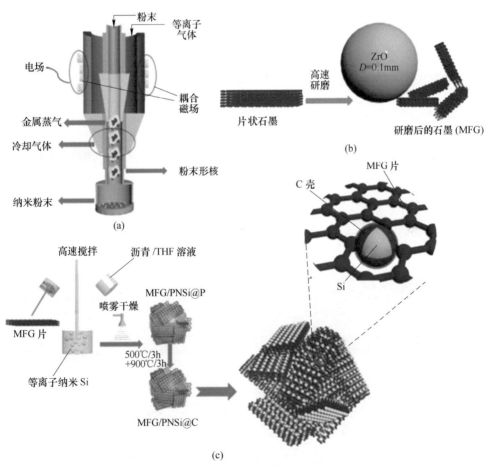

图 3-57　制备示意图[16]

（a）PNSi 制备；（b）MFG 制备；（c）MFG/PNSi@C 制备

B、C 三种分散系混合，以 1000r/min 速率搅拌 1h，然后喷雾干燥，得到 MFG/PNSi@沥青前驱体。上述样品放入管式炉中，在氮气氛围下 500℃处理 3h，然后900℃处理 3h，得到 MFG/PNSi@C 复合物。

　　图 3-58 （a）为 PNSi 的 SEM 形貌，可以发现粒径为 20~80nm，呈现球形。石墨在研磨前和研磨后的形貌如图 3-58 （b）（c）所示，可以观察到研磨前石墨的粒径大约为 20μm，而研磨后粒径大约为 10~15μm，而且变得更薄。MFG/PNSi@C 的表面形貌如图 3-58 （d）~（f）所示，可以观察到三明治结构，粒径在

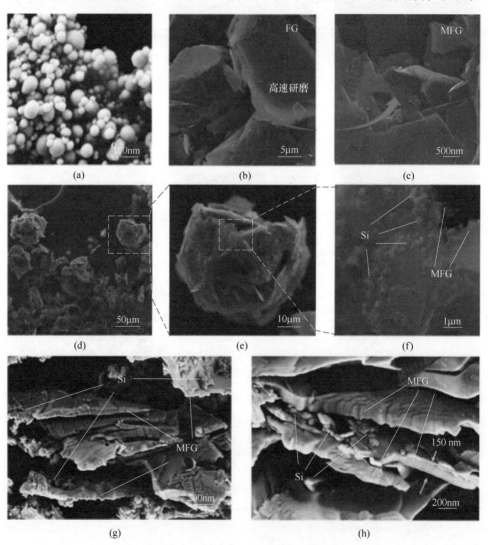

图 3-58　PNSi(a)、FG(b)、MFG(c)和 MFG/PNSi@C(d)~(f)的 SEM 形貌，
以及 MFG/PNSi@C 的横截面 SEM 形貌(g)(h)[16]

40~50μm。PNSi 均匀地分布在 MFG 表面。MFG/PNSi@C 的横截面 SEM 形貌如图 3-58（g）（h）所示，再次证实了其三明治结构，并且 MFG、PNSi 之间存在空隙。MFG 的厚度大约 150nm。

图 3-59（a）~（f）为 MFG/PNSi@C 不同倍率下的 TEM 形貌。可以发现 PNSi

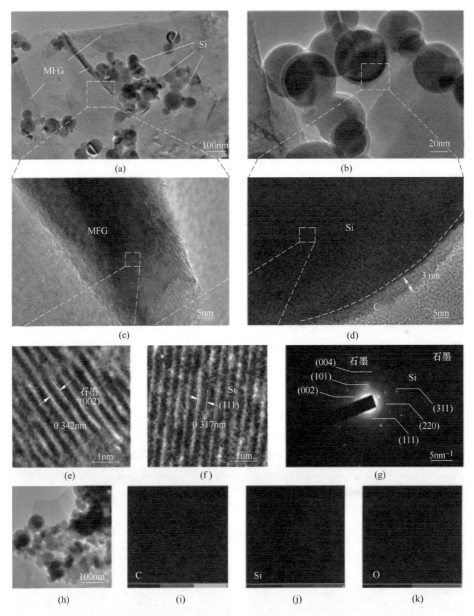

图 3-59　MFG/PNSi@C 的 TEM 形貌（a）~（f），MFG/PNSi@C 的
选区衍射图（g），MFG/PNSi@C 的面扫分布图（h）~（k）[16]

钉扎在 MFG 表面，且被无定形碳包覆。MFG 和 PNSi 的晶体结构十分明显，分别对应石墨的（002）晶面和硅的（111）晶面。图 3-59（g）的 MFG/PNSi@C 的选区衍射图有力地说明了石墨和硅的晶体结构完好。图 3-59（h）~（k）为 MFG/PNSi@C 的面扫分布图，表明硅和石墨以及碳均匀地交织在一起。

3.4.6 氧化硅-碳-石墨负极材料制备[17]

硅氧化合物（SiO_x，$0<x\leqslant2$）虽然比容量比硅的低，但是氧化硅体积应变比硅的更为缓和。因此，使用 SiO_x 作为原料，与碳、石墨自组装成复合物，得到的负极材料，其容量稳定性和倍率等电池性能十分优异。

利用高能球磨机分别研磨 SiO_x（$x\approx1.02$）和石墨片 6h（700r/min），得到纳米 SiO_x 和微米石墨浆料。SiO_x 浆料的浓度为 30mg/mL，石墨浆料的浓度为 70mg/mL。如图 3-60 所示，SiO_x 的平均粒径大约 100nm，而片状石墨的粒径为 5~10μm（如图 3-61 所示）。

(a)　　　　　　　　　　　　(b)

图 3-60　SiO_x 的 SEM 形貌（a）和 SiO_x 的粒径分布（b）[17]

(a)　　　　　　　　　　　　(b)

图 3-61　石墨（a）和石墨薄膜的 SEM 形貌（b）[17]

如图 3-62（a）所示，上述纳米 SiO_x 和微米石墨浆料各取 100mL，均匀地混合，然后加入 2g 沥青。在 40℃，以 1000r/min 研磨浆料 3h。研磨结束后，喷雾干燥浆料，得到氧化硅/石墨/碳（SiO_x/G/C）粉末的前驱体。该前驱体在管式炉中通入氩气，900℃碳化 3h，得到 SiO_x/G/C 复合物。图 3-62（b）~（e）表明 SiO_x 与石墨、碳交织在一起，构成微米尺寸球形颗粒。SiO_x/G/C 颗粒的尺寸大约 10μm。

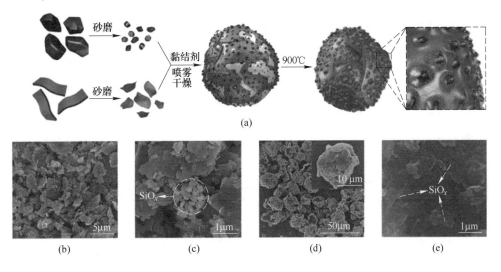

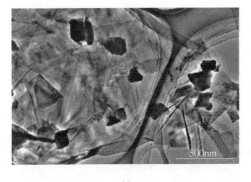

图 3-62　SiO_x/G/C 制备示意图（a），SiO_x/G 的 SEM 形貌（b）（c），
SiO_x/G/C 的 SEM 形貌（d）（e）[17]

图 3-63（a）（b）表明 SiO_x/G/C 复合物中的硅和石墨被无定形碳包覆，且硅和石墨保持晶体结构，如图 3-63（d）（e）所示，分别对应的是硅晶体（111）晶面和石墨的（100）晶面。图 3-63（c）表明 SiO_x/G/C 复合物中的 SiO_x 与碳材料均匀地交织在一起。图 3-64（a）从宏观角度证实了 SiO_x/G/C 复合物中石墨保

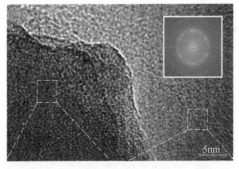

图 3-63 SiO$_x$/G/C 的 TEM 形貌（a）（b），SiO$_x$/G/C 的面扫分布图（c），
对应于图（b）的局部放大 TEM（d）（e）[17]

持着晶体结构，而 SiO$_x$ 为无定形状态。图 3-64（b）表明经过沥青的复合之后，SiO$_x$/G/C 的孔径明显增加了，这主要是由于沥青将颗粒黏合在一起，使得颗粒之间出现了更多的空隙。空隙的增加有助于缓解 SiO$_x$ 嵌脱锂过程体积膨胀，从而维持循环稳定性。

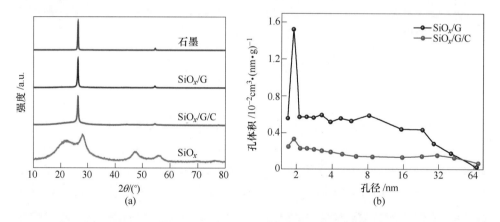

图 3-64 石墨、SiO$_x$、SiO$_x$/G、SiO$_x$/G/C 的 XRD 谱（a）
以及 SiO$_x$/G 和 SiO$_x$/G/C 孔径分布（b）[17]

参 考 文 献

[1] Ashuri M, He Q, Shaw L L. Silicon as a potential anode material for Li-ion batteries: where size, geometry and structure matter [J]. Nanoscale, 2016, 8 (1): 74-103.

[2] Li J, Xu Q, Li G, Yin Y, Wan L, Guo Y. Research progress regarding Si-based anode mate-

rials towards practical application in high energy density Li-ion batteries [J]. Materials Chemistry Frontiers, 2017, 1: 1691-1708.

[3] Liu N, Wu H, McDowell M T, Yao Y, Wang C, Cui Y. A yolk-shell design for stabilized and scalable Li-ion battery alloy anodes [J]. Nano letters, 2012, 12: 3315-3321.

[4] Liu N, Lu Z, Zhao J, McDowell M T, Lee H W, Zhao W, Cui Y, A pomegranate-inspired nanoscale design for large-volume-change lithium battery anodes [J]. Nature Nanotechnology, 2014, 9: 187-192.

[5] Li Y, Yan K, Lee H W, Lu Z, Liu N, Cui Y. Growth of conformal graphene cages on micrometre-sized silicon particles as stable battery anodes [J]. Nature Energy, 2016, 1: 15029.

[6] Li B, Li S, Jin Y, Zai J, Chen M, Nazakat A, Zhan P, Huang Y, Qian X. Porous Si@C ball-in-ball hollow spheres for lithium-ion capacitors with improved energy and power densities [J]. Journal of Materials Chemistry A, 2018, 6: 21098-21103.

[7] Liu W, Zhong Y, Yang S, Zhang S, Yu X, Wang H, Li Q, Li J, Cai X, Fang Y. Electrospray synthesis of nano-Si encapsulated in graphite/carbon microplates as robust anodes for high performance lithium-ion batteries [J]. Sustainable Energy & Fuels, 2018, 2: 679-687.

[8] Chen Y, Hu Y, Shen Z, Chen R, He X, Zhang X, Li Y, Wu K. Hollow core-shell structured silicon@carbon nanoparticles embed in carbon nanofibers as binder-free anodes for lithium-on batteries [J]. Journal of Power Sources, 2017, 342: 467-475.

[9] Yu C, Chen X, Xiao Z, Lei C, Zhang C, Lin X, Shen B, Zhang R, Wei F, Silicon carbide as a protective layer to stabilize Si-based anodes by inhibiting chemical reactions [J]. Nano Letters, 2019, 19: 5124-5132.

[10] Cui L, Yang Y, Hsu C, Cui Y. Carbon-silicon core-shell nanowires as high capacity electrode for lithium ion batteries [J]. Nano Letters, 2009, 9: 3370-3374.

[11] Ko M, Chae S, Ma J, Kim N, Lee H W, Cui Y, Cho J. Scalable synthesis of silicon-nano-layer-embedded graphite for high-energy lithium-ion batteries [J]. Nature Energy, 2016, 1: 16113.

[12] Wu J, Qin X, Zhang H, He Y, Li B, Ke L, Lv W, Du H, Yang Q, Kang F. Multilayered silicon embedded porous carbon/graphene hybrid film as a high performance anode [J]. Carbon, 2015, 84: 434-443.

[13] Liu H, Shan Z, Huang W, Wang D, Lin Z, Cao Z, Chen P, Meng S, Chen L. Self-assembly of silicon@oxidized mesocarbon microbeads encapsulated in carbon as anode material for lithium-ion batteries [J]. ACS Applied Materials & Interfaces, 2018, 10: 4715-4725.

[14] Wang H, Fu J, Wang C, Wang J, Yang A, Li C, Sun Q, Cui Y, Li H, A binder-free high silicon content flexible anode for Li-ion batteries [J]. Energy & Environmental Science, 2020, 13 (3): 848-858.

[15] Li J, Li G, Zhang J, Yin Y, Yue F, Xu Q, Guo Y. Rational design of robust Si/C microspheres for high-tap-density anode materials [J]. ACS Applied Materials & Interfaces, 2019, 11: 4057-4064.

[16] Chen H, Hou X, Chen F, Wang S, Wu B, Ru Q, Qin H, Xia Y. Milled flake graphite/

plasma nano-silicon@carbon composite with void sandwich structure for high performance as lith-ium ion battery anode at high temperature [J]. Carbon, 2018, 130: 433-440.

[17] Li G, Li J, Yue F, Xu Q, Zuo T, Yin Y, Guo Y. Reducing the volume deformation of high capacity $SiO_x/G/C$ anode toward industrial application in high energy density lithium-ion batteries [J]. Nano Energy, 2019, 60: 485-492.

4 电子束蒸发制备物理气相沉积硅

4.1 引言

当前制备纳米硅的方法，往往存在制备成本高昂、工艺复杂等问题，使得大规模工业化生产纳米硅存在困难，制约了产业的发展。电子束精炼炉制备高纯多晶硅过程中，大量的副产物通过物理气相沉积附着在电子束炉的炉腔上。这部分沉积物是以纳米晶硅块体的形式存在，通过收集后可作为硅纳米颗粒的原料。物理气相沉积纳米晶硅不仅具有多孔结构的特点，而且晶粒为纳米级。其晶粒平均尺寸为33nm，可利用研磨法制备纳米级的硅颗粒。

在电子束精炼制备高纯多晶硅过程，一部分熔融态的硅以气态的形式蒸发，在炉内迁移，沉积在处于低温的炉壁（炉壁通有循环冷却水）。整个过程气态硅的蒸发通量、迁移方式等不仅会对物理气相沉积纳米晶硅的微观结构和制备效率产生影响，而且对后续硅纳米颗粒的制备工艺和物化性质等产生重要影响，故探究物理气相沉积纳米晶硅的微观结构以及生长规律具有重要意义。

本章集中介绍物理气相沉积纳米晶硅制备、气态硅在电子束精炼炉内的迁移与沉积行为以及微观结构。在此基础上，根据气态硅在炉内的迁移和沉积特点以及传热传质基本原理，结合软件 COMSOL Multiphysics 5.4a，从数值模拟角度研究氩气调控气态硅迁移路径和扩散通量，提出高效制备物理气相沉积纳米晶硅的方法。制备物理气相沉积纳米晶硅的能耗、原料等成本分摊在制备高纯多晶硅上，最大程度降低了其制备成本。因此，这是低成本制备硅纳米颗粒的可行技术之一。

4.2 纳米硅的制备设备及工艺

制备物理气相沉积纳米晶硅所用的电子束精炼炉如图 4-1 所示。一次可以生产 400~600kg 高纯多晶硅，其中 10%左右成为物理气相沉积纳米晶硅，即 40~60kg；单次制备时间不超过 24h。电子束精炼炉大体呈现三维对称结构。230kg 的硅（纯度大约为 99.99%）分别存放在左、右两端储存室（共460kg），在熔炼过程分多次投入铜坩埚进行熔炼。为简化起见，我们只呈现了电子枪最为重要的中间部分，如图 4-2 所示。物理气相沉积纳米晶硅制备的具体操作步骤如下：

（1）电子束炉的左、右两端储存室放入硅原料。

（2）循环冷却水系统启动，给电子束炉通冷却水。

图 4-1　制备物理气相沉积纳米晶硅的电子束精炼炉

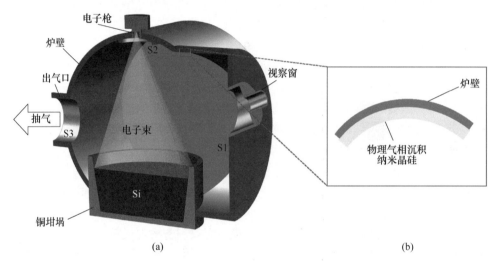

(a)　　　　　　　　　　　　　　　　　　(b)

图 4-2　制备物理气相沉积纳米晶硅的电子束精炼炉

（a）示意图；（b）炉壁的物理气相沉积纳米晶硅

（3）真空系统启动，把电子束熔炼腔气压抽到小于 10^{-4}Pa，达到电子枪工作所需真空度。

（4）左、右两端储存室的硅料逐步投入到铜坩埚。

（5）电子枪启动，以环形扫描的方式工作，持续给坩埚中的熔融硅加热。整个过程真空系统持续工作，把炉内气体从出气口抽出，维持炉内大约 10^{-4}Pa 的气压。熔炼过程一部分熔体硅以气态形式蒸发，沉积在炉壁。视察窗用以观察炉内情况。

（6）14h 后电子枪关闭。

（7）真空系统关闭。

（8）待炉内温度低至200℃以下，冷却水关闭。

（9）待炉内温度低至室温，炉腔打开，炉壁物理气相沉积纳米晶硅（大约42kg）和铜坩埚中的多晶硅硅锭取出。

4.3　氩气调控气态硅迁移的数值模拟模型

根据物理气相沉积纳米晶硅在炉壁上沉积的生产实际情况及分布规律，利用数值模拟软件，从理论上探索利用氩气引导的方式，调控气态硅的迁移路径和通量，引导气态硅向出气口迁移，实现高效制备物理气相沉积纳米晶硅目的。

引入氩气的进气口直径为出气口的1/4，具体相关尺寸如图4-3所示。以硅熔体表面为中心原点，建立二维几何模型，朝出气口方向为Y轴正方向，垂直硅熔体表面向上为Z轴正方向。由于氩气注入角度和速度对氩气流体动力学和传质传热具有十分显著的影响，本工作重点讨论这两个参数（另外氩气注入的方式，比如压力注入还是超音速喷气方式等可能对流体动力学产生影响，但不是本工作讨论重点，故不做分析）。

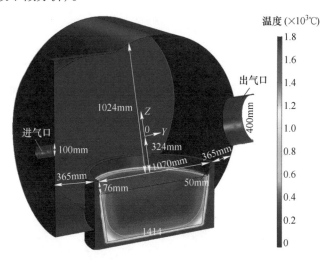

图4-3　数值模拟所使用的二维几何坐标及主要尺寸

4.3.1　模型描述

软件COMSOL Multiphysics广泛应用于流体动力学和传热等模拟计算[1,2]。本工作使用COMSOL Multiphysics 5.4a版本对研究对象进行理论模拟，所涉及的是一个复杂的物理过程，包括流体、传热和蒸发。为了探索气态硅迁移行为，整个模拟计算分成两大部分，即流体动力学和硅蒸发的模拟。

与实验类似，数值模拟无法避免误差的存在。本数值模拟存在三种误差，即理想化误差（假设、模型简化以及材质的物理性质设定等引起）、离散误差（几何实体的离散化引起）和数值误差（COMSOL Multiphysics 5.4a 软件解方程引起）。虽然这些误差无法避免，会影响到具体的数值，但是在可接受的范围之内，不会改变结果趋势。

4.3.2　氩气流体动力学

该部分用于模拟流体场，是后续模拟的前提，其计算域包括炉内氩气所填充的所有区域。该计算的相关假设如下：

（1）模拟对象的构型简化成平面对称。

（2）氩气在计算域内满足连续性假设。

（3）注入的氩气没有杂质。

根据上述假设，当氩气从炉内流过，形成的流体可以被视为湍流。该过程可以利用 Navier-Stocks 方程和连续性方程描述，如方程（4-1）和方程（4-2）所示：

$$\frac{\partial u}{\partial t} + (u \cdot \nabla) u = -\frac{1}{\rho_{Ar}} \nabla p + \frac{1}{Re} \nabla^2 u \tag{4-1}$$

$$\nabla \cdot u = 0 \tag{4-2}$$

式中，u 为流体速度，m/s；t 为时间，s；ρ_{Ar} 为氩气密度，1784kg/m³；p 为气压，Pa；Re 为雷诺数，取 5000。

（1）动力边界条件：氩气流体在进口处的炉壁、出口处的炉壁以及炉内其他炉壁位置的速度均等于零，如方程（4-3）所示：

$$u = 0 \tag{4-3}$$

（2）初始条件：炉内初始气压等于 10^{-4}Pa，且初始硅蒸气浓度等于零，如方程（4-4）和方程（4-5）所示：

$$P_f(t = 0) = 10^{-4} \text{Pa} \tag{4-4}$$

$$C_{Si}(t = 0) = 0 \tag{4-5}$$

4.3.3　硅蒸发

该部分模拟是在硅熔体热场的基础上，用于分析硅的蒸发，利用能量方程获得硅熔体的热场。硅熔体蒸发的通量可用蒸发理论描述。基于流体动力学的计算，本研究对炉内气相传热传质现象进行耦合计算。该模拟计算域为氩气填充的区域、铜坩埚和硅熔体。该部分的计算基于以下假设：

（1）模拟对象的构型简化成平面对称。

（2）硅蒸发不受杂质的影响。

（3）电子枪发射出的能量在硅熔体表面分布满足高斯分布。

根据上述假设，温度可用能量方程（4-6）描述：

$$\frac{\partial(\rho_{Si}T)}{\partial t} + \nabla \cdot (\rho_{Si}uT) = \nabla \cdot \left(\frac{k_{Si}}{c_p}\mathrm{grad}T\right) + S_T \tag{4-6}$$

式中，ρ_{Si} 为硅熔体密度，$2500\mathrm{kg/m^3}$；T 为硅熔体表面温度，K；t 为时间，s；u 为硅熔体流体速度，m/s；k_{Si} 为硅熔体热导率，$65\mathrm{W/(m \cdot K)}$；c_p 为硅熔体的比热容，$1000\mathrm{J/(kg \cdot K)}$；$S_T$ 为热源，包括焦耳热、辐射和潜热引起的能量损失，可用方程（4-7）~方程（4-10）描述：

$$\boldsymbol{n} \cdot q_{eb} = P_e \cdot f(\boldsymbol{O}, \ \boldsymbol{e}) \frac{|\boldsymbol{e} \cdot \boldsymbol{n}|}{\|\boldsymbol{e}\|} - Q \tag{4-7}$$

$$q_{eb} = k_{Si}\frac{\partial T}{\partial n} \tag{4-8}$$

$$f(\boldsymbol{O}, \ \boldsymbol{e}) = \frac{1}{2\pi\sigma^2}\exp\left(-\frac{d^2}{2\sigma^2}\right) \tag{4-9}$$

$$d = \frac{\|\boldsymbol{e} \cdot (x - \boldsymbol{O})\|}{\|\boldsymbol{e}\|} \tag{4-10}$$

式中，$\boldsymbol{n}$ 为热流方向（0，0，-1）；q_{eb} 为电子束热流，J/s；P_e 为电子束功率，取 $500\mathrm{kW}$；$f(\boldsymbol{O}, \ \boldsymbol{e})$ 为电子束能量分布方程；$\boldsymbol{e}$ 为电子束方向（0，0，-1）；Q 为硅蒸发潜热，取 $383\mathrm{kJ/mol}$；d 为电子束扫描半径，m；k_{Si} 为硅熔体热导率，取 $65\mathrm{W/(m \cdot K)}$；σ 为高斯分布标准方差；x 为电子束照射点的位置，m；$\boldsymbol{O}$ 为电子束原点的位置（0，0，0）；T 为硅熔体表面温度，K。

根据硅熔体表面温度的稳定分布状态，硅蒸发通量可用方程（4-11）和方程（4-12）描述[3,4]：

$$w = \alpha(p_{Si} - p_f)\left(\frac{M_{Si}}{T}\right)^{\frac{1}{2}} \tag{4-11}$$

$$\lg p_{Si} = \frac{(-2.13 \pm 0.1) \times 10^4}{T} + (12.72 \pm 0.53) \tag{4-12}$$

式中，w 为硅蒸发通量，$\mathrm{mol/(m^2 \cdot s)}$；$\alpha$ 为硅蒸发系数，$2.23 \sim 6.30$；p_{Si} 为硅饱和蒸气压，Pa；p_f 为硅熔体表面气压，Pa；M_{Si} 为硅的摩尔质量，取 $28\mathrm{g/mol}$；T 为硅熔体表面温度，K。

另外，硅蒸气在炉内气相的分布还满足方程（4-13）：

$$\frac{\partial}{\partial t}(\rho_{Si}C_{Si}) + \nabla \cdot (\rho_{Si}\boldsymbol{u}C_{Si}) = -\nabla \cdot J_{Si} + S_{Si} \tag{4-13}$$

$$J_{Si} = -\rho_{Si}D_{Si, \ Ar}\nabla C_{Si} - D_{T, \ Si}\frac{\nabla T}{T} \tag{4-14}$$

式中，ρ_{Si} 为硅熔体密度，取 $2500\mathrm{kg/m^3}$；$D_{Si, \ Ar}$ 为混合气体中硅蒸气的扩散系数，$\mathrm{m^2/s}$；C_{Si} 为硅蒸气浓度，$\mathrm{mol/m^3}$；$D_{T, \ Si}$ 为硅蒸气热扩散系数，$\mathrm{m^2/s}$；T 为温

度，K。

再来分析热边界条件。炉壁和铜坩埚壁的温度始终为 298K。硅熔体表面的热流可用方程（4-15）描述（方程（4-15）隶属于方程（4-6））：

$$-k_{Si}\frac{\partial T}{\partial z}\bigg|_{z=z_0} = q_{eb} + q_{rad} \qquad (4\text{-}15)$$

式中，k_{Si} 为硅的热导率，取 65W/(m·K)；T 为温度，K；z 为距离硅熔体表面的距离；z_0 为硅熔体表面位置。

影响热流的因素有电子束能量辐射能（q_{eb}）和表面热辐射能（q_{rad}），其中 q_{rad} 如方程（4-16）所示：

$$q_{rad} = \varepsilon\sigma_0(T_\infty^4 - T_2^4) \qquad (4\text{-}16)$$

式中，ε 为硅熔体的辐射系数，0.7；σ_0 为 Stephan-Boltzmann 常数，取 5.67×10^{-8} W/(m²·K)；T_∞ 为远场温度，K；T_2 为硅熔体表面温度，K。

硅熔体底部表面的传热可用方程（4-17）描述（方程（4-17）隶属于方程（4-6））：

$$-k_{Si}\left(\frac{\partial T}{\partial z}\right) = h_c(T_{Cu} - T_f) \qquad (4\text{-}17)$$

式中，k_{Si} 为硅熔体热导率，取 65W/(m·K)；T 为温度，K；z 为距离硅熔体表面的距离，m；h_c 为铜坩埚的对流传热系数，1766W/(m²·K)；T_{Cu} 为循环冷却水接触处坩埚的温度，K；T_f 为循环冷却水的温度，298K。

对称面视为绝热，如方程（4-18）所示：

$$\frac{\partial T}{\partial r}\bigg|_{r=0} = 0 \qquad (4\text{-}18)$$

式中，T 为温度，K；r 为距离对称面的距离，m。

4.4　气态硅迁移和凝固及氩气调控规律

4.4.1　物理气相沉积纳米晶硅微观结构

在炉壁 S1、S2、S3 位置（如图 4-2 所示）的物理气相沉积纳米晶硅分别取样检测，图 4-4 为 S1、S2、S3 处物理气相沉积纳米晶硅对应的 XRD 谱，具有显著的晶体特征峰。与 PDF 卡片（PDF#27-1402）对比，该特征峰对应的是硅晶体（111）、（220）以及（311）晶面。S1、S2、S3 处物理气相沉积纳米晶硅的晶体特征信号强度类似，表明三者结晶度类似。

如上所述，S1、S2、S3 三处的结晶度相似，故可以将三者混合，然后进行 XRD 检测，估算其晶粒平均尺寸。晶粒平均尺寸计算如 Scherrer 方程所示：

$$L = \frac{K\lambda}{\beta cos\theta} \qquad (4\text{-}19)$$

式中，L 为晶粒平均尺寸；K 为 Scherrer 常数；λ 为 X 射线入射波长；β 为衍射峰半高宽；θ 为 Bragg 衍射角。

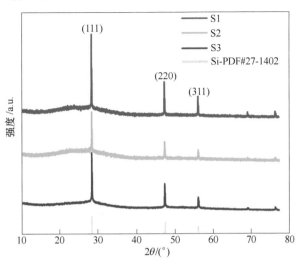

图 4-4　物理气相沉积纳米晶硅的 XRD 谱

在 Jade 6.0 软件中导入图 4-4 的 XRD 谱，并利用该软件自带的 Scherrer 方程（4-19）进行计算，得到物理气相沉积纳米晶硅的晶粒平均尺寸大约为 33nm。该数值与图 4-5（d）所示的 30~40nm 晶粒尺寸相吻合，证实物理气相沉积纳米晶硅为纳米晶硅。

图 4-6（a）~（c）分别为 S1、S2、S3 位置物理气相沉积纳米晶硅的 SEM 图（其中红色箭头表示晶体生长方向，白色虚线表示颗粒边界），可知 S1、S2、S3 三处物理气相沉积纳米晶硅生长犹如钟乳石。该钟乳石条纹靠近炉壁一端较细，远离炉壁一端较粗，如图中白色虚线所示。钟乳石状条纹与生长方向大致成平行关系，如图中红色箭头所示。这种两头粗细不同的钟乳石状结构是由硅凝固过程的热场特点决定的。因为炉壁内部通有循环冷却水，所以首先沉积在炉壁的物理气相沉积纳米晶硅，由于过冷度过大，没有足够时间生长，晶体生长受到抑制，故颗粒较小。随着气态硅在炉壁沉积，炉壁表面覆盖的沉积硅越来越厚，而气相沉积硅的热导性较差，后续沉积的硅处在温度相对较高的热场，所以，硅原子在凝固之前拥有较长的时间有序生长并吞噬其他小晶体，得到尺寸较大的颗粒。图 4-6（d）~（f）表明物理气相沉积纳米晶硅的内部微观结构为柱状且多孔状态。多孔状态主要是由于气态硅随机沉积，而受到热场限制，硅原子没有足够的动力进行迁移，所以无法生长成密实结构的硅晶体。图 4-6（g）（h）分别为物理气相沉积纳米晶硅的 TEM 图，其中图 4-6（g）展现出清晰的晶格条纹，如图中的红色直线所示，对应着晶体硅的（111）晶面；而图 4-6（h）展现出无定形相，如

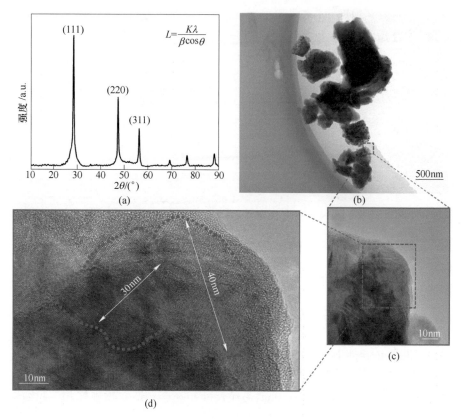

$$L = \frac{K\lambda}{\beta\cos\theta}$$

图 4-5 S1、S2 及 S3 混合的 XRD 谱（a）和 S1、S2 及
S3 混合的 TEM 及 HRTEM 图（b）~（d）

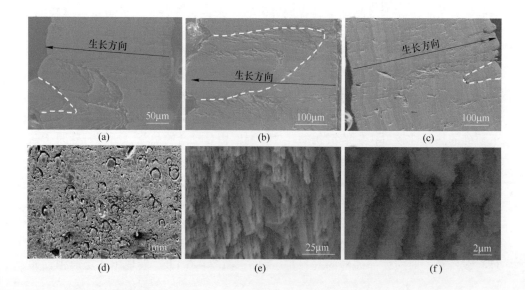

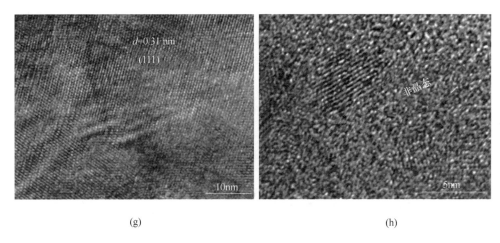

(g)　　　　　　　　　　　　　　　　(h)

图 4-6　物理气相沉积纳米晶硅微观结构

（a）~（c）S1、S2 及 S3 侧面 SEM 图；（d）正面 SEM 图；

（e）（f）对应于图（d）红色圆圈的放大图；（g）（h）TEM 图

图中的红色圆圈所示。结合图 4-4 的 XRD 谱及图 4-5 和图 4-6 的 SEM、TEM 图，可推断物理气相沉积纳米晶硅兼具晶体结构和非晶体结构，但以晶体硅物相为主。

4.4.2　气态硅迁移行为分析

在高温高真空条件下，熔融态的硅一部分转变成气态。在一定温度条件下，液态硅与气态硅之间达到平衡状态时的气压称为硅的饱和蒸气压[5]。硅的饱和蒸气压与温度的关系满足方程式（4-12）。如图 4-7 所示，随着温度升高，硅的饱和蒸气压也大致地呈线性关系升高。当硅的饱和蒸气压比所处环境气压更大，蒸发自发发生。而且差值越大，硅蒸发的潜力越大。

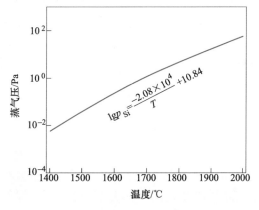

$$\lg p_{Si} = \frac{-2.08 \times 10^4}{T} + 10.84$$

图 4-7　硅饱和蒸气压与温度关系曲线

气态硅在电子束炉内的迁移涉及硅原子在硅熔体、界面、炉腔的迁移以及在炉壁沉积。如图 4-8 所示，硅原子（由于硅原料的纯度已达到 99.99%，杂质含量很少，故硅的蒸发过程忽略杂质的影响）扩散过程横跨了四个物相，即硅熔体相、硅熔体和炉腔之间的界面相、气态相（炉腔）以及固相（炉壁）。该过程可分解为以下几步：

（1）硅原子在硅熔体内扩散。

（2）硅原子在界面相扩散。

（3）硅原子在硅熔体表面蒸发。

（4）硅原子在炉内迁移。

（5）硅原子与炉壁发生吸附和沉积。

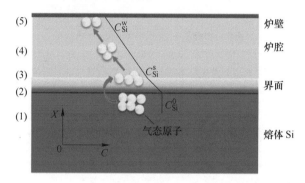

图 4-8　硅原子扩散示意图

在第（1）步，硅熔体上、下层之间热场不均匀，导致上、下层之间存在密度差。密度差异引起硅熔体对流，带动硅原子向界面处扩散。在第（2）步，界面靠近炉腔气体相一侧（外侧）的硅原子蒸发，所以该侧的硅原子少于靠近硅熔体一侧的（内侧）。因此，在浓度差的驱使下，硅原子从界面内侧向外侧扩散。在第（3）步，在高真空度氛围、饱和蒸气压驱动下，硅原子在界面向表面蒸发。硅原子可能以单原子形式蒸发，也可能以双原子甚至是四原子形式蒸发，这取决于浓度以及温度等条件[6]。在第（4）步，蒸发的硅原子在气态相扩散。当硅原子遇到固相（水冷炉壁），在过冷度驱动下发生沉积，即发生第（5）步（这一步将在下文关于硅沉积行为进行详细分析）。

由于硅熔体表面直接接受电子束辐射，温度甚至超过 2000K，而硅熔体是用水冷铜坩埚承接的，硅熔体表面和边沿温度差异较大，导致硅熔体对流较为强烈。强烈的熔体对流使得原子扩散较为快速。因此，一般而言，第（1）步不会是控制步骤。炉腔内气压大约维持在 10^{-4} Pa，属于高真空，在如此高真空氛围下没有粒子阻碍，硅原子扩散平均自由程远大于炉腔尺寸，能够发生自由扩散[7]。基于此，第（4）步也是较快进行，不会成为控制步骤。炉壁由于通有循环冷却水，冷凝动力充足，发生较快，所以该步骤一般也不会是控制步骤。由于界面相属于多物相交界处，微观结构和化学成分较为复杂且不均匀，所以第（2）步和第（3）步都有可能是控制步骤，也有可能是这两步同时混合控制扩散过程。

4.4.3　物理气相沉积纳米晶硅分布规律

没有其他因素干扰的情况下，物理气相沉积纳米晶硅在炉壁沉积的质量分布应当遵循正弦分布规律，即满足方程（4-20）[8]：

$$\frac{\mathrm{d}m}{\mathrm{d}A} = \left(\frac{m^{\mathrm{e}}}{\pi D^2}\right) \cdot \cos\varphi \cdot \cos\theta \tag{4-20}$$

式中，$\frac{\mathrm{d}m}{\mathrm{d}A}$ 为炉壁单位面积上沉积硅的质量；m^{e} 为硅原子从界面相蒸发的总质量；D 为蒸发界面与炉壁之间的直线距离；θ 为蒸发方向与竖直方向之间的夹角；φ 为与 θ 互余的夹角（如图 4-10 所示）。由方程（4-20）可知，由于对称位置的 θ 和 φ 的余弦值相等，对称位置的物理气相沉积纳米晶硅的质量应当相等。

物理气相沉积纳米晶硅的宏观形貌如图 4-9 所示。统计分析炉壁 S1、S2、S3 对应的单位面积物理气相沉积纳米晶硅的质量，得到表 4-1。表 4-1 表明，S3 在单位面积所得的物理气相沉积纳米晶硅质量最大，S2 的次之，S1 的沉积硅质量最小，对应的分布规律如图 4-10 所示。这一现象说明硅原子从硅液面蒸发后，并不是等额地向四面八方迁移，也不符合方程（4-19）。大部分的气态硅径直地向上 S3 迁移。根据方程（4-20），当垂直于蒸发液面时，此时夹角等于 0，单位面积上沉积硅本应该是最大的。然而，表 4-1 表明 S2 单位面积质量显著小于 S3 的。如上所述，对称位置的物理气相沉积纳米晶硅的质量也本应相等。该现象主要是由维持高真空的抽气系统导致的。如图 4-10 所示，抽气系统强迫气态硅向出气口 S3 迁移，显著改变了气态硅在三维方向的迁移路径和通量，从而改变了物理气相沉积纳米晶硅在炉壁的分布规律。

图 4-9　物理气相沉积纳米晶硅（S1、S2、S3）宏观形貌

表 4-1　物理气相沉积纳米晶硅的单位面积质量　　　（mg/mm²）

位置	S1	S2	S3
质量	1.7	8.7	35.2

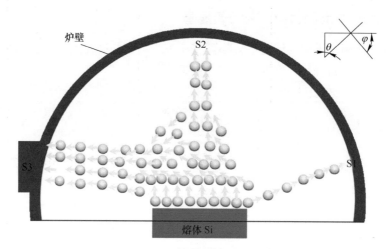

图 4-10　气态硅迁移示意图

上文的微观结构与物相分析表明物理气相沉积纳米晶硅是疏松多孔、钟乳石状生长的晶体硅。该特征符合晶体三维随机生长模型[9]。如图 4-11 所示，气态硅向炉壁迁移，与炉壁碰撞，伴随部分硅原子脱附、脱离炉壁。当气态硅吸附在炉壁的量越来越多，适当过冷度驱动下，气态硅发生形核，如第（5）步所示。

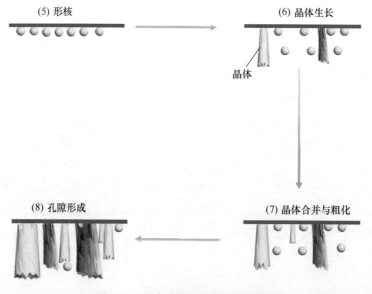

图 4-11　气态硅在炉壁沉积示意图

形核之后的晶体通过不断吸收气态硅原子持续生长，如第（6）步所示。晶体一方面不断吸附沉积在表面的硅原子，另一方面吞噬其他小晶体，继续生长为更大的柱状颗粒，如第（7）步所示。接下来，如第（8）步所示，由于硅原子沉积在表面并不均匀，扩散动力也不充足，使得疏松多孔状的沉积硅得以形成。

4.4.4 氩气调控气态硅迁移路径

根据上述分析可知，抽气系统改变了气态硅迁移路径与物理气相沉积纳米晶硅的分布，显著增加了 S3 的沉积通量，所以后方炉壁的物理气相沉积纳米晶硅在单位面积内质量最大。从制备物理气相沉积纳米晶硅的角度而言，我们希望通过气体引导，使得气态硅能够最大量地向特定方向迁移，比如全部集中在出气口，便于收集。而且，由于硅熔体表面的气态硅被气体大量吹走，提高硅熔体表面的浓度梯度，有助于增加硅蒸发动力，从而提高物理气相沉积纳米晶硅的制备效率。

因此，根据传热传质基本规律，从数值模拟角度出发，假定给予一定速度的氩气吹入炉内，探索该氩气对气态硅迁移通量改变以及物理气相沉积纳米晶硅在炉壁分布的影响。为简化问题，我们只讨论二维情况。由于炉体对称结构，三维情况由二维延伸推导即可。

4.4.4.1 氩气引入角度对气态硅迁移的影响

假定从进气口引入氩气流，分析氩气的引入角度对气态硅迁移产生的影响。首先假设氩气吹入速度为 1m/s。图 4-12 为氩气吹入角度（氩气流与硅熔体表面的夹角）分别为 36.76°、23.84°、15.96° 和 0° 时电子束炉内氩气流场的分布情况（36.76°、23.84°、15.96° 这三个角度的选取是根据氩气引入口到铜坩埚的左、右边沿以及中间位置所成夹角决定的）。从图中可以看出，一方面，随着氩气吹入角度逐渐减小，流体逐渐远离硅熔体表面，朝出气口方向流动；另一方面，不管氩气吹入角度如何，氩气最终都是朝出气口方向流动。氩气吹入角度为零时，氩气流动方向与硅熔体表面平行，径直地向出气口流动。

当氩气吹入角度分别为 36.76°、23.84°、15.96° 和 0° 时，气态硅在电子束炉腔内分布如图 4-13 所示。比较图 4-13（a）~（d）可知，随着氩气吹入角度减小，炉内气态硅的浓度逐渐降低；当氩气吹入角度为零时，气态硅被直接吹向出气口，炉内气态硅浓度极低，接近于零。该结果表明氩气气流引导，可以有效地将硅熔体蒸发出来的气态硅引导到出气口。

图 4-14（a）为电子束炉腔内 Z 轴（坐标如图 4-3 所示）上气态硅浓度随氩气吹入角度改变的变化曲线。没有氩气吹入时，随着距离硅熔体越来越远，气态硅浓度线性降低。氩气吹入速度为 1m/s 时，硅熔体表面的气态硅浓度迅速降低；

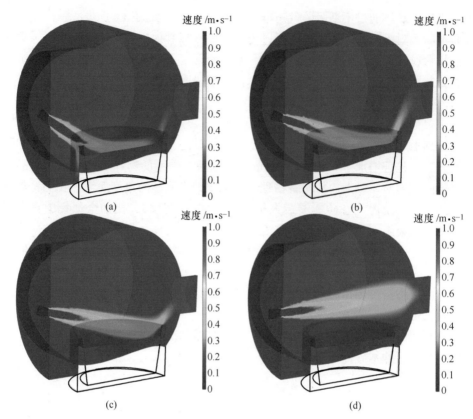

图 4-12　氩气吹入角度为 36.76°（a）、23.84°（b）、15.96°（c）
及 0°（d）时炉腔内氩气流场分布

而且随着氩气吹入角度减小，气态硅浓度进一步降低。值得注意的是，当氩气吹入角度固定，除了硅熔体表面浓度迅速降低之外，气态硅浓度并不随距离改变发生明显变化，而是处于几乎恒定不变的状态。图 4-14（b）为电子束炉腔内 Y 轴（坐标如图 4-3 所示）上气态硅浓度随氩气吹入角度改变的变化曲线。没有氩气吹入时，中间位置具有最高浓度的气态硅，随着远离中心位置，气态硅浓度逐渐降低。氩气吹入速度为 1m/s 时，气态硅浓度随氩气吹入角度的减小而逐渐降低。然而，当氩气吹入角度固定，气态硅浓度并不明显地随位置改变而发生改变，而是几乎维持恒定不变状态的低数值。

4.4.4.2　氩气引入速度对气态硅迁移的影响

从上述分析可知，若要使得气态硅全部迁移至出气口，氩气引入最佳角度为 0°（氩气吹入方向与硅熔体表面平行）。图 4-15 为氩气引入角度为 0° 时，氩气吹入速度分别为 0m/s、0.5m/s、1.0m/s、1.16m/s、2m/s 和 3m/s 时，电子束炉腔

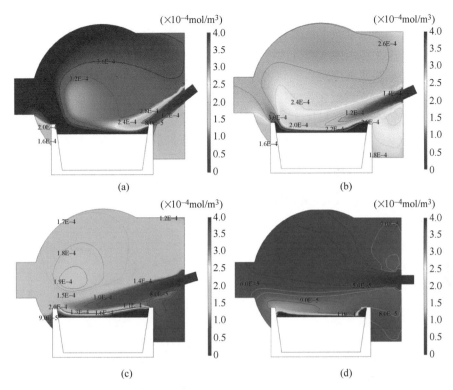

图 4-13　氩气吹入角度为 36.76°（a）、23.84°（b）、15.96°（c）
及 0°（d）时炉腔内气态硅浓度分布

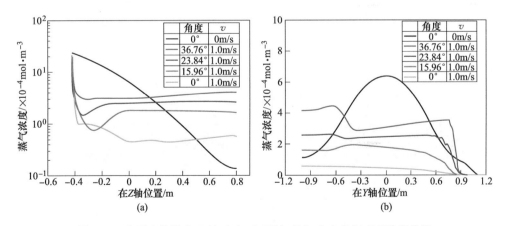

图 4-14　电子束炉腔内 Z 轴（a）和 Y 轴（b）方向的气态硅浓度曲线

内气态硅的浓度二维分布。没有氩气引入时（即氩气吹入速度为 0m/s），气态硅聚集在硅熔体表面，并且浓度随远离硅熔体表面而逐渐降低。当氩气吹入速度从

0.5m/s 增加到 3m/s，电子束炉腔内大部分气态硅被吹至出气口。然而，电子束炉腔内的气态硅浓度并不是随着氩气吹入速度增加而单调递减。当氩气吹入速度过大，电子束炉腔内的气态硅浓度又逐渐上升，如图 4-15（e）(f) 所示。电子束炉腔内气态硅最低浓度对应的氩气速度为 1.16m/s。图 4-16（a）为气态硅在电子束炉腔内 Z 轴上浓度变化曲线。没有氩气吹入时，气态硅的浓度从硅熔体表面向炉壁方向逐渐降低。氩气吹入速度大于零时，硅熔体表面的气态硅浓度突兀地降低，然后几乎不变。另外，从图 4-16（a）也可以看出，炉腔内 Z 轴方向上最

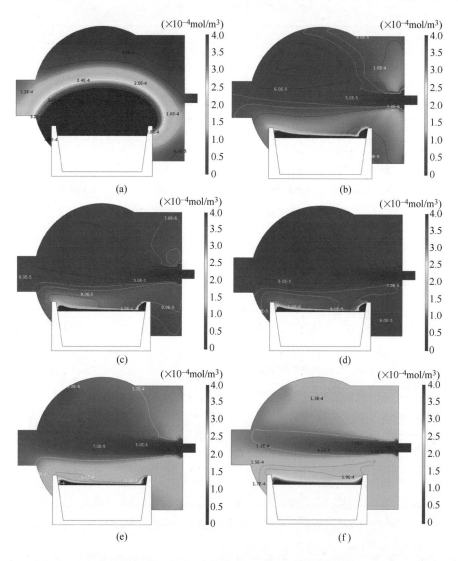

图 4-15　氩气吹入速度为 0m/s（a）、0.5m/s（b）、1m/s（c）、1.16m/s（d）、
2m/s（e）和 3m/s（f）时，电子束炉腔内气态硅浓度分布

低浓度气态硅对应的氩气吹入速度为 1.16m/s，高于或低于这个速度都会导致炉腔内气态硅浓度上升。图 4-16（b）为电子束炉腔内 Y 轴上气态硅浓度变化曲线。没有氩气吹入时，气态硅聚集在硅熔体表面。氩气吹入速度大于零时，气态硅浓度逐渐降低，但也不是单调递减。气态硅最低浓度对应的氩气吹入速度为 1.16m/s。

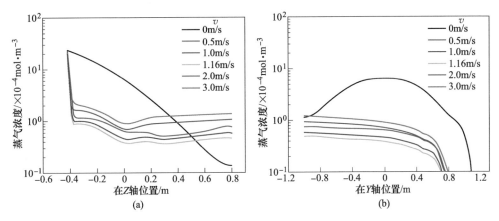

图 4-16　气态硅在电子束炉腔内 Z 轴（a）和 Y 轴（b）方向的浓度变化曲线

图 4-15 和图 4-16 表明，当氩气吹入速度为 1.16m/s 时，可以有效地将硅熔体表面的气态硅传输至出气口。低于或高于 1.16m/s 均会减弱传输效果。图 4-17 为氩气吹入速度 0.5m/s、1.16m/s、2.0m/s 以及 3m/s 时，出气口截面上的气压二维分布。图 4-17（a）(b）表明氩气吹入速度从 0.5m/s 增加至 1.16m/s 时，出气口截面处气压略微降低。1.16m/s 时，出气口中心处的气压大约为零。然而，氩气吹入速度逐渐从 1.16m/s 增加至 2m/s 和 3m/s 时，出气口截面的气压又反向升高，而且出气口边沿位置和中心位置的气压差异越来越大（中心位置和边沿位置的气压方向不同，易引起气态硅在出气口复杂的流体运动，从而不利于气态硅在炉壁发生吸附和沉积）。

基于以上分析，出气口截面平均气压随氩气吹入速度变化（吹入角度 0°）的曲线如图 4-18（a）所示。图 4-18（a）表明出气口截面平均气压首先随氩气吹入速度增加而减小，当氩气吹入速度为 1.16m/s 达到最低值，即 0Pa。氩气吹入速度超过 1.16m/s 后，平均气压反向增加。出气口气压增加，给气态硅传输至出气口带来阻力，使得气态硅无法有效传输至出气口，而是滞留在炉内。出气口平均气压为零时（对应氩气吹入速度为 1.16m/s），炉内 Z 轴上气态硅浓度分布如图 4-18（b）所示。与没有氩气引导时的气态硅在 Z 轴的浓度比较，1.16m/s 的氩气对气态硅传输的调控起到了显著作用，几乎把炉内所有气态硅传输至出气口。

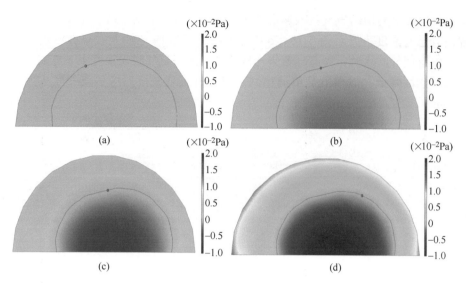

图 4-17　氩气吹入速度为 0.5m/s（a）、1.16m/s（b）、2m/s（c）和 3m/s（d）时，
出气口截面上的气压二维分布

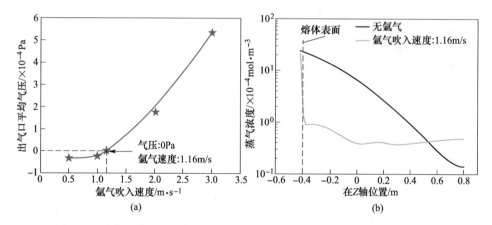

图 4-18　出气口截面平均气压曲线（a）和硅熔体表面气态硅浓度曲线（b）

　　氩气的引导使得气态硅在出气口方向的迁移通量明显增加。因此，在氩气引导的作用下，电子束炉内气态硅浓度差引起的扩散对硅原子迁移作用很弱，可以忽略不计，只考虑氩气引导的影响。气态硅的迁移通量如方程（4-21）所示[9]：

$$J_{Si} = \rho_{Si} \cdot v_{gas} \tag{4-21}$$

式中，J_{Si} 为气态硅迁移通量；ρ_{Si} 为气态硅密度；v_{gas} 为氩气速度。

　　因此，在氩气引导作用下，从硅熔体表面蒸发的气态硅被迫优先向出气口的位置迁移。由于硅熔体表面的气态硅被迫迅速迁移至出气口，界面上表面的硅浓度会急剧降低，如图 4-17（b）所示，使得界面内部和上表面之间的浓度梯度增加（如图 4-8 的界面所示的 C_{Si}^{0} 和 C_{Si}^{s}）。该过渡层的硅原子迁移通量可如方程（4-22）所示[4]：

$$J_{Si} = k_{Si}(C_{Si}^{0} - C_{Si}^{s}) \tag{4-22}$$

式中，J_{Si} 为硅原子迁移通量；k_{Si} 为迁移系数；C_{Si}^{0} 为硅原子在熔体内部（界面下表面）的浓度；C_{Si}^{s} 为硅原子在界面上表面的浓度。

界面硅原子的迁移通量决定了硅原子蒸发通量的上限。由于氩气的引导，可以推断从硅熔体表面蒸发的硅原子能够迅速被迁移远离硅熔体表面，聚集在出气口。因此，一般情况下，界面迁移步骤是整个蒸发过程的控制步骤，决定了蒸发速率。根据方程（4-22）可知，当界面上表面的硅原子浓度（C_{Si}^{s}）降低，界面处的硅原子浓度梯度将增加（$C_{Si}^{0} - C_{Si}^{s}$ 的差值），从而提高了界面处硅原子迁移动力。反过来，由于迁移动力充足，越来越多的硅原子将会从界面内部向界面上表面迁移，从而增加了表面可蒸发的气态硅通量。在氩气引导下，表面的气态硅被迅速迁移，远离硅熔体，聚集在出气口。

图 4-19（a）(b) 分别为无氩气引入时以及氩气以 1.16m/s 速度吹入时电子束炉腔内的温度二维分布。从图中可以看出，无氩气吹入时，炉腔内的温度分布较为均匀。氩气吹入速度为 1.16m/s 时，炉内的温度分布梯度较大，特别是出气口的温度明显低于其他位置。出气口温度较低，有利于聚集于此的气态硅快速凝固，从而使得单位面积、单位时间内沉积硅较多。表 4-1 表明有抽气时，出气口位置（S3）的沉积硅明显大于前炉壁（S1）和上炉壁（S2）的气相沉积硅。模拟结果得出的推断和实验值定性吻合，表明氩气引导的方式一方面可以增加气态硅蒸发量的作用，另一方面能够将气态硅聚集至出气口，便于集中收集，从而提高物理气相沉积纳米晶硅的制备效率，达到高效制备物理气相沉积纳米晶硅目的。

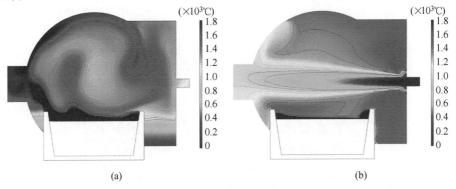

图 4-19 电子束炉内温度分布

（a）无氩气吹入；（b）氩气吹入速度 1.16m/s

4.5　物理气相沉积硅收集装置

如上所述，利用氩气引导可以高效定向收集气态硅。为了进一步提高物理气相硅的收集效率和提高纳米硅的产量，利用缩短气态硅扩散路径的原理设计出一种高效收集方案装置，并通过了试验验证，可以用于专用的电子束蒸发气相沉积纳米硅的设备上。基本思路是在硅熔体上方增加一个水冷的斗型捕捉器，气态硅从硅熔体蒸发，遇到捕捉器发生凝固，得到物理气相沉积硅。本设计方案在不更改原电子束设备结构以及安全生产的前提下，尽可能将炉内有限空间加以利用，在炉腔内设计物理气相沉积硅收集回收装置。如图 4-20 所示，本装置整体分为三部分：硅蒸气冷凝罩（不规则金色圆锥形部分）、循环水冷系统（金色蛇形管部分）以及悬挂结构（顶部悬挂部分）。为了不阻挡电子束路径，回收装置顶部开有圆孔。冷凝罩前方、左方和右方开有空缺，其中前方开口是为了给观察熔体硅的状态保留观察视线，左右方开口是为了给水平坩埚左右移动流淌硅熔体留出空间。

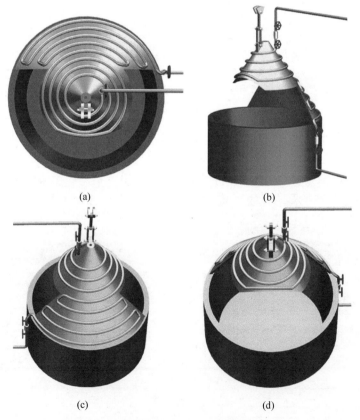

(a)　　　　　　　　　　　　(b)

(c)　　　　　　　　　　　　(d)

图 4-20　物理气相沉积硅收集装置示意图
(a) 俯视图；(b) 主视图；(c) 后方侧视图；(d) 前方侧视图

4.5.1 硅蒸气冷凝罩

气态硅（硅蒸气）从硅液面蒸发，在合适条件下扩散至低温处即发生冷凝而被收集，所以，硅蒸气冷凝罩的作用是收集硅蒸气，达到回收物理气相沉积硅收集目的。硅蒸气冷凝罩采用厚度为20mm的黄铜板材加工，形状如图4-21所示，在一个圆锥形收集罩上开设三个空缺而成。圆锥形冷凝收集罩的内表面面积为1.713m^2，在前方、左右和右方开设缺口后的冷凝收集罩内表面面积为0.8736m^2。

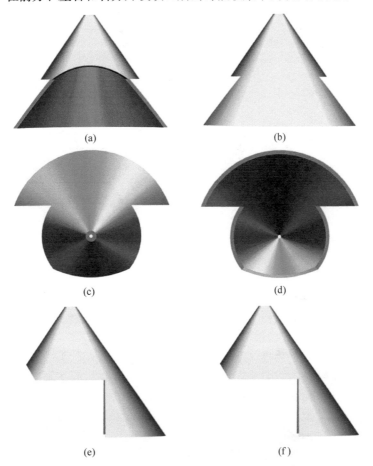

图 4-21 物理气相沉积硅收集装置解剖示意图
（a）正视图；（b）后视图；（c）顶视图；（d）底视图；（e）左视图；（f）右视图

开设三个缺口分别用于生产过程中的观察窗以及连续加料。如图4-22所示，灰色透明区域为生产过程中观察区域，为了不遮挡观察区域，需要在圆锥形冷凝罩上开设一个观察窗，如图4-23（a）中蓝色区域所示。图4-23（b）为开设观察窗后的硅蒸气冷凝罩形状示意图。

图 4-22　物理气相沉积硅收集装置形状及观察区域示意图

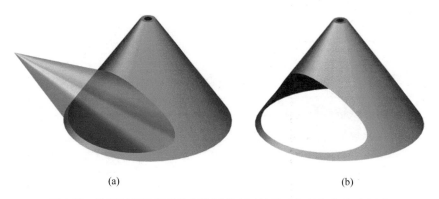

(a)　　　　　　　　　　　　　　　　(b)

图 4-23　物理气相沉积硅收集装置观察区域及开有观察窗的示意图

　　因为生产过程中需要通过水平坩埚连续向圆形铜坩埚内加料，所以需要在观察窗两侧开设加料口，如图 4-24（a）中绿色区域所示。图 4-24（b）为开设加料口后的硅蒸气冷凝罩形状示意图。

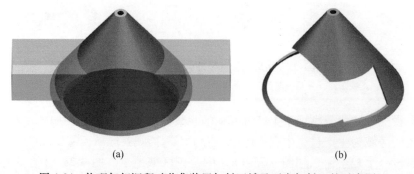

(a)　　　　　　　　　　　　　　　　(b)

图 4-24　物理气相沉积硅收集装置加料区域及开有加料口的示意图

因为大部分硅蒸气在热浮力的驱动下会向正上方运动，为方便后续加工，将硅蒸气冷凝罩形状设计成图 4-20 中所示的形状。

4.5.2　水冷系统

因为冷凝罩的内表面直接接收到硅熔体的辐射，若不采取冷却降温措施，硅蒸气冷凝罩很快会因温度过高而发生变形乃至熔化。因此，需要在硅蒸气冷凝罩上安置循环水冷系统。循环水冷管的材质分为两部分，一部分采用导热性能较好的纯铜，另一部分采用成本较低的普通钢材。纯铜循环水冷管采用焊接的方式螺旋分布在硅蒸气冷却罩外表面，其目的是将硅熔体辐射到硅蒸气冷却罩内表面的热量快速传至冷却水而被循环水带走；其他部分的水管采用普通钢管即可，如图4-25 所示。铜管和钢管的螺纹方向相反，通过密封螺母进行连接，螺纹之间采用防水胶带密封。为方便硅蒸气冷凝罩拆卸，分别在密封螺母两侧安置水阀，如图4-25 中的紫色部分所示。

4.5.3　悬挂结构

根据真空环境内的传热特性，温度较高的区域均是直接接受硅熔体辐射的部分，因此，为保证硅蒸气冷凝罩的实用性以及电子束设备的安全性，本设计方案中采用悬挂的方式固定冷凝罩，其结构如图 4-26 所示。该结构与水冷系统中的密封螺母配合，可实现硅蒸气冷凝罩的拆卸。当一次生产完成之后，关闭水阀门后逆时针旋转密封螺母，然后将悬挂螺丝及悬挂杆拆下，即可实现硅蒸气冷凝罩的拆卸。实际生产过程中可备用 2~3 个硅蒸气冷凝罩进行更换，这样可在炉外完成硅蒸气凝结层的清理工作，提高电子束生产的效率。

图 4-25　收集装置冷却系统示意图

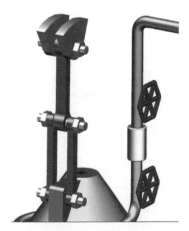

图 4-26　收集装置悬挂固定结构

参 考 文 献

［1］ Chauhan N, Chauhan R P, Joshi M, et al. Study of indoor radon distribution using measurements and CFD modeling ［J］. Journal of Environmental Radioactivity, 2014, 136: 105-111.

［2］ Incropera F P, Dewitt D P, Bergman T L, Lavine A S. 传热传质基本原理 ［M］. 葛新石, 叶宏, 译. 北京: 化学工业出版社, 2011.

［3］ Wei K, Ma W, Yang B, et al. Study on volatilization rate of silicon in multicrystalline silicon preparation from metallurgical grade silicon ［J］. Vacuum, 2011, 85 (7): 749-754.

［4］ Shi S, Li P, Meng J, et al. Kinetics of volatile impurity removal from silicon by electron beam melting for photovoltaic applications ［J］. Physical Chemistry Chemical Physics, 2017, 19 (41): 28424-28433.

［5］ Safarian J, Tangstad M. Vacuum refining of molten silicon ［J］. Metallurgical and Materials Transactions B, 2012, 43 (6): 1427-1445.

［6］ 戴永年, 杨斌. 有色真空冶金 ［M］. 北京: 冶金工业出版社, 2000.

［7］ Gan C, Wen S, Liu Y, et al. Preparation of Si-SiO$_x$ nanoparticles from volatile residue produced by refining of silicon ［J］. Waste Management, 2019, 84: 373-382.

［8］ Mattox D M. Handbook of Physical Vapor Deposition (PVD) processing ［M］. New York: William Andrew, 1998.

［9］ Petrov I, Barna P B, Hultman L, Greene J E. Microstructural evolution during film growth ［J］. Journal of Vacuum Science & Technology A: Vacuum, Surfaces, and Films, 2003, 21 (5): S117-S128.

5 纳米硅-氧化硅颗粒的制备方法

5.1 引言

众所周知，硅作为锂离子电池负极材料具有高比容量（3580mA·h/g），其嵌/脱锂电位为≤0.4V，是锂离子电池负极的潜力材料之一。然而，硅作为负极材料最为显著的缺点就是体积膨胀过大。氧化硅（这里指的是 SiO_x，$0<x≤2$）作为锂离子电池负极材料虽然比容量一般不到2000mA·h/g（低于硅的3580mA·h/g），但是塑性较好，嵌/脱锂过程带来的体积膨胀没有硅的显著，有助于缓解结构的破坏[1]。

制备氧化硅的方法有气相法、溶胶-凝胶法、溶胶种子法、微乳液法、沉淀法。然而，如果制备近乎100%纯度的氧化硅，上述方法存在技术难度大、成本过高或者是难以达到纳米尺寸等问题。制备纳米硅-氧化硅的方法有水溶液法[2]、高温氧化法[3]等。水溶液法涉及复杂的化学反应或者是有毒化学物质，高温氧化法能耗较高。因此，为了兼顾硅的高比容量和氧化硅的低体积应变，有必要探索一条更加科学合理制备纳米硅-氧化硅的方法。

硅虽然在常温、常压下比较稳定，但是在激活状态或者是纳米级尺寸时，其化学活性较高。比如常温、常压下，硅几乎不与水发生反应，但是在机械应力等外力作用下，硅与水由于原子被激活而发生反应，生成氧化硅与氢气，从而得到氧化硅。该过程中，由于水分子向硅颗粒内部扩散的动力赶不上化学反应的动力，所以水优先与紧密接触的硅颗粒表面发生化学反应，从而得到内部为硅，外部为氧化硅的纳米硅-氧化硅。另外，硅颗粒的尺寸降低到100nm以下时，表面原子十分活跃，只要接触空气，就能与空气中的水分子和氧气发生化学反应，从而在表面生成氧化硅层。特别是在研磨作用下，随着颗粒尺寸越来越小，氧化硅层越来越厚。因此，不管是利用水与硅反应还是纳米硅与空气接触发生的自反应，都可以得到纳米硅-氧化硅，而且可以通过调控反应物配比、反应时间、研磨速度等参数来控制氧化硅层的厚度和含量甚至是化学状态。

研磨制备纳米颗粒由于往往需要使用液体研磨助剂，所以还涉及后续干燥。因此，本章首先阐述研磨基本原理，包括研磨涉及的能量变化、颗粒粒径形貌变化，然后阐述纳米颗粒浆料干燥常用的方法技术。在此基础上，通过实验探索、理论分析，阐述纳米硅-氧化硅制备方法以及水、乙醇等研磨助剂对硅颗粒研磨的作用，重点讨论水和乙醇对研磨的作用。最后，从制备工艺可行性以及适合锂离子电池硅-碳负极材料可行性的角度讨论乙醇助剂研磨获得的纳米硅-氧化硅颗粒的物化特征。

5.2　机械研磨制备纳米硅基本原理

物理粉碎法是制备硅纳米颗粒常用的有效技术，这种方法也广泛应用于制备金属、非金属、有机、无机、药材、食品、日化、农药、化工、材料、电子、军工、航空航天等。随着科学技术的发展和市场对物料粒径的不同要求，新型有效的粉碎制备设备不断推出。最典型的有碾压式粉碎机、球磨式粉碎机、介质搅拌式球磨机、射流粉碎机、超低温粉碎机、超临界粉碎机、超声粉碎机等。在这几大类型设备基础上，根据功能要求不同，能够制备更细甚至是纳米级别颗粒的粉碎设备被开发出来。以往大家认为物理粉碎法只能将颗粒粉碎至微米级别。随着科学技术人员不断探索，目前已能够利用物理粉碎法将颗粒粉碎至纳米级别。

采用物理粉碎法制备硅纳米颗粒的理论基础是基于给定的应力条件下，研究颗粒的断裂、破碎状态、颗粒之间的碰撞以及新增表面性质等问题，分为颗粒断裂物理学说和颗粒的破碎与能耗学说[4]。

5.2.1　颗粒断裂物理学

颗粒断裂物理学是材料科学的一个分支，它研究了材料变形的力学性能、脆性断裂与强度关系。由于材料力学的发展和完善，这方面的研究较为深入。尤其是对材料受力状态下的断裂机理和物理规律，无论是实验基础的经验方法，还是有关规律及性能的数学方法或物理模型，都取得了较大进展，趋于完善。早在1920 年，Griffith 为了解释玻璃的理论强度与实际强度的差别，提出了微裂纹理论。该理论经过不断发展和补充，逐渐成为脆性断裂的主要理论基础。Griffith 微裂纹理论认为实际材料总是存在许多细小的裂纹和缺陷，在外力作用下，这些裂纹和缺陷附近产生应力集中现象。当应力达到一定程度时，裂纹开始扩展，导致材料发生宏观的断裂。Griffith 微裂纹理论适用于脆性材料的断裂。对于延性材料的塑性形变，由于形变消耗大量的能量，Orawan 在 Griffith 的基础上，引入延性材料的塑性功来描述延性材料的断裂。尽管这些理论不是以研究颗粒的破碎为背景，但是其基本理论可完全应用于颗粒破碎机理的研究。

研究表明，颗粒断裂的微观形式有三种：由颗粒内部滑移引起的剪切断裂、内部晶格分离开的断裂、颗粒与颗粒之间从滑移直至分离。在断裂理论的基础上，Weibull 采用概率和统计的方法得出了颗粒强度的表达式。他认为颗粒的强度与颗粒的 Weibull 数及物料颗粒中存在的裂缝个数有关。相似地，Yashima、Hitoshi 等在实验基础上也给出了颗粒的抗压强度与颗粒体积的关系。

不同的载荷形式作用于颗粒，导致颗粒破裂的机理不同。冲击载荷作用于颗粒时，其作用时间非常短，实际作用的载荷是瞬时不连续的，而应力在颗粒中的传递是以连续的应力波进行的。材料在冲击载荷下的断裂具有许多明显不同于静态载荷条件下的特点，这不仅表现在随着应变速度的提高，材料强度的延伸率、断裂韧性等指标有所改变。而且颗粒在不同的冲击载荷下，其杨氏模量、泊松比等将发生改变。因此，在颗粒受力变形的基础上建立的动力学模型，必须考虑这些因素。对将要粉碎的颗粒，弄清粉碎机理，然后根据颗粒物性特点选择合适的施力方式，从而生产符合要求的产品。

根据颗粒的物料性质、粒度及粉碎产品的要求，可采用如下施力方式：

（1）粒度较大或中等的坚硬物料采用压碎、冲击，粉碎工具上带有不同形状的齿牙；

（2）粒度较小坚硬的物料采用压碎、冲击、碾磨，粉碎工具的表面光滑无齿牙；

（3）粉状或泥状的物料采用研磨、冲击、压碎；

（4）腐蚀性弱的物料采用冲击、打击、劈碎、研磨，粉碎工具上带有锐利的齿牙；

（5）腐蚀性强的物料采用压碎为主，粉碎工具表面光滑；

（6）韧性材料采用剪切或打击为主；

（7）多成分的物料采用冲击作用下的选择粉碎，也可将多种力场组合使用。

5.2.2 颗粒的破碎与能耗学说

正如上文所述，颗粒破碎的研究是以材料科学或颗粒断裂的物理学的研究为基础。在该领域，研究者们关心的是物料颗粒在受到某种粉碎后所处的状态（颗粒粒径、比表面、形状、性能等），以及完成这种状态所需要的前提条件。

颗粒在粉碎后粒径分布规律是粉碎过程中首先需要解决的问题，因为粉碎目的就是将大颗粒粉碎至一定粒度分布的小颗粒。在实际生产中，如何预测最终产品粒径大小，一直是研究者们关心的问题。常用的粉碎能耗同给料和产品粒度间关系的三种假说，在一定程度上能反映粉碎后粒径的大小情况。P. R. Riffinger 表面积假说，该假说认为粉碎能耗和粉碎后物料的新生表面积成正比，或粉碎单位重量物料的能耗与新生表面成正比：

$$A \propto \Delta S \tag{5-1}$$

式中，A 为粉碎能耗；ΔS 为比表面积增量。

Kick 等人提出体积假说。该假说认为粉碎所消耗的能量与体积成正比，粉碎后颗粒的粒度也成正比例减小。粉碎能耗 A 与给料及粉碎后产品粒度之间的关系为：

$$A = k \cdot \lg \frac{D}{d} \tag{5-2}$$

式中，k 为常数；D 为给料平均粒度；d 为出料平均粒度。

Bond 提出介于"表面积假说"和"体积假说"之间的"粉碎能耗的裂缝假说"。该假说计算能耗 A 的公式为：

$$A = 10w_1 \left(\frac{1}{\sqrt{d_{80}}} - \frac{1}{\sqrt{D_{80}}} \right) \tag{5-3}$$

式中，A 为破碎的单位能耗，$kW \cdot h/t$；w_1 为功指数，$kW \cdot h/t$；d_{80} 和 D_{80} 分别为出料和进料累积粒径。

就以上三种假说而言，表面积假说适合粒径在 $10\mu m$ 以下的粉碎估算；体积假说适合粗粒的粉碎估算；裂缝假说适合介于两者之间。三种假说颗粒粉碎能耗公式可统一表达为：

$$\mathrm{d}A = - C \frac{\mathrm{d}d}{d^a} \tag{5-4}$$

式中，$\mathrm{d}A$ 为粒径减小 $\mathrm{d}d$ 时的能耗；C 与 a 为系数；d 为粒径。

以上公式只适用于均匀颗粒的情况，但在实际情况下，颗粒产生局部粉碎和整体粉碎的裂缝而碎成各种粒度的颗粒群，也没有考虑颗粒团聚等因素，因此需要对公式进行修正。Tanaka 和 Jimbo 在颗粒粉碎后新增表面与能耗关系的基础上提出了如下表达式：

$$E = K \cdot \Delta S \tag{5-5}$$

式中，E 为颗粒粉碎能耗；K 为系数；ΔS 为颗粒新增表面积。

Jimbo 将方程（5-5）进一步修改，提出如下表达式：

$$E = K \cdot (\Delta S)^n \tag{5-6}$$

式中，n 为与粉碎状态有关的常数，$n>0$。

方程（5-6）考虑了颗粒在超细粉碎过程的团聚逆粉性，并认为颗粒的粉碎极限比表面积不影响 n 值的大小。n 值的大小将由与颗粒的逆粉碎有关的因素决定。

5.2.3　粉体干燥[4]

目前粉体干燥的方法有微波干燥法、超临界干燥法、冷冻干燥法、共沸蒸馏法、喷雾干燥法等。

5.2.3.1　微波干燥法

此种方法的原理和微波炉完全一样，水能强烈吸收微波并转化为热能，所以物料的升温和蒸发是在整个物体中同时进行的。由于物料表面的散热条件又好于中心部，则中心部温度高于表面，同时由于物料内部产生热量，以致内部蒸汽迅速产生，形成压力梯度，因而物料的温度梯度方向与水汽的排出方向是一致的，从而大大改善了干燥过程中的水分迁移条件。

所以微波干燥具有由内向外的干燥特点，即对物料整体而言，将是物料内层首先干燥。这就克服了在常规干燥中因物料外层首先干燥而形成硬壳板结阻碍内部水分继续外移的缺点，减小了物料颗粒长大和团聚的可能性，从而更易得到颗粒均匀的细小粉体。

用该法制备纳米粉体的优点是干燥速度快、加热均匀、生产的产品质量高、生产效率高、可连续生产、安全无害。但通常实验室制备纳米粉体采用的是价格便宜的家用微波炉，由于它不能测温，功率低、密度小，且微波震荡器用的磁控管及其他元件和线路紧靠炉体，容易损坏炉体，一次投料量也非常少，限制了工业应用。

5.2.3.2 超临界干燥法

超临界流体干燥技术是近年来制备纳米材料的一种新技术和新方法，它是在干燥介质临界温度和临界压力的条件下进行的干燥。当干燥介质处于超临界状态时，物质以一种既非液体也非气体，但兼具气液性质的超临界流体形式存在。此时干燥介质气液界面消失，表面张力为零，因而可以避免物料在干燥过程中的收缩和碎裂，从而保持物料原有的结构和状态，防止初级纳米粒子的团聚。

该技术制得的粉体具有良好的热稳定性，且具有收集性好、制样量大、溶剂回收率高和样品纯等特点。缺点是由于超临界流体干燥一般都在较高压力下进行，所涉及的体系也比较复杂，对设备的要求较高，需要进行工业放大过程的工艺和相平衡研究才能保证提供工业规模生产的优化。

5.2.3.3 冷冻干燥法

冷冻干燥法是先将经处理后的物料冻结，然后在一定负压下对物料加热，使物料中的水分从固态直接升华为气态，从而排除湿物料中的水分，获得干燥制品的干燥方法。冷冻干燥法所制得的粉体组成均一，不需粉碎处理、纯度高，但工业装置造价高，操作周期长，能耗大而且设备效率低，实现工业化有一定的难度。

5.2.3.4 共沸蒸馏法

共沸蒸馏的原理是当有机溶剂与水蒸气气压之和等于大气压时，两相混合物开始共沸，随着蒸馏的进行，混合物中水的含量不断减少；随着这种混合物组分的变化，混合物的共沸点不断升高，直到等于有机溶剂的沸点。共沸蒸馏能够使胶体内包裹的水分以共沸物的形式最大限度地被除去，从而防止硬团聚的形成。

共沸蒸馏的第一步就是要选择一种合适的有机溶剂。良好的共沸溶剂应符合以下几个条件：能与水形成共沸混合物；共沸条件下蒸汽相中水含量大；共沸溶剂本身的沸点较低。

采用共沸蒸馏工艺能有效地控制硬团聚，所得到的纳米粉体疏松且分散均匀，不足之处是用该法加热蒸馏干燥所需时间长，能耗大，对实现工业化生产有一定的难度。

5.2.3.5　喷雾干燥法

喷雾干燥是将一定配比的混合液以一定压力喷射成雾状并与高温热源接触，小液滴内水分被迅速加热蒸发，从而使之得以干燥。干料不需要球磨工序，经一定温度煅烧即得到超细、组分均匀的粉体，这是一种适合工业大规模生产超细粉体的有效方法。用这种方法制备的粉体颗粒具有许多优良的性质，如颗粒分布均匀和高温退火后有较好的球状形态等。喷雾干燥法易于实现连续生产，但需要专用设备（如喷雾干燥器），对操作条件及过程控制要求较高，且还需颗粒收集和废气处理等后继工序。

5.2.3.6　离心喷雾

高速离心喷雾干燥是液体工艺成形和干燥工业中最广泛应用的工艺，最适用于从溶液、乳液、悬浮液和糊状液体原料中生成粉状、颗粒状固体产品。因此，当成品的颗粒大小分布、残留水分含量、堆积密度和颗粒形状必须符合精确的标准时，喷雾干燥是一种比较可行的工艺。

性能特点：干燥速度快，料液经雾化后表面积大大增加，在热风气流中，瞬间就可蒸发95%~98%的水分，完成干燥的时间仅需数秒钟，特别适用于热敏性物料的干燥。产品具有良好的均匀度、流动性和溶解性，产品纯度高，质量好。生产过程简化，操作控制方便。对于含湿量40%~60%（特殊物料可达90%）的液体能一次干燥成粉粒产品，控制和管理都很方便。

5.2.3.7　压力喷雾

工作原理是料液通过隔膜泵高压输入，喷出雾状液滴，然后同热空气并流下降，大部分粉粒由塔底排料口收集，废气及其微小粉末经旋风分离器分离，废气由抽风机排出，粉末由设在旋风分离器下端的授粉筒收集，风机出口还可装备二级除尘装置，回收率在96%~98%以上。

性能特点：干燥速度快，料液经雾化后表面积大大增加，在热风气流中，瞬间就可蒸发95%~98%的水分，完成干燥的时间仅需要十几秒到数十秒。此种方法特别适用于热敏性物料的干燥。

所有产品为球状颗粒，粒度均匀，流动性好，溶解性好，产品纯度高，质量好，使用范围广。根据物料的特性，可以用热风干燥，也可以用冷风造粒，对物料的适应性强。该技术操作简单稳定，控制方便，容易实现自动化作业。

5.2.3.8 气流喷雾

工作原理主要是将空气或水蒸气通过高速从喷嘴喷出，靠摩擦力使料液分离成细小雾滴，使其与热空气完全接触来形成热交换，整个过程不到半分钟。对黏性较大的物料效果很好，是其他喷雾干燥机无法比拟的，而且操作方便。

特点：干燥速度快，料液经雾化后表面积大大增加，在热风气流中，瞬间就可蒸发95%~98%的水分，完成干燥时间仅需数秒钟，特别适用于热敏性物料的干燥。产品具有良好的均匀度、流动性和溶解性，产品纯度高，质量好。生产过程简化，操作控制方便。对于含湿量40%~60%（特殊物料可达90%）的液体能一次干燥成粉粒产品，干燥后不需粉碎和筛选，减少生产工序，提高产品纯度。对产品粒径、松密度、水分，在一定范围内可通过改变操作条件进行调整，控制和管理都很方便。

5.3 硅纳米颗粒的粒径与微观状态

5.3.1 水对硅颗粒研磨的促进作用

常温常压下，硅本身几乎不与水发生化学反应。球磨过程，硅颗粒与球磨介质（ZrO_2）之间发生碰撞与摩擦，同时与研磨内腔摩擦。在此循环反复的机械应力作用下，硅颗粒发生破碎。研磨的过程即是硅原子发生共价键的断裂，特别是存在缺陷的位置。硅原子之间共价键断裂速率满足方程（5-7）[5]：

$$K = K_0 \exp\left[-(E_A - \alpha\sigma)/RT\right] \tag{5-7}$$

式中，K 为硅的共价键断裂速率；K_0 为 Arrhenius 频率因子；E_A 为活化能；α 为修正系数；σ 为机械应力；R 为气体常数；T 为温度。

在机械研磨过程，如果外加应力 σ 越大，硅颗粒的活化能降低的越大，则颗粒断裂得越快、研磨效率越高。

因此，如图 5-1 所示，在行星式球磨机研磨作用下，硅颗粒与水按照 1∶1 质量比放入行星式球磨罐研磨 12h。如图 5-2（a）所示，使用水为研磨助剂得到样

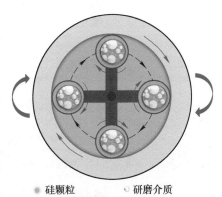

硅颗粒　　研磨介质

图 5-1　行星式球磨机研磨硅颗粒

品，与其他组对照，可以发现只有以水为助剂的样品在 1080cm^{-1} 含有显著的 Si—O 键，表明机械研磨和水是形成氧化硅的主要因素[6]。另外，3400cm^{-1} 和 1440cm^{-1} 分别属于水分子 H—O 键和 C—H 键的特征峰[7,8]，这是由于水分子和乙醇清洗残留。图 5-2（b）显示 99.1eV、102.6eV、103eV、104eV 等位置存在特征峰，表明氧化硅的具体成分由 SiO$_2$、SiO$_{1.35}$、SiO 等多种物质构成[9]。

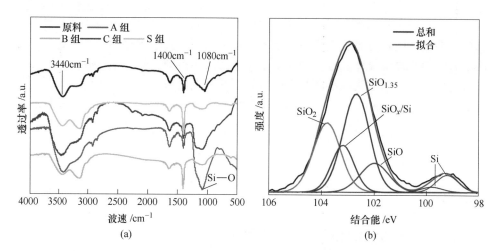

图 5-2　硅颗粒红外光谱（a）（其中，原料为研磨前；A 组是以水为助剂研磨 12h；B 组是没有助剂研磨 12h；C 组是乙醇为助剂研磨 12h；S 组是 C 组的样品与水 1∶1 混合后静置 12h），以及以水为助剂研磨 12h 的 XPS 谱（b）

一方面硅颗粒之间摩擦破碎；另一方面，如图 5-3 所示，由于水与硅（111）晶面和（220）晶面的接触角分别为 41.4°、75.3°，均低于 90°，即亲水性，所以水能够浸入到硅颗粒界面。因此，水分子能够容易地侵入硅颗粒的界面（缺

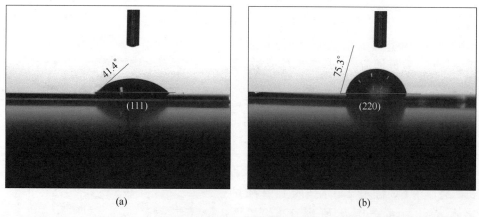

图 5-3　水与硅（111）晶面接触角（a），以及水与硅（220）晶面接触角（b）

陷、位错晶界等)。根据行星式球磨模型以及列宾德尔效应理论[10-12]，水分子作为研磨助剂，侵入硅颗粒，具有分散硅颗粒的作用。如图 5-4 所示，机械应力不仅能够将硅颗粒破碎，而且能够增加界面的缺陷。缺陷能够提高水与硅颗粒之间的有效接触。水分子与硅颗粒界面的硅悬挂键反应，生成 Si—O 键，同时产生氢气。界面处的晶体硅转变成介稳状态的无定形物相，增加了硅的分解动力以及在水中的溶解度[13]。Si—O 键局部位置产生更多的缺陷，并且应力激活硅原子，提高了硅原子与水反应的动力。因此，在水分子作用下，研磨效率提高了。硅颗粒被破碎成更小的颗粒，并且表面形成 SiO_x 薄层。如图中第(2)步所示，在外界应力作用下，硅颗粒内部的晶界发生破碎。由于 SiO_x 薄层为无定形物相，缺陷很多，水优先侵入到含有缺陷的位置。第(3)步，在持续的外力作用下，水分子在 SiO_x 薄层扩散，跨过 SiO_x 薄层，进入到内部的硅，与之发生反应，继续生成 SiO_x，得到更厚的 SiO_x 层。

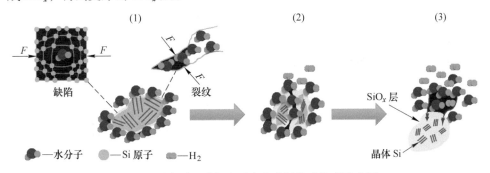

图 5-4 研磨时，硅与水反应生成氧化硅机理示意图

5.3.2 乙醇对硅颗粒研磨的促进作用

行星式球磨机研磨硅颗粒，其他条件相同时，一组不加乙醇，另一组添加 50% 乙醇(即乙醇与硅料 1:1)作为研磨助剂。每隔 2h 取样进行粒径检测，得到如图 5-5 的中值粒径(D_{50})随研磨时间变化曲线。从图 5-5 可以看出，初始时，两者 D_{50} 非常接近，大约 14μm。2h 后，没有添加乙醇的研磨，其硅颗粒 D_{50} 大约为 10μm，而添加了乙醇的研磨，其硅颗粒 D_{50} 大约为 5.8μm，明显较低。在 14h 的研磨时间内，添加了乙醇的研磨，在相同时间内，硅颗粒的 D_{50} 一直较低。

乙醇能够促进硅颗粒粒径快速降低，是由于乙醇的加入改变了硅颗粒界面，特别是缺陷处的活化状态。根据 Griffith 颗粒强度理论和 Rehbinder 效应可知，颗粒强度和表面所处状态密切相关，并且表面液体往往能够改变断裂活化状态、降低颗粒应力强度[14,15]。如图 5-6 所示，乙醇与硅(111)晶面和(220)晶面的接触角分别为 18.4° 和 34.6°(多晶硅主要是(111)和(220)晶面)，表明乙醇能够很好地与硅颗粒润湿。另外，硅颗粒疏松多孔，缺陷很多。因此，乙醇能够很容易侵入到硅颗粒表界面，起到类似撑开表界面作用，使得硅共价键断裂所需活化能降低。根据方程（5-7）可知，当活化能降低，颗粒破碎速率提高；另一方面，研磨过程，乙醇能够起到分散剂作用，防止硅颗粒团聚。基于以上两方面原因，乙醇的加入，显著提高行星式球磨机研磨硅颗粒的效率。

值得注意的是，如图 5-5 的拟合曲线所示，硅颗粒在没有乙醇作用时，D_{50} 随着研磨时间增加线性降低；然而，添加了乙醇的研磨，硅颗粒 D_{50} 随着研磨时间的增加先是快速下降，然后下降速率逐渐减缓。这是由于随着硅颗粒粒径越来越小，硅颗粒界面能够给乙醇侵入的位置越来越少，所以乙醇发挥的促进作用越来越不明显。

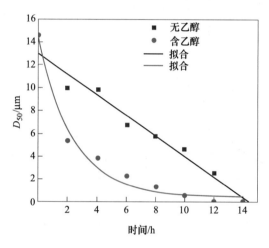

图 5-5　硅颗粒粒径与研磨时间的关系曲线

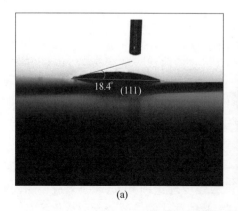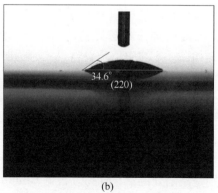

图 5-6　乙醇与硅片表面的润湿角

（a）（111）晶面；（b）（220）晶面

5.3.3 硅纳米颗粒粒径分布

虽然水作为研磨助剂能够促进制备纳米硅-氧化硅颗粒,但是水与硅反应生成氢气,存在危险性。因此,从安全可行性角度考虑,我们使用乙醇作为研磨助剂,基于硅纳米颗粒自身活性与空气发生反应,得到纳米硅-氧化硅。基于上述分析可知,乙醇能够显著促进研磨过程硅颗粒破碎,提高研磨效率。因此,本工作采用乙醇作为研磨助剂进一步制备纳米硅-氧化硅。制备纳米硅-氧化硅,首先利用行星式球磨机把气相沉积硅研磨至 $D_{50} \approx 2.91\mu m$,$D_{90} \approx 8.59\mu m$ 的微米级硅颗粒,如图 5-7 所示,然后使用砂磨机(图 5-8)研磨。

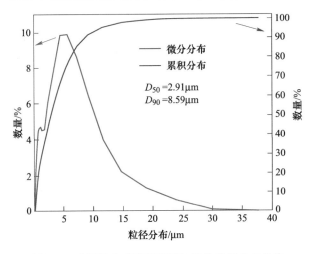

图 5-7 硅颗粒在砂磨机研磨初始的粒径分布曲线

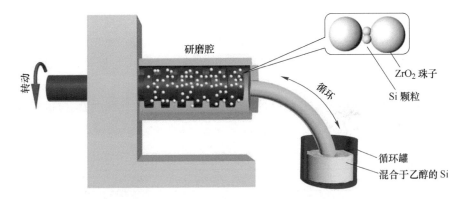

图 5-8 砂磨机研磨制备纳米硅-氧化硅示意图

该制备过程如下所述:

(1) 500g 物理气相沉积纳米晶硅(厚度大约 1~5mm,长、宽均不超过

3cm)，用无水乙醇清洗一遍。

（2）清洗后的物理气相沉积纳米晶硅在鼓风干燥箱中以 60℃干燥 12h。

（3）按照 200g 氧化锆（ZrO_2）珠子（珠子直径跨度从 2mm 到 1cm）与 100g 物理气相沉积纳米晶硅配比的方式分别放入球磨罐，共 4 个球磨罐（共 400g 物理气相沉积纳米晶硅）。

（4）盛有物理气相沉积纳米晶硅和珠子的球磨罐安装在行星式球磨机上，以 300r/min 自转的转速研磨 10h（为防止硅粉结块，每研磨 5h 打开球磨罐，松动硅粉）。

（5）球磨罐取出。

（6）氧化锆珠子和硅粉以 400 目筛子筛分，得到微米级硅粉。

（7）多次重复步骤（1）~（6），共得到大约 1.6kg 粒径为微米级别的硅粉，作为后续砂磨机研磨的原料。

（8）9kg 氧化锆珠子（直径 0.1mm）加入砂磨机研磨腔（如图 5-8 所示）。

（9）循环罐（如图 5-8 所示）中将 1.5kg 上述制备的微米级硅粉与 13.5kg 无水乙醇混合。

（10）砂磨机启动，将循环罐中的硅-乙醇浆料逐渐抽入至研磨腔。

（11）砂磨机自转转速调至 1100r/min。

（12）研磨后的硅-乙醇浆料循环至循环罐，而循环罐中的硅-乙醇浆料抽至研磨腔，再次研磨，如此循环。

（13）每隔 2h 选取硅-乙醇浆料，检测硅颗粒粒径。

（14）待 D_{50} 低于 50nm 后，砂磨机关闭，而硅-乙醇浆料抽至循环罐。

（15）样品收集。

（16）利用喷雾干燥机（以氮气作为保护气体，进口温度大约为 200℃，出口温度大约为 80℃），对纳米硅-氧化硅颗粒浆料进行干燥，然后收集。

表 5-1 为硅颗粒粒径随碾磨时间的变化情况。从表中数据可以发现，经过 16h 碾磨，硅颗粒粒径 D_{50} 大约为 33.7nm（激光粒度仪对于粒径低于 100nm 的颗粒粒径分布检测，数值会比实际粒径偏低 15~20nm，所以实际的 D_{50} 应该在 50nm 左右），D_{90} 为 110nm 左右。

表 5-1　硅颗粒粒径随研磨时间的变化　　　　　　　　　　（nm）

时间/h	D_{10}	D_{50}	D_{90}	D_{100}
0	441	2907	8590	29907
2	208	539	2540	12700
4	16.8	118	307	522
6	16.2	43.2	263	460

续表5-1

时间/h	D_{10}	D_{50}	D_{90}	D_{100}
8	16.0	37.3	179	404
10	15.9	35.5	112	356
12	15.3	33.0	97.9	356
14	16.1	33.9	91.9	356
16	15.6	33.7	93.7	356

　　根据表5-1的粒径变化数值，选取 D_{50} 和 D_{90}，分析粒径随研磨时间变化规律，得到图5-9。图5-9的纵坐标为对 D_{50} 和 D_{90} 取常用对数的值，横坐标为时间。从图中可以看出，在相等间隔时间内，粒径变化越来越慢。不管是 D_{50} 还是 D_{90}，其变化曲线初始阶段的斜率较大。随着研磨时间增加，斜率越来越小。10h 后，斜率几乎为零，表明粒径几乎不发生变化。

　　由 Griffith 破碎理论可知，粒径变化越来越慢是由于随着粒径减小，相应的颗粒比表面积越来越大，使得表面能越来越高，导致颗粒破碎越来越困难[4,14]。因此，研磨后期，粒径很小，相应的比表面能较高。原有的研磨方式以达到其研磨极限，所以粒径几乎不再减小。

　　如图5-10所示，当硅的含量比（硅料占硅料与乙醇总和的比例）固定在15%时，砂磨机的硅料投入量从 1.5kg 增加到 1.9kg，可以看出 D_{50} 和 D_{90} 的变化存在差异。在相等的研磨时间内，投入量的增加使得 D_{50} 和 D_{90} 的变化速率放缓。这是由于砂磨机研磨腔空间恒定的情况下，硅料投入量的增加使得硅颗粒与研磨介质之间发生有效摩擦的几率下降，导致研磨效率降低。

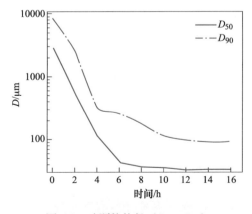

图 5-9　硅颗粒粒径（D_{50}、D_{90}）
随研磨时间的变化曲线

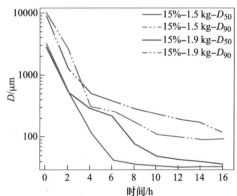

图 5-10　硅颗粒投入的质量对
研磨效率的影响

5.3.4　硅纳米颗粒微观结构与化学状态

图 5-11 为物理气相沉积纳米晶硅（硅纳米颗粒的原料，XRD 检测时研磨至低于 50μm）和经过砂磨机 16h 研磨后 D_{50} 为 50nm 纳米硅-氧化硅的 XRD 谱。可以看出，物理气相沉积纳米晶硅存在明显的（111）、（220）、（311）晶面特征峰，表明结晶度较高。虽然硅纳米颗粒仍在晶体特征峰，但是特征峰十分微弱，接近于非晶体特征，说明砂磨机研磨后，硅晶体结构遭到严重破坏。

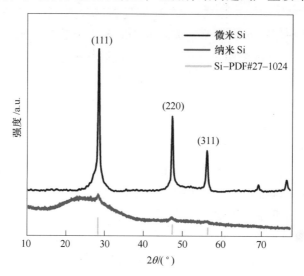

图 5-11　物理气相沉积纳米晶硅（原料）和纳米硅-氧化硅的 XRD 谱

图 5-12 为经过砂磨机 16h 研磨后的纳米硅-氧化硅的微观结构 TEM 图。图 5-12（a）表明纳米硅-氧化硅呈现不规则状态，很多粒径小于 100nm 的硅颗粒因范德华力作用而发生团聚，聚集成粒径 200nm 左右的硅颗粒。图 5-12（b）为对应的 SAED 图，可以看出很多亮斑组成同心圆，表明纳米硅-氧化硅仍旧存在晶体结构。同心圆上存在弥散态的光圈，进一步表明 SiNPs 非晶体结构较为明显。图 5-12（c）为图 5-12（a）红色圆圈 1 的 HRTEM 以及 FFT，可以看出颗粒呈现无序状态，即非晶体结构。图 5-12（d）为图 5-12（a）红色圆圈 2 的 HRTEM 以及 FFT，可以看出颗粒存在有序晶格条纹，即晶体结构。其晶格条纹间距大约为 0.31nm，可知对应的是硅（111）晶面。图 5-11 和图 5-12 的分析表明纳米硅-氧化硅内部仍旧存在硅晶体结构，但是表面层已经完全成为非晶体结构。

图 5-13（a）（b）分别为物理气相沉积纳米晶硅（硅纳米颗粒的原料）和纳米硅-氧化硅的 XPS 谱。图 5-13（a）表明在 99.1eV、102.6eV 以及 103eV 存在特征峰，分别对应 Si、SiO 和 SiO_2[16]，而图 5-13（b）表明在 101.5eV 和 103eV

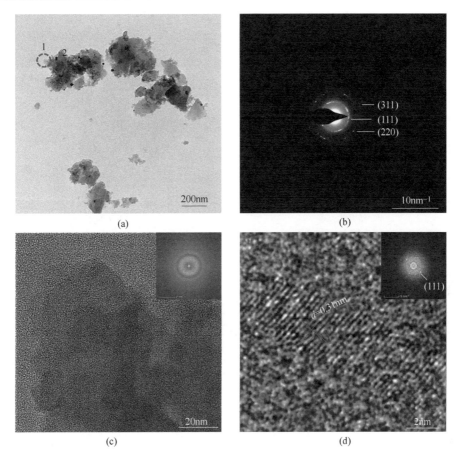

图 5-12 纳米硅-氧化硅微观形貌

(a)（b）TEM 和 SAED 图；（c）对应于图（a）红圈 1 的 HRTEM 及 FFT；

（d）对应于图（a）红圈 2 的 HRTEM 及 FFT

具有对应氧化硅（SiO、$SiO_{1.5}$）的特征峰[17]，并且没有明显的单质硅特征峰，再一次证明经过长时间的研磨，硅纳米颗粒表面已发生严重的氧化。因此，结合图 5-12 以及图 5-13，可以得出结论：硅纳米颗粒晶体结构遭到破坏是因为研磨过程随着颗粒粒径降低，硅颗粒表面悬挂键越来越多，化学活性越来越强；而研磨过程硅颗粒和乙醇混合物不断地在研磨腔和循环罐之间循环，该过程并不是隔绝空气的。暴露在空气的硅纳米颗粒表面与空气中的氧气、水等发生吸附和化学反应，生成硅氧化合物，最终表现为外层为氧化硅，而内层为非晶体硅和晶体硅混合的硅纳米颗粒。这种晶体与非晶体混合，同时含有大量的氧化硅（SiO_x）的硅纳米颗粒，有助于减缓硅在嵌锂过程的体积膨胀[1,18]。表 5-2 为纳米硅-氧化硅的主要杂质含量检测，可知硅（含氧）的纯度大约为 99%，可以作为负极材料使用。

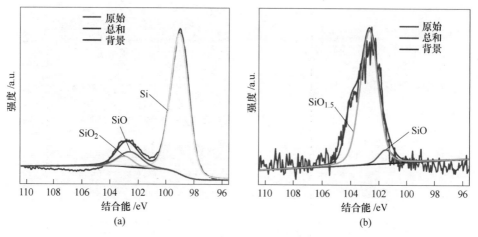

图 5-13　物理气相沉积纳米晶硅（原料）（a）和纳米硅-氧化硅（b）的 XPS 谱

表 5-2　纳米硅-氧化硅主要杂质成分　　　　　　　　　　（ppmw）

元素	Al	Ca	Cu	Fe	K	Mg	Mn	Na	Ti	Ba
成分	356.1	633.1	170.2	68.3	31.7	81.6	12.0	201.3	94.2	57.5

注：上述元素含量总和为 1706ppmw（ppmw 为质量百分之一，10^{-6}），可估算硅（含氧）纯度约为 99%。

参 考 文 献

[1] Pan K, Zou F, Canova M, et al. Systematic electrochemical characterizations of Si and SiO anodes for high-capacity Li-ion batteries [J]. Journal of Power Sources, 2019, 413: 20-28.

[2] Li B, Li S, Jin Y, et al. Porous Si@C ball-in-ball hollow spheres for lithium-ion capacitors with improved energy and power densities [J]. Journal of Materials Chemistry A, 2018, 6: 21098-21103.

[3] Ashuri M, He Q, Shaw L L. Silicon as a potential anode material for Li-ion batteries: Where size, geometry and structure matter [J]. Nanoscale, 2016, 8 (1): 74-103.

[4] 李凤生. 超细粉体技术 [M]. 北京：国防工业出版社，2000.

[5] Beyer M K, Clausen-Schaumann H. Mechanochemistry: The mechanical activation of covalent bonds [J]. Chemical Reviews, 2005, 105 (8): 2921-2944.

[6] Russo L, Colangelo F, Cioffi R, et al. A mechanochemical approach to porous silicon nanoparticles fabrication [J]. Materials, 2011, 4: 1023-1033.

[7] Greenler R G. Infrared study of the adsorption of methanol and ethanol on aluminum oxide [J]. The Journal of Chemical Physics, 1962, 37: 2094-2100.

[8] Adamczyk A. The structural studies of aluminosilicate gels and thin films synthesized by the sol-gel method using different Al_2O_3 and SiO_2 precursors [J]. Materials Science-Poland, 2015, 33: 732-741.

[9] Zhang W, Zhang S, Yang M, Chen T. Microstructure of magnetron sputtered amorphous SiO_x films formation of amorphous Si core-shell nanoclusters [J]. Journal of Physical Chemistry C, 2010, 114: 2414-2420.

[10] Malkin A I. Regularities and mechanisms of the Rehbinder's effect [J]. Colloid Journal, 2012, 74: 223-238.

[11] Nissinen T, Ikonen T, Lama M, et al. Improved production efficiency of mesoporous silicon nanoparticles by pulsed electrochemical etching [J]. Powder Technology, 2016, 288: 360-365.

[12] Rosenkranz S, Breitung-Faes S, Kwade A. Experimental investigations and modelling of the ball motion in planetary ball mills [J]. Powder Technology, 2011, 212: 224-230.

[13] Boldyrev V V. Mechanochemistry and mechanical activation of solids [J]. Russian Chemical Reviews, 2006, 75 (3): 177-189.

[14] Griffith A A. The phenomena of rupture and flow in solids [J]. Philosophical Transactions of the Royal Society A: Mathematical, Physical and Engineering Sciences, 1920, 221 (582-593): 163-198.

[15] Andrade E N C, Randall R F Y. The Rehbinder effect [J]. Nature, 1949, 4183: 1127.

[16] Crist B V. Handbook of Monochromatic XPS Spectra, The Elements of Native Oxides [M]. New Jersey: Wiley, 2000.

[17] Sohn M, Park H I, Kim H. Foamed silicon particles as a high capacity anode material for lithium-ion batteries [J]. Chemical Communications, 2017, 53: 11897-11900.

[18] Shenoy V B, Johari P, Qi Y. Elastic softening of amorphous and crystalline Li-Si phases with increasing Li concentration: a first-principles study [J]. Journal of Power Sources, 2010, 195: 6825-6830.

6 纳米硅-碳负极材料嵌/脱锂过程中结构稳定性

6.1 引言

当前研究人员所设计的蛋黄结构、核壳结构或三明治结构的纳米硅-碳负极材料，其本质都是碳包覆电子导电性较差的纳米硅的核壳结构，一方面改善电子导电性，另一方面碳在力学上起到缓解硅颗粒破碎和防止活性物质从集流体脱落的作用。

纳米硅-碳负极材料尽管已得到学术界和工业界较为充分研究，甚至已经在电动汽车动力锂离子电池小规模地使用，例如 Tesla Model X、Tesla Model 3 和 Honda Fit EV[1,2]。然而，作为锂离子电池电极材料，目前常用的核壳结构纳米硅-碳负极材料仍然存在嵌/脱锂稳定性较差等问题，其中就包括嵌/脱锂过程微观结构破坏及其引起的容量衰减。因此，需要对目前核壳结构纳米硅-碳负极材料嵌/脱锂过程微观结构变化特征、容量衰减的一般性规律进行探索性研究，发现并解决存在的问题。

与其他不含硅的负极材料体系比较，硅-碳负极材料独有的特征是硅在嵌锂时形成 $Li_{15}Si_4$ 合金（晶体）以及脱锂时 $Li_{15}Si_4$ 合金的分解（去合金化）。据报道，$Li_{15}Si_4$ 合金在电极电位低于 50mV（vs Li/Li$^+$）时形成[3,4]。然而，也有文献报道在 60mV 和 90mV（vs Li/Li$^+$）电极电位时检测到 $Li_{15}Si_4$ 合金[5,6]，表明关于 $Li_{15}Si_4$ 合金生长所对应的电极电位仍然存在争议。$Li_{15}Si_4$ 合金尽管能够贡献大约 3580mA·h/g 的比容量，但是其生长过程引起硅颗粒体积严重膨胀，不仅导致硅颗粒破碎粉化，而且会使得硅颗粒与集流体之间电子接触性变差，导致嵌/脱锂动力不足，从而导致纳米硅-碳负极的结构不稳定，使得容量快速衰减[5]。

如图 6-1 所示（区域①、②、③、④表示嵌/脱锂不同阶段，百分数表示硅体积相对于初始硅颗粒的膨胀程度），硅-石墨负极材料嵌/脱锂过程 $Li_{15}Si_4$ 合金的生长引起剧烈的体积膨胀[7]。如果 $Li_{15}Si_4$ 合金不均匀地形成，由于晶体各向异性，硅颗粒体积膨胀和应变应力在各个维度上的差异会进一步加剧，导致容量衰减更为严重。另外，电极材料在嵌/脱锂过程不均匀反应会导致锂离子分布不均匀，并引起不均匀的电极电位[8-11]，这些都会对 $Li_{15}Si_4$ 合金的生长和增殖等演变造成影响，反过来又影响到电化学性能。因此，探索核壳结构纳米硅-碳负极材料微观结构变化规律，特别是 $Li_{15}Si_4$ 合金的生长与衍变机制，对于如何更好地

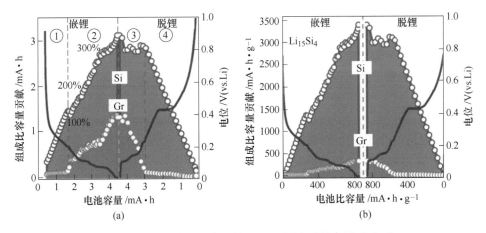

图 6-1　硅-石墨负极在嵌/脱锂过程石墨和硅的容量（a）和
比容量（b）变化曲线及体积膨胀示意图[7]

设计稳定嵌/脱锂的纳米硅-碳（石墨）负极材料具有指导意义。

目前，常用粒径 100nm 左右的硅纳米颗粒作为纳米硅-碳负极材料的硅原料，而且纳米硅颗粒一般是晶体状态。另外，蛋黄结构纳米硅-碳复合物是当前最标准的包覆结构硅-碳负极材料。

基于电子束蒸发的物理气相沉积制备的 100~200nm 的硅纳米颗粒作为研究对象（100~200nm 粒径的硅，其晶体结构较为完整，接近原料的晶体结构），原位合成蛋黄结构的纳米硅-碳负极材料，对嵌/脱锂结构稳定性和循环稳定性进行探索性研究。根据电化学性能，研究硅核与碳层的破损特征以及 $Li_{15}Si_4$ 合金在纳米硅-碳负极材料的形成规律，分析 $Li_{15}Si_4$ 合金在不同电流密度时衍变规律及其对纳米硅-碳负极材料嵌/脱锂稳定性（结构稳定性和电化学稳定性）的影响，并且从数值模拟角度分析 $Li_{15}Si_4$ 合金的不均匀生长与锂离子扩散、分布以及电极电位的逻辑关系。该探索性研究分析核壳结构的纳米硅-碳负极材料存在的普遍性问题，对制备高性能纳米硅-碳负极材料、纳米硅-碳/石墨负极材料以满足比容量高稳定性的锂离子电池提供基本理论和工艺指导。

6.2　负极材料制备及半电池组装

6.2.1　纳米硅-碳负极材料制备

核壳结构纳米硅-碳复合材料（SiNPs@V@C，SiNPs 表示 silicon nanoparticles；V 表示 void；C 表示 carbon）采用典型的原位合成法[12]，其具体过程如下所述：

（1）取 160mL 乙醇与 40mL 蒸馏水混合。

（2）加入 200mg 的 SiNPs（100~200nm）。

（3）超声分散 10min。

（4）加入 2mL 氨水。

（5）搅拌状态下，加入 0.8mL 正硅酸乙酯（TEOS）。

（6）在室温下持续搅拌 12h。

（7）离心机（10000r/min，15min）分离溶剂和样品，并收集样品。

（8）以蒸馏水为分散剂，离心分离的方式（10000r/min，15min）清洗样品，得到样品，即二氧化硅包覆硅颗粒的纳米 $SiNPs@SiO_2$ 颗粒。

（9）上述样品加入到 60mL 蒸馏水中。

（10）加入 2mL 十六烷基三甲基溴化铵（CTAB）。

（11）加入 200μL 氨水。

（12）搅拌 30min。

（13）分别加入 80mg 间苯二酚和 112μL 甲醛溶液。

（14）在室温下持续搅拌 12h。

（15）离心机（10000r/min，15min）分离，并收集样品。

（16）以蒸馏水为分散剂，离心分离的方式（10000r/min，15min）清洗样品三次，收集样品，得到外层为酚醛树脂（PR）的纳米硅-二氧化硅-酚醛树脂（$SiNPs@SiO_2@PR$）。

（17）100℃真空干燥上述样品 12h。

（18）干燥后的 $SiNPs@SiO_2@PR$ 样品在管式炉中以 800℃碳化（以 5℃/min 升温速率至 800℃，然后保温 3h，最后以 5℃/min 降温速率至室温），得到碳包覆的纳米硅@二氧化硅@碳（$SiNPs@SiO_2@C$）。

（19）将 $SiNPs@SiO_2@C$ 加入到氢氟酸溶液（HF 质量分数 5%，蒸馏水体积 30mL），搅拌 30min。

（20）离心机（10000r/min，15min）分离，并收集样品。

（21）以蒸馏水为分散剂，离心分离的方式（10000r/min，15min）清洗三次，收集样品，得到二氧化硅被去除的纳米硅@空隙@碳（$SiNPs@V@C$）。

（22）100℃真空干燥上述样品 12h。

6.2.2 空心纳米碳球的制备

（1）取 100mg 上述制备的 $SiNPs@V@C$ 复合材料，加入到 30mL 蒸馏水中。

（2）搅拌条件下逐滴加入氢氟酸，直到没有气泡产生为止。

（3）离心机（10000r/min，15min）分离，并收集样品。

（4）以蒸馏水为分散剂，离心分离的方式（10000r/min，15min）清洗三次，收集样品，即空心的纳米碳球（Hollow-C）。

（5）100℃真空干燥上述样品 12h。

6.2.3 半电池组装

（1）SiNPs@V@C复合材料粉末与乙炔黑、聚偏二氟乙烯（PVDF）以7:2:1的质量比混合于氮甲基吡咯烷酮（NMP）。

（2）室温下持续搅拌12h，得到黏稠的浆料。

（3）浆料涂敷在铜箔集流体上，即为极片。

（4）极片在真空干燥箱内以100℃干燥12h。

（5）干燥后的极片裁剪成直径为12mm的圆形片，得到活性物质负载量为0.15mg/cm^{2}负极片。

（6）手套箱中，以圆形负极片作为工作电极，金属锂片作为对电极，Celgrad 2300作为隔膜，溶解于碳酸亚乙酯（EC）/碳酸二乙酯（DEC）/氟代碳酸乙烯酯（FEC）的1mol/L LiPF$_6$作为溶剂（EC:DEC体积比=1:1，FEC体积含量为5%），组装成2025型纽扣半电池。作为对照，Hollow-C和SiNPs以相同的方法组装成半电池。

6.2.4 检测与表征

电池测试系统检测纽扣半电池在室温环境的高、低电流密度循环性能以及倍率性能，检测时电压设置为0.01~2.0V(vs. Li/Li$^+$)。扫描电镜（SEM）和透射电镜（TEM）观察样品物相和微观结构形貌。X射线衍射仪（XRD）检测样品晶体信息。热重测试仪（TG）检测样品硅含量。热重测试在空气氛围以10℃/min升温速率上升至800℃。

6.3 锂离子扩散过程的数值模拟方法

6.3.1 锂离子浓度和电极电位分布

锂离子在碳壳和硅核的扩散满足方程（6-1）：

$$\frac{\partial C}{\partial t} + \nabla \cdot J = 0 \tag{6-1}$$

式中，C为锂离子浓度，mol/L；t为时间，s；J为扩散通量，cm$^2 \cdot$ mol/(s $\cdot$ L)。对于SiNPs@V@C负极材料中的锂离子扩散通量，满足方程（6-2）：

$$J = - D \nabla C \tag{6-2}$$

式中，D为锂离子在SiNPs@V@C负极材料中的扩散系数，cm^2/s。锂离子在碳的扩散系数取值为10^{-8}cm^2/s[13]，在硅的扩散系数取值为10^{-12}cm^2/s[14]。

假设电极电位只受到锂离子浓度的影响，忽略其他因素，那么电极电位可用方程（6-3）描述[15]：

$$\eta = \frac{RT}{n}\ln\frac{C}{C_{max}} \tag{6-3}$$

式中，η 为对锂电极电位（vs. Li/Li⁺），V；R 为气体常数，取 8.314J/(K·mol)；T 为温度；n 为电子转移摩尔数，取 3.75mol；C 为锂离子在特定位置相对电解液中锂离子的相对浓度；C_{max} 为锂离子在电解液中的浓度，取 1mol/L。模拟所使用的软件为 COMSOL Multiphysics 5.4a。

6.3.2　初始和边界条件

锂离子在电解液中的浓度始终为 1mol/L。碳壳和硅核的初始锂离子浓度均为 0。碳壳外表面的锂离子浓度为 1mol/L。

忽略碳壳和硅核之间的间隙，并且忽略硅与锂离子之间的化学反应对锂离子扩散的影响。

6.3.3　几何形貌和网格划分

碳壳的厚度为 16nm。硅核的直径为 150nm。模拟计算假定三个硅颗粒聚集在一起，被碳壳包覆。该数值模拟的网格划分如图 6-2 所示。

碳壳

硅核

图 6-2　数值模拟的网格划分

6.4　纳米硅-碳负极材料的电学性能及结构稳定性

6.4.1　纳米硅-碳负极材料在首圈循环后的微观结构及性能

图 6-3（a）为 SiNPs 的 SEM 照片，从图中可以看出 SiNPs 不规则且粒径集中在 100~200nm。图 6-3（b）为 SiNPs@V@C 的 SEM 图，清晰地表明该复合材料存在蛋黄结构，即硅核、碳层以及硅-碳之间的间隙（V）。图 6-3（c）为 SiNPs@V@C 的 TEM 图，清晰地展示了硅核、碳壳以及空隙结构。图 6-3（c）右上角的

插图是对应于 SiNPs@V@C 的面扫分布图。该面扫分布图清晰地展现出硅核与碳层的轮廓，也有力地说明 SiNPs@V@C 为蛋黄结构的包覆材料。图 6-3（d）为对应于图 6-3（c）红色方框内的 HRTEM 以及 FFT 图，展现出清晰的晶格条纹。根据FFT 对称亮斑之间的距离进行测量计算，该晶格条纹的间距大约为 0.31nm，对应晶体硅的（111）晶面[16]。

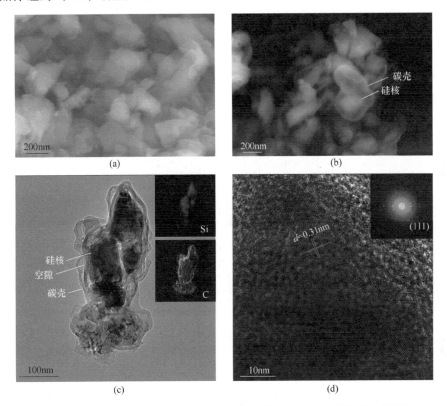

图 6-3　SiNPs 的 SEM 图（a），SiNPs@V@C 的 SEM、TEM 以及对应的面扫
分布图（b）（c），对应于图（c）红框内的 HRTEM 以及 FFT（d）

图 6-4（a）为 Hollow-C、SiNPs 以及 SiNPs@V@C 的对应的 XRD 谱。与空白组（只有承载试样的玻璃片）对照，Hollow-C 有微弱的晶体特征峰。该特征峰对应石墨的（002）晶面[17]，表明酚醛树脂（Hollow-C 的前驱体）在碳化过程有一小部分碳已经石墨化。与硅的标准峰（Si-PDF#27-1024）对比，SiNPs 和 SiNPs@V@C 均有对应硅（111）、（220）以及（311）晶面的显著特征峰。另外，与硅的标准峰对比，SiNPs@V@C 的特征峰位置略微向右偏移，这很有可能是 800℃碳化引起晶面间距减小造成的（比如高温下硅原子重新调整，消除微观应力等）。图 6-4（b）为 SiNPs 和 SiNPs@V@C 的 TG 曲线，可知 SiNPs@V@C 中硅的含量大约为 68.7%。

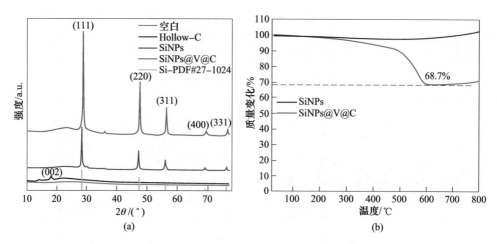

图 6-4   Hollow-C、SiNPs 以及 SiNPs@V@C 的 XRD 谱（a），以及
SiNPs 和 SiNPs@V@C 的 TG 曲线（b）

图 6-5（a）为 SiNPs@V@C 负极以 0.1A/g 电流密度循环 1 圈之后的 TEM 图。从图中可以看出，与循环之前的 TEM 比较（图 6-3（c）），SiNPs@V@C 负极循环之后的碳层被完全破坏，不再有明显的壳层；与循环之前 SiNPs 光滑完整表面比较，循环 1 圈之后的 SiNPs 表面粗糙且有孔隙（SiNPs 局部位置较明亮，表明有孔隙的存在[18]），表明 SiNPs 已遭到破坏。图 6-5（b）为对应于图 6-5（a）的面扫分布图，内层是硅，表面是碳，轮廓较好地与图 6-5（a）吻合。碳元素轮廓表明碳层虽然遭到破坏，但是仍然吸附在硅表面（也有可能一部分碳来自于导电剂乙炔黑）。图 6-5（c）为对应于图 6-5（a）的 SAED，呈现弥散光环，并没有亮斑，说明绝晶体硅已转换成无定形硅或无定形锂硅合金（可能仍有低于 SAED 检测极限的硅晶体相存在，但是极少量）。图 6-5（d）为对应于图 6-5（a）红框内的 HRTEM 以及 FFT，可以发现微弱的晶格条纹。根据 FFT 对称亮斑间距计算，该晶格条纹所对应的晶面间距大约为 0.21nm，对应 $Li_{15}Si_4$ 合金晶体[19]。因此，在 0.1A/g 电流密度嵌/脱锂时，一部分锂离子无法可逆脱出，以 $Li_{15}Si_4$ 合金形式残留在电极材料，这是导致 SiNPs@V@C 负极首次库伦效率不是很高的一部分原因（只有 74.2%，而商用石墨负极的首次库伦效率超过 90%）。

图 6-5（e）为 SiNPs@V@C 负极以 1A/g 电流密度循环 1 圈之后的 TEM 图。从图中可以看出，与循环之前以及 0.1A/g 电流密度循环 1 圈之后的微观形貌比较，SiNPs@V@C 负极仍然有部分碳层未被破坏，残留在 SiNPs 表面（细碎的碳也有可能来自于导电剂乙炔黑）。图 6-5（f）为对应于图 6-5（e）的面扫分布图，其元素分布轮廓较好地与硅、碳微观形貌吻合。图 6-5（g）为对应于图 6-5（e）的 SAED，该图的弥散光环夹杂着少量亮斑。根据 SAED 对称亮斑间距计算，可

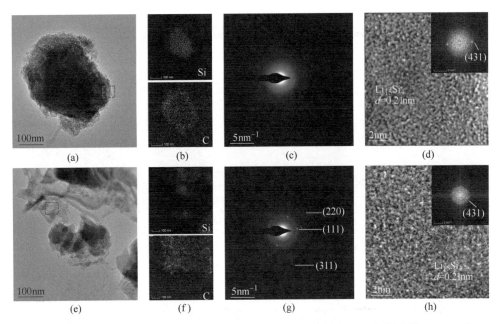

图 6-5　以 0.1A/g 循环后的 TEM、面扫分布、SAED 及对应图（a）红框内的 HRTEM 和
FFT（a）~（d）；以 1A/g 循环后的 TEM、面扫分布、SAED 及
红框内的 HRTEM 和 FFT（e）~（h）

获知其分别对应晶体硅的（111）、（220）以及（311）晶面[16]。硅如果充分嵌锂，会全部转变成无定形硅或者锂硅合金，使得晶体硅完全不存在[20]。因此，由图 6-5（g）可以判断硅在 1A/g 电流密度嵌锂过程并不完全，有一部分硅没有参与嵌锂反应，表明硅嵌锂反应不均匀。图 6-5（h）为对应于图 6-5（e）红框内的 HRTEM 以及 FFT，可以发现微弱的晶格条纹。根据 FFT 对称亮斑间距计算，该晶格条纹所对应的晶面间距大约为 0.21nm，对应 $Li_{15}Si_4$ 合金。该信息表明在 1A/g 电流密度嵌/脱锂时，也有一部分锂离子无法可逆脱出，以 $Li_{15}Si_4$ 合金形式残留在电极材料。对比 0.1A/g 与 1A/g 电流密度循环之后的微观形貌和物相信息，可知低电流密度嵌/脱锂时，电化学反应更完全，电极材料结构遭到更为严重的破坏，而高电流密度嵌/脱锂时，仍有部分晶体硅没有参与嵌锂反应，电化学反应不完全，电极材料结构破坏程度较轻。

　　图 6-5（a）（e）表明在高、低电流密度 1 次嵌/脱锂循环之后，碳层均遭到破坏。碳层的破坏是完全因为硅核嵌锂过程体积膨胀导致还是部分由于自身力学性能欠佳导致的，这需要证实。图 6-6（a）为 Hollow-C 负极在循环之前的 TEM 图以及 SAED，表明 Hollow-C 是结构完整的纳米球。图 6-6（b）为经过 0.1A/g 电流密度完成一次嵌锂之后 Hollow-C 负极的微观结构，可以发现其碳球结构仍然完整，证明 Hollow-C 在嵌锂过程自身并不遭到破坏。由此可知，碳层的破坏完全

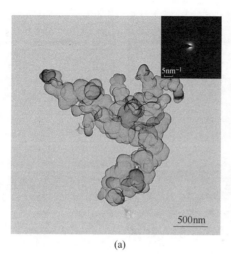
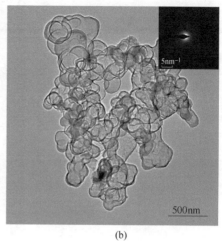

(a)   (b)

图 6-6   Hollow-C 以 0.1A/g 完成 1 次嵌锂之前（a）与之后（b）TEM 图以及 SAED 图

是由硅嵌锂过程体积过度膨胀引起的。SiNPs@V@C 负极以 1A/g 电流密度嵌/脱锂 1 圈，其结构破坏程度不及以 0.1A/g 电流密度嵌/脱锂 1 圈的破坏程度。由此可以推断 Hollow-C 既然以 0.1A/g 电流密度嵌/脱锂能保持结构完整，那么以 1A/g 电流密度嵌/脱锂时，也能够保持结构完整。

图 6-7（a）（b）分别为 Hollow-C、SiNPs 以及 SiNPs@V@C 负极的首次嵌锂和脱锂曲线，表明 Hollow-C、SiNPs 以及 SiNPs@V@C 负极的嵌锂、脱锂比容量均随着电流密度增大而降低。表 6-1 为对应于图 6-7（a）（b）的首次嵌/脱锂比容量及库伦效率统计情况。从表中可以看出，Hollow-C 负极在 0.1A/g 和 1A/g 电流密度嵌/脱锂时，首次库伦效率都很低，分别为 30.0% 和 31.2%。Hollow-C 负极的低库伦效率主要归因于其微观结构。Hollow-C 具有高比表面积、高空隙率，并且缺陷很多。该结构使得碳表/界面不仅吸附锂离子，而且电解液在高比表面积物体上极易发生分解反应[21]。锂离子吸附和电解液分解产生的容量，其可逆性极差，导致低库伦效率。SiNPs 负极在 0.1A/g 和 1A/g 电流密度嵌/脱锂时，首次库伦效率也很低，分别为 37.4% 和 23.3%。SiNPs 负极的低库伦效率主要由于其电子导电性差。另外，硅在嵌锂过程体积剧烈膨胀，在脱锂时体积收缩，导致颗粒破碎，破碎的颗粒之间接触不良。因此，电子无法在破碎的硅颗粒之间及时完成有效传输，使得锂离子扩散动力不足，导致锂离子脱出可逆性差[22]。

然而，SiNPs@V@C 负极在 0.1A/g 和 1A/g 电流密度嵌/脱锂的首次库伦效率分别为 74.2% 和 72.7%，说明碳层很好地提高了硅负极的电导性，从而强化了 SiNPs 的脱锂可逆性。与 Hollow-C 负极比较，SiNPs@V@C 负极的碳含量较低，所以也不会像 Hollow-C 那样对库伦效率造成明显的负面影响。

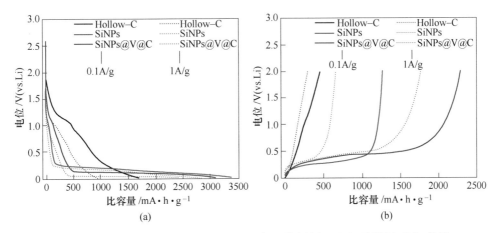

图6-7　Hollow-C、SiNPs 及 SiNPs@V@C 负极首次嵌锂（a）及脱锂（b）曲线

表 6-1　Hollow-C，SiNPs 以及 SiNPs@V@C 负极循环性能

样品	0.1A/g			1A/g		
	嵌锂 /mA·h·g^{-1}	脱锂 /mA·h·g^{-1}	效率 /%	嵌锂 /mA·h·g^{-1}	脱锂 /mA·h·g^{-1}	效率 /%
Hollow-C	1692	456	30.0	949	296	31.2
SiNPs	3375	1263	37.4	2840	662	23.3
SiNPs@V@C	3096	2297	74.2	2430	1766	72.7

6.4.2　首圈嵌锂过程 Li$_{15}$Si$_4$ 合金生长对应的电极电位

图 6-8（a）（b）分别为 SiNPs@V@C 负极第 1 圈嵌锂容量和脱锂容量对电位微分曲线（取常用对数）。不管是嵌锂还是脱锂过程，0.1A/g 电流密度嵌/脱锂时单位电位下的容量比 1A/g 电流密度嵌脱锂时的要高，表明低电流密度时 SiNPs@V@C 负极嵌/脱锂程度较充分，这也与图 6-7 和表 6-1 相吻合。值得注意的是，图 6-8（a）的 A、B 两个转折点。A 点对应的电位大约为 120mV，是晶体硅嵌锂转变成 Li$_x$Si（0<x≤3.75，即一部分晶体硅在该电位嵌锂转变成 Li$_{15}$Si$_4$ 合金）合金的位置[17]，而 1A/g 电流密度嵌脱锂时晶体硅嵌锂转变成 Li$_x$Si 主要发生在 40mV。根据图 6-7 可以推测，1A/g 电流密度的 B 点微分数值应低于 0.1A/g 电流密度的 A 点对应的微分数值，因为高电流密度时的容量较低，至少不会超过 A 点的微分数值，如图 6-8（a）的红色虚线所示。实际情况是虽然 B 点对应的电位大约为 40mV，显著低于 A 点的电位，但是 B 点对应的微分数值高于 A 点对应的微分数值，如图 6-8（a）的红色实线所示。造成这一现象的原因很可能是 1A/g 电流密度时，在 40mV 之前就已经少量地形成 Li$_{15}$Si$_4$ 合金（Li$_{15}$Si$_4$ 能够贡献最

大的 3580mA·h/g 的比容量），才导致未出现拐点之前微分数值就大于 0.1A/g 电流密度的微分数值。因此，$Li_{15}Si_4$ 合金可能在不同电流密度时初始形成电极电位不同。

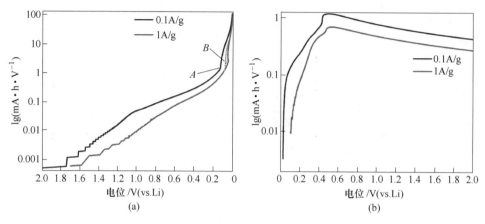

图 6-8　SiNPs@V@C 负极第 1 圈嵌锂（a）及脱锂（b）容量对电位微分曲线

　　基于以上分析，$Li_{15}Si_4$ 合金在 SiNPs@V@C 负极嵌锂过程生长所对应的电极电位存在争议。为了探索 $Li_{15}Si_4$ 合金生长所对应的电极电位以及生长规律，需要研究特定电极电位时 $Li_{15}Si_4$ 合金的生长行为。通常认为负极固态电解质膜在电极电位（vs Li/Li$^+$）高于 570mV 时形成，而非晶硅和晶体硅嵌锂主要发生在电极电位（vs Li/Li$^+$）大约 220mV 和 120mV 时[3,5,17]。之前的报道认为 $Li_{15}Si_4$ 合金在电极电位大约 60mV（vs Li/Li$^+$）时形成[5,6]。另外，电池循环检测的电压下限设置为 10mV（vs Li/Li$^+$）。基于以上因素，第 1 次嵌锂时，我们分别设置电池电极电位（vs Li/Li$^+$）在 570mV、120mV、60mV 以及 10mV 截止，拆解半电池进行取样检测分析是否有 $Li_{15}Si_4$ 合金存在。

　　图 6-9 为 SiNPs@V@C 负极以 0.1A/g 电流密度第 1 次嵌锂时，电极电位（vs Li/Li$^+$）分别截止到 570mV、120mV、60mV 以及 10mV 时的微观形貌、面扫分布图、SAED、HRTEM 以及 FFT 图。图 6-9（a）表明 570mV 时，与嵌锂之前比较，碳层并未发生明显破坏；图 6-9（e）表明 120mV 时，虽然仍旧能够观察到成片的碳层，但是碳层已明显发生破坏；图 6-9（i）（m）表明 60mV 和 10mV 时，碳层已不存在。根据上述分析可知，低于 60mV 时，碳层已完全破坏。图 6-9（b）（f）（j）（n）分别为图 6-8（a）（e）（i）（m）对应的元素分布图。虽然低于 60mV 时碳层破坏，但是破碎的碳层仍然吸附在硅颗粒表面。理论上，碳元素吸附在硅颗粒表面仍然能够提高硅颗粒的电子导电性，在一定程度上维持较好的其电化学性能。

　　图 6-9（c）（g）（k）（o）分别为图 4-9（a）（e）（i）（m）对应的 SAED。图 4-9

（c）（g）（k）均存在同心圆弥散光环和大致对称的亮斑，表明存在晶体和非晶体。根据测量计算亮斑之间的距离以及相关文献可知，亮斑对应的分别是硅晶体的（111）、（220）以及（311）晶面[16]。图 6-9（o）不存在亮斑，只有弥散的光环，表明不存在晶体（或者是低于检测极限）。比较图 4-9（c）（g）（k）（o），可以发现亮斑强度越来越弱，直至消失，说明随着电极电位越来越低（嵌锂程度加深），越来越多的晶体转变成非晶体。图 6-9（d）（h）（l）（p）分别为图 4-9（a）（e）（i）（m）红色方框内对应的 HRTEM 以及 FFT，表明 570mV 和 120mV 不存

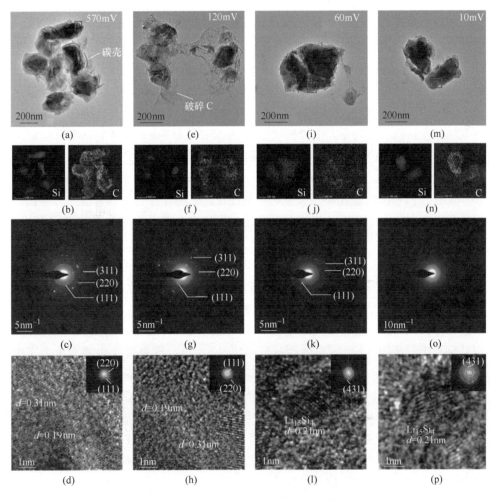

图 6-9　SiNPs@V@C 负极以 0.1A/g 第 1 次嵌锂的 TEM、
面扫分布、SAED 图以及红色方框内的 HRTEM 和 FFT
（a）~（d）电压截止在 570mV；（e）~（h）电压截止在 120mV；
（i）~（l）电压截止在 60mV；（m）~（p）电压截止在 10mV

在 $Li_{15}Si_4$ 合金，但是 60mV 和 10mV 时存在 $Li_{15}Si_4$ 合金。因此，$Li_{15}Si_4$ 合金在 60mV 时形成，与相关文献报道的吻合[5]。另外，$Li_{15}Si_4$ 合金生长恰好对应碳层完全破坏，如图 6-9（i）所示，表明 $Li_{15}Si_4$ 合金对硅颗粒体积膨胀起到非常显著的作用，这与之前关于 $Li_{15}Si_4$ 合金会引起体积剧烈膨胀的文献报道相吻合（图 6-1）。

图 6-10 为 SiNPs@V@C 负极以 1A/g 电流密度第 1 次嵌锂时，电极电位（vs Li/Li⁺）分别截止到 570mV、120mV、60mV 以及 10mV 时的微观形貌、元素分布、SAED、HRTEM 以及 FFT 图。图 6-10（a）（e）（i）（m）表明随着嵌锂程度加深，碳层始终没有被完全破坏。图 6-10（b）（f）（j）（n）分别是图 6-10（a）（e）（i）（m）对应的元素分布图，可以看出，硅和碳的分布与微观形貌轮廓较好地吻合。0.1A/g 电流密度嵌锂时，SiNPs@V@C 负极的碳层在 60mV 就已经完全破坏，但是 1A/g 电流密度嵌锂时，SiNPs@V@C 负极的碳层在电极电位降低至 10mV 仍然存在，并没有完全破坏。这一现象表明电流密度增大有助于缓解碳层的破坏。主要原因可能是大电流密度嵌锂时，SiNPs@V@C 负极电化学反应更加不均匀，导致局部位置不参与反应，从而维持了部分碳层的完整性。图 6-10（c）（g）（k）（o）分别为图 6-10（a）（e）（i）（m）对应的 SAED。图 6-10（c）（g）（k）（o）均存在同心圆弥散光环和大致对称的亮斑，表明存在晶体和非晶体。根据测量计算亮斑之间的距离以及相关文献可知，亮斑对应的分别是硅晶体的（111）、（220）以及（311）晶面[16]。

比较图 6-9（c）（g）（k）（o）和图 6-10（c）（g）（k）（o），可以发现 0.1A/g 电流密度嵌锂时，SiNPs@V@C 负极的晶体特征强度随着电极电位降低而逐渐减弱，直至全部为非晶体特征；1A/g 电流密度嵌锂时，SiNPs@V@C 负极的晶体特征始终存在，而且强度并不随着电极电位降低而减弱（图 6-10（o）的晶体特征信号反而比图 6-10（k）的晶体特征信号更强）。这一现象再次表明大电流密度嵌锂时，SiNPs@V@C 负极始终存在局部位置的硅没有参与嵌锂反应，电化学反应极不均匀。图 6-10（d）（h）（l）（p）分别为图 6-10（a）（e）（i）（m）红色方框内对应的 HRTEM 以及 FFT，显示 570mV 时不存在 $Li_{15}Si_4$ 合金，但是在 120mV、60mV 和 10mV 时存在 $Li_{15}Si_4$ 合金，表明 $Li_{15}Si_4$ 合金在 120mV 时就已经形成。因此，大电流密度嵌锂时，SiNPs@V@C 负极不仅电化学反应不均匀，而且 $Li_{15}Si_4$ 合金在较高的电极电位时就开始生长。

6.4.3 锂离子在局部位置聚集对 $Li_{15}Si_4$ 合金形成的影响

图 6-9 表明 $Li_{15}Si_4$ 合金在 60mV 时就存在。然而，图 6-10 表明 $Li_{15}Si_4$ 合金在 120mV 时就存在，与之前文献报道认为 $Li_{15}Si_4$ 合金在 50~60mV 时形成的结论存

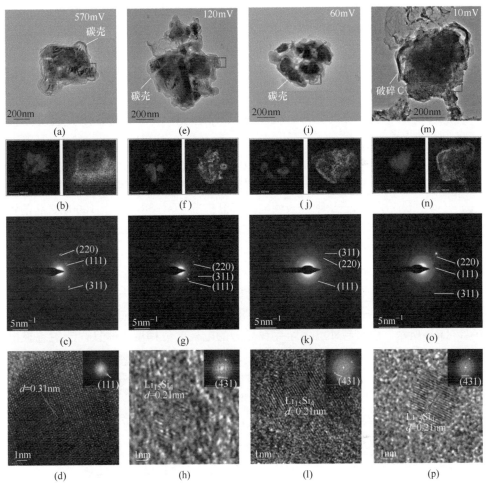

图 6-10　SiNPs@V@C 负极以 1A/g 第 1 次嵌锂的 TEM、面扫分布、
SAED 图以及红色方框内的 HRTEM 和 FFT

（a）~（d）电压截止在 570mV；（e）~（h）电压截止在 120mV；

（i）~（l）电压截止在 60mV；（m）~（p）电压截止在 10mV

在很大差异。这些现象表明在大电流密度嵌/脱锂时，$Li_{15}Si_4$ 合金形成对应的电极电位比小电流密度嵌/脱锂时的 $Li_{15}Si_4$ 合金形成要高。0.1A/g 电流密度嵌/脱锂时，尽管无法完全排除 $Li_{15}Si_4$ 合金在 120mV 生长的可能性（因为使用的是透射电子显微镜检测，存在局部位置无法代表整体位置的问题；$Li_{15}Si_4$ 合金的量相对于无定形硅、碳、导电剂以及铜箔是很少的，而 XRD 受制于检测下限灵敏度不够高，也无法检测到其存在，故使用 TEM 检测），但 0.1A/g 电流密度嵌/脱锂时，我们能够在 60mV 截止电压很轻易地检测到 $Li_{15}Si_4$ 合金，在 120mV 时没有

检测到 $Li_{15}Si_4$ 合金。至少从统计学上来说，0.1A/g 电流密度嵌/脱锂时，$Li_{15}Si_4$ 合金倾向于在低于 60mV 时形成。

上述结果表明，$Li_{15}Si_4$ 合金的形成与嵌/脱锂电流密度密切相关。另外，在 SiNPs@V@C 颗粒，$Li_{15}Si_4$ 合金只是被零星地检测到，说明 $Li_{15}Si_4$ 合金的分布极不均匀，这一现象意味着 $Li_{15}Si_4$ 合金很有可能不是在 120mV 形成的，而是局部位置电极电位（vs. Li/Li^+）低于 60mV 诱导了 $Li_{15}Si_4$ 合金生长，所以 120mV 时能够检测到 $Li_{15}Si_4$ 合金。

图 6-11 为模拟锂离子在 SiNPs@V@C 颗粒扩散得到的锂离子浓度二维分布以及相应的电极电位分布（模拟条件及具体参数见 6.3 节数值模拟部分）。图 6-11（a）~（c）分别为锂离子从颗粒表面向内部测扩散 17s、387s 以及 1060s 之后的锂离子浓度分布图。图 6-11（a）表明外层的锂离子浓度明显高于内层的，在外层和内层之间产生显著的浓度梯度。当锂离子的扩散时间增加，颗粒内层的锂离子浓度也升高，使得浓度梯度降低，如图 6-11（b）所示。经过 1060s 扩散时间之后，锂离子在整个颗粒的浓度趋于最大值，并且浓度梯度消失了，如图 6-11（c）所示。图 6-11（d）~（f）为分别对应于图 6-11（a）~（c）的过电位分布图。如图 6-11（d）所示，内层与外层之间存在显著的电极电位梯度，并且内层的电极电

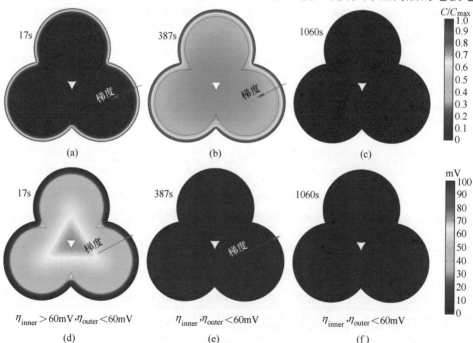

图 6-11   锂离子扩散时间为 17s（a）、387s（b）和 1060s（c）时 SiNPs@V@C 负极材料锂离子浓度二维分布，以及分别对应于图（a）~（c）的电极电位（d）~（f）

位大于 60mV，而外层的电极电位小于 60mV。随着扩散时间的增加，内外层之间的电极电位梯度降低，并且整个颗粒的电极电位均低于 60mV，如图 6-11（e）所示。经过 1060s 扩散时间之后，整个颗粒的电极电位明显低于 60mV，并且过电位梯度消失。

根据上述讨论可知锂离子聚集有助于降低电极电位。锂离子浓度越高，电极电位越低。在有限的扩散时间内，SiNPs@V@C 颗粒内外层之间存在明显的锂离子浓度梯度和电极电位梯度。经过足够的扩散时间之后，锂离子浓度梯度和电极电位梯度才会消失。因此，外层先达到锂离子浓度最大值，接着内层逐渐达到最大浓度。尽管外加电压较高，例如 120mV（vs. Li/Li$^+$），甚至更高，但是局部位置的锂离子浓度非常高，其局部位置的电极电位仍然可能低于 60mV，达到了 Li$_{15}$Si$_4$ 合金生长所需的电极电位，从而诱导 Li$_{15}$Si$_4$ 合金生长，这与文献报道的 Li$_{15}$Si$_4$ 合金在 60mV 形成相吻合[3,5]。

基于以上模拟结果和锂离子扩散特征的分析，可以做如下推导：如果嵌/脱锂电流密度很大，比如 1A/g，锂离子从颗粒外层向内层的扩散动力远远跟不上电子迁移动力，那么锂离子没有足够的时间扩散至内层，使得锂离子大量聚集在外层，产生明显的不均匀分布（相当于图 6-11（a））。因此，尽管外加电压较大（例如，大于 120mV vs. Li/Li$^+$），外层局部位置的电极电位也会低于 60mV，促进 Li$_{15}$Si$_4$ 合金在达到或低于 60mV 的外层优先生长（如图 6-12 的黄色曲线所示）。如果嵌/脱锂电流密度很低，比如 0.1A/g，尽管锂离子的扩散动力仍然跟不上电子迁移速率，但是两者的动力学差异不像在大电流密度的那么大。所以，锂离子有较充分的时间从外向内扩散，即锂离子不易在局部位置聚集，使得没有那么多的锂离子聚集在外层，减缓了锂离子的不均匀分布，与之相对应的就是整个电极电位分布较为均匀，不存在显著的电极电位梯度。因此，Li$_{15}$Si$_4$ 合金的生长需要在整体电极电位接近 60mV 时才能发生，即 60mV 时才达到 Li$_{15}$Si$_4$ 合金生长所需的锂离子浓度（如图 6-12 的蓝色曲线所示）。

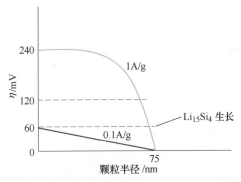

图 6-12 Li$_{15}$Si$_4$ 合金生长时所对应电极电位在 SiNPs@V@C 颗粒的分布

6.5 纳米硅-碳负极材料电池容量衰减分析

图 6-13（a）为 SiNPs@V@C 负极材料以 0.1A/g 电流密度嵌/脱锂循环时比容量变化曲线。其初始脱锂比容量高达 2419mA·h/g，首次库伦效率为 78%。但是，第 2 圈脱离比容量就下降到 1697mA·h/g。第 2 圈的脱锂比容量只有第 1 圈的 70.2%。经过 23 圈循环之后，脱锂比容量只有 366mA·h/g，低于石墨的理论比容量。50 圈循环之后，脱离比容量只有 282mA·h/g，与初始脱锂比容量比较，保持率只有 11.6%，容量衰减十分严重。

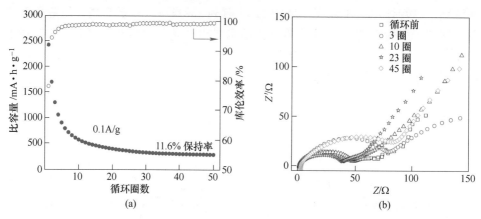

图 6-13　SiNPs@V@C 负极循环性能（a），以及 SiNPs@V@C 负极在循环前
及以 0.1A/g 循环 3、10、23、45 圈后的交流阻抗谱（b）

根据第 6.4.1 节的分析可知，虽然 SiNPs@V@C 颗粒的碳壳与硅核之间设计了空隙（Void）用以容纳硅的体积膨胀，实际情况是多个聚集的硅颗粒被碳层包覆。SiNPs@V@C 在第 1 次嵌锂过程，由于 $Li_{15}Si_4$ 合金的生长等原因，聚集的 SiNPs 体积膨胀，导致 SiNPs@V@C 产生严重的应力应变，使得 SiNPs 和碳层均遭到破坏。因此，在接下来的循环，SiNPs 已经没有完整碳层的包覆，直接暴露在电解液中。与电解液直接接触的 SiNPs，一方面由于硅的电子导电性很差，另一方面由于颗粒之间电子接触性变差（硅颗粒破碎，甚至从集流体脱落导致），电子传输动力严重不足，使得锂离子扩散的动力减弱[23]，不利于锂离子嵌入与脱出。另外，SiNPs 破碎成更小颗粒时，除了破坏 SiNPs@V@C 表面已有的固态电解质膜，还会额外消耗电解液用以生长新的固态电解质膜。随着循环增加，SiNPs 表面的固态电解质膜重复破坏和生长，导致电解液持续减少，改变了电解液的黏度和化学成分，从而使得锂离子在电解液中传输阻碍加大[24]。

如图 6-13（b）所示，随着循环圈数的增加，SiNPs@V@C 负极的阻抗很不稳定（第 3 圈时阻抗明显大于循环前的阻抗，第 10、23 圈时阻抗又和循环前的阻抗几乎相等，第 45 圈时阻抗值再一次显著增大），即 SiNPs@V@C 负极的电子导电性十分不稳定。这些现象表明 SiNPs 破碎、固态电解质膜重复生长以及电解质的额外消耗，导致整个电池，特别是电极材料结构和成分不稳定，使得 SiNPs@V@C 负极的容量衰减十分明显。

参 考 文 献

［1］ Schmuch R, Wagner R, Hörpel G, Placke T, Winter M. Performance and cost of materials for lithium-based rechargeable automotive batteries ［J］. Nature Energy, 2018, 3（4）: 267-278.

［2］ Zeng X, Li M, El-Hady D A, et al. Commercialization of lithium battery technologies for electric vehicles ［J］. Advanced Energy Materials, 2019, 9（27）: 1900161.

［3］ Obrovac M N, Krause L J. Reversible cycling of crystalline silicon powder ［J］. Journal of the Electrochemical Society, 2007, 154（2）: A103-A108.

［4］ Oksmoto H. The Li-Si（lithium-silicon）system ［J］. Bulletin of Alloy Phase Diagrams, 1990, 11（3）: 306-312.

［5］ Gao H, Xiao L, Plumel I, et al. Parasitic reactions in nanosized silicon anodes for lithium-ion batteries ［J］. Nano Letters, 2017, 17（3）: 1512-1519.

［6］ Tornheim A, Trask S E, Zhang Z. Communication-effect of lower cutoff voltage on the 1st cycle performance of silicon electrodes ［J］. Journal of The Electrochemical Society, 2019, 166（2）: A132-A134.

［7］ Yao K, Okasinski J S, Kalaga K, et al. Operando quantification of（de）lithiation behavior of silicon-graphite blended electrodes for lithium-ion batteries ［J］. Advanced Energy Materials, 2019, 9（8）: 1803380.

［8］ Yao K, Okasinski J S, Kalaga K, et al. Quantifying lithium concentration gradients in the graphite electrode of Li-ion cells using operando energy dispersive X-ray diffraction ［J］. Energy & Environmental Science, 2019, 12（2）: 656-665.

［9］ Müller S, Eller J, Ebner M, et al. Quantifying inhomogeneity of lithium ion battery electrodes and its influence on electrochemical performance ［J］. Journal of The Electrochemical Society, 2018, 165（2）: A339-A344.

［10］ Zhao Y, Spingler F B, Patel Y, et al. Localized swelling inhomogeneity detection in lithium ion cells using multi-dimensional laser scanning ［J］. Journal of The Electrochemical Society, 2019, 166（2）: A27-A34.

［11］ Tian C, Xu Y, Nordlund D, et al. Charge heterogeneity and surface chemistry in polycrystalline cathode materials ［J］. Joule, 2018, 2: 464-477.

［12］ Liu N, Lu Z, Zhao J, et al. A pomegranate-inspired nanoscale design for large-volume-change lithium battery anodes ［J］. Nature Nanotechnology, 2014, 9（3）: 187-192.

［13］ Park M, Zhang X, Chung M, et al. A review of conduction phenomena in Li-ion batteries ［J］.

Journal of Power Sources, 2010, 195 (24): 7904-7929.

[14] Ding N, Xu J, Yao Y, et al. Determination of the diffusion coefficient of lithium ions in nano-Si [J]. Solid State Ionics, 2009, 180 (2-3): 222-225.

[15] Winter M, Brodd R J. What are batteries, fuel cells, and supercapacitors [J]. Chemical Reviews, 2004, 104: 4245-4269.

[16] Zheng G, Xiang Y, Xu L, et al. Controlling surface oxides in Si/C nanocomposite anodes for high-performance Li-ion batteries [J]. Advanced Energy Materials, 2018, 8 (29): 1801718.

[17] Chen H, Hou X, Chen F, et al. Milled flake graphite/plasma nano-silicon@carbon composite with void sandwich structure for high performance as lithium ion battery anode at high temperature [J]. Carbon, 2018, 130: 433-440.

[18] Zhuang X, Zhang F, Wu D, Feng X. Graphene coupled schiff-base porous polymers: towards nitrogen-enriched porous carbon nanosheets with ultrahigh electrochemical capacity [J]. Advanced materials, 2014, 26 (19): 3081-3086.

[19] Liu X, Zheng H, Zhong L, et al. Huang. Anisotropic swelling and fracture of silicon nanowires during lithiation [J]. Nano Letters, 2011, 11 (8): 3312-3318.

[20] McDowell M T, Lee S W, Harris J T, et al. In situ TEM of two-phase lithiation of amorphous silicon nanospheres [J]. Nano Letters, 2013, 13 (2): 758-764.

[21] Pan D, Wang S, Zhao B, et al. Li storage properties of disordered graphene nanosheets [J]. Chemistry of Materials, 2009, 21 (14): 3136-3142.

[22] Ryu J H, Kim J W, Sung Y, Oh S M. Failure modes of silicon powder negative electrode in lithium secondary batteries [J]. Electrochemical and Solid-State Letters, 2004, 7 (10): A306-A309.

[23] Wang H, Fu J, Wang C, et al. A binder-free high silicon content flexible anode for Li-ion batteries [J]. Energy & Environmental Science, 2020, DOI: 10.1039/C9EE02615K.

[24] Cao C, Abate I I, Sivonxay E, et al. Solid electrolyte interphase on native oxide-terminated silicon anodes for Li-ion batteries [J]. Joule, 2019, 3: 762-781.

7 纳米硅-碳负极材料制备与电化学性能

7.1 引言

锂离子电池充放电过程中的嵌/脱锂过程产生剧烈的体积膨胀。为了解决硅嵌锂过程体积严重膨胀以及电子导电性不佳的问题，研究者尝试了各种努力。例如进一步降低硅颗粒尺寸，设计为零维硅纳米颗粒[1]、一维硅纳米线或二维硅纳米薄膜[2]、三维硅纳米颗粒[3]，或者将纳米硅由于高导电性材料复合，设计成巧妙地结构，例如纳米硅/导电添加剂[4]、纳米硅-金属氧化物[5]以及纳米硅-碳材料[6]。从可行性角度而言，应用纳米硅负极仍然需要与碳材料复合。

尽管制备纳米硅-碳负极材料的方法很多，但是大多数的方法存在成本高昂或者技术复杂等缺点，比如气相沉积法[7]、石墨烯包覆[8]以及原位制备法[9]。碳包覆纳米硅的蛋黄结构负极材料虽然是一种被广泛应用的有效的设计，但是其制备工艺复杂、活性物质负载量低，而且嵌/脱锂稳定性和电化学性能均不佳，硅碳的复合技术同样是获得高性能负极材料的关键技术。

因此，为了进一步简化包覆结构纳米硅-碳负极材料的制备工艺，提高活性物质负载量，并改善其电化学性能，本章通过自组装制备碳包覆硅的纳米硅-碳负极材料，实现硅碳负极材料的可控制备。该方法以中值粒径大约125nm的硅纳米颗粒和酚醛树脂为原料，在硅烷偶联剂 KH-560 偶联作用下，利用自组装法制备包覆结构纳米硅-碳负极材料。

该纳米硅-碳负极材料的无定形碳虽然没有完整包覆硅纳米颗粒，但是活性物质之间接触紧密，能较好地保持活性物质颗粒之间的物理接触，使得电子接触性较好。相比较同行研究者制得 0.15mg/cm² 负载量的核壳结构负极材料，其活性物质负载量提高到 0.26mg/cm²。该负极（硅含量大约为57.0wt.%）表现出较为优异的循环性能和倍率性能。0.1A/g 电流密度嵌/脱锂时，初始脱锂比容量为 1178mA·h/g，对应的首次库伦效率为 66%；循环 100 圈后，其脱锂比容量为 984mA·h/g，容量保持率为 84%。1A/g 电流密度嵌/脱锂时，初始脱离比容量为 837mA·h/g，循环 800 圈之后，脱锂比容量为 710mA·h/g，保持率为 85%，特别是 10A/g 的超大电流密度下，其比容量仍然达到 404mA·h/g，具有优异的高电流密度嵌/脱锂性能。

7.2　纳米硅-碳负极材料制备及半电池组装

7.2.1　纳米硅-碳负极材料制备

（1）10mL 蒸馏水中加入 1mL KH-560（硅烷偶联剂）。

（2）加入 100mg 自制的硅纳米颗粒（SiNPs，中值粒径为 125nm）。

（3）搅拌 6h。

（4）加入 120mg 酚醛树脂溶液（120mg 酚醛树脂溶解于 20mL 无水乙醇中）。

（5）搅拌 12h。

（6）加入 80mg 二甲基咪唑。

（7）样品放入 80℃ 的油浴锅中搅拌，去除样品的水和乙醇。

（8）样品在管式炉中碳化（以高纯氩气作为保护气，以 5℃/min 的升温速率至 900℃，保温 6h，然后以 5℃/min 的降温速率至室温）。

（9）收集样品，得到包覆结构纳米硅-碳复合物（SiNPs-C）。

（10）样品碾磨至粒径小于 38μm（400 目过筛）。

作为对比，不添加 KH-560 的样品以相同的方法制备。样品制备主要步骤如图 7-1 所示（其中 Ⅰ 表示 KH-560 分子结构示意图，Ⅱ 表示酚醛树脂分子结构示意图，Precursor 1 表示以水为溶剂的 KH-560 包覆的 SiNPs，Precursor 2 表示以水和乙醇为溶剂的 KH-560/酚醛树脂包覆的 SiNPs），包括 SiNPs 和 SiNPs-C 的制备。

7.2.2　半电池组装

（1）以适量 NMP 作为分散剂（35mg 活性物质对应大约 1mL NMP），将上述硅碳纳米负极材料的 SiNPs-C、乙炔黑以及 PVDF 以 7∶2∶1 质量比混合。

（2）搅拌 12h，得到浆料。

（3）利用涂膜控制器，将浆料涂敷在铜箔上，得到极片。

（4）极片在真空干燥箱以 90℃ 干燥 12h。

（5）将干燥后的极片裁剪成直径为 12mm 的圆形极片（对应的活性物质负载量为 0.26mg/cm²）。

（6）手套箱中，上述裁剪的极片作为工作电极、锂片为对电极、Celgard 2400 为隔膜、以及 1mol LiPF₆（EC-DEC-5% FEC）为电解液，组装 2025 型纽扣半电池。

作为对照组，无定形碳（C）、SiNPs 以及没有使用 KH-560 的 SiNPs-C 分别作为工作电极，以相同方法组装半电池。

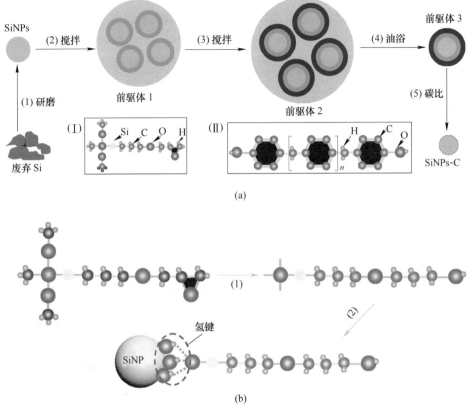

图 7-1 SiNPs-C 制备示意图

（a）SiNPs-C 制备；（b）在（a）图第（3）步的 KH-560 偶联反应示意图

7.2.3 检测与表征

电池检测系统在室温环境检测电池循环性能和倍率性能。电压上、下限分别设置为 3.0V 和 0.01V。电化学工作站测试半电池的循环伏安（CV）和交流阻抗（EIS）。CV 测试时扫描速率为 0.1MV/s；EIS 测试时振幅为 10MV，给定电压为 0.1V。SEM 和 TEM 检测样品微观结构和表面形貌。XRD 检测样品晶体结构。粒径测试仪检测样品粒径以及表面电荷状态。热重（TG）测试仪检测样品硅含量。

7.3 纳米硅-碳负极材料微观结构及电学性能

7.3.1 纳米硅-碳负极材料微观结构

图 7-2（a）为硅颗粒的粒径分布曲线，显示中值粒径为 125nm，而且几乎所有的硅颗粒粒径都低于 500nm。图 7-2（b）为 SiNPs 的 SEM 图，也表明 SiNPs 集

中在 100~200nm。图 7-2（c）为 SiNPs 的 TEM 图，而图 7-2（d）为对应于图 7-2（c）白色圆圈的 HRTEM 图。HRTEM 图表明 SiNPs 的内部主要是晶体硅，而外部主要是 1~4nm 的非晶体硅。对应于图 7-2（d）红色方框的 FFT 图存在亮斑，通过亮斑间距计算可知该区域晶格条纹晶面间距大约为 0.31nm，对应晶体硅的（111）晶面[10]。

图 7-2　SiNPs 粒径分布曲线、SEM 图及 TEM 图（a）~（c），以及对应于图（c）白色
圆圈内的 HRTEM 及局部位置 FFT（d）

　　SiNPs 在蒸馏水中的表面 Zeta 电位为 $-12.55mV$，表明 SiNPs 表面带负电。SiNPs 表面带负电的原因是 SiNPs 与空气接触发生氧化，生成硅氧化物（SiO_x，$0<x\leqslant2$）。SiO_x 表面会吸附氢原子形成氢氧端的 SiNPs，而且随着 pH 值的增加，颗粒表面的 Zeta 电位会逐渐降低（负值）[11]。

　　如图 7-1（b）的第（1）步，硅烷偶联剂 KH-560 在蒸馏水分散剂中发生水解，甲氧基团从 KH-560 脱离，产生甲醇。由于甲氧基团的脱离，KH-560 暴露出氧原子，环氧基团打开产生羟基。第（2）步，水解的 KH-560 和 SiNPs 通过氢键发生偶联作用（如图 7-1（b）的红色圆圈所示）。由于 KH-560 和酚醛树脂都具有羟基，被 KH-560 包覆的 SiNPs 能够溶解在酚醛树脂分散剂中。当乙醇和水被去除，酚醛树脂吸附在 SiNPs 和 KH-560 外部。经过高温碳化之后，酚醛树脂被碳化，而 SiNPs 表面覆盖着碳层。

图 7-3（a）为 SiNPs-C 复合物的 SEM 图，从图中可以看出 SiNPs 被无定形碳骨架包覆。图 7-3（b）为图 7-3（a）红色圆圈内的放大图，SiNPs-C 表面呈现一层明显的外壳。其碳和硅的轮廓有力地说明无定形碳将 SiNPs 紧密包覆。SiNPs-C 的面扫分布图如图 7-3（c）所示，其中碳和硅元素的分布与 SiNPs-C 的轮廓高度吻合。图 7-3（d）为 SiNPs-C 的 TEM 图。和 SiNPs（图 7-2（c））相比，SiNPs-C 表

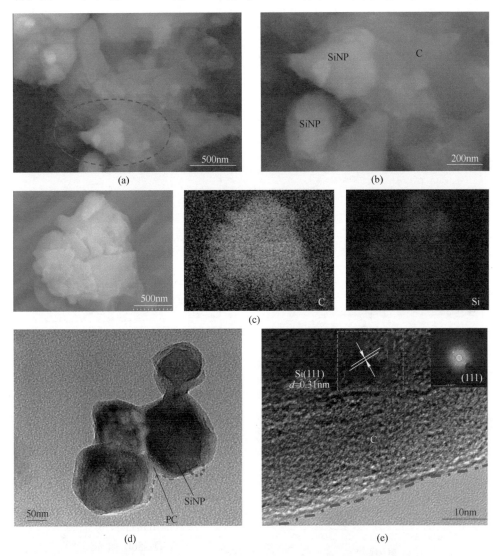

图 7-3 SiNPs-C 的 SEM 图（a），以及对应于图（a）红色圆圈内的局部放大图（b）；
SiNPs-C 的面扫分布及 TEM 图（c）（d）；对应于图（d）红色圆圈内的 HRTEM 及 FFT（e）

面呈现一层明显的外壳。结合图 7-3（c）的面扫分布图可以判定该外壳是碳层。图 7-3（e）为对应于图 7-3（d）红圈的 HRTEM，其内部呈现出晶格条纹，外部为无定形物相，根据其对应的 FFT 图，可以判定该晶格条纹对应着晶体硅（111）晶面。

图 7-4（a）~（c）为 SiNPs 对应的 XPS 总谱以及硅、碳的 XPS 分峰谱；图

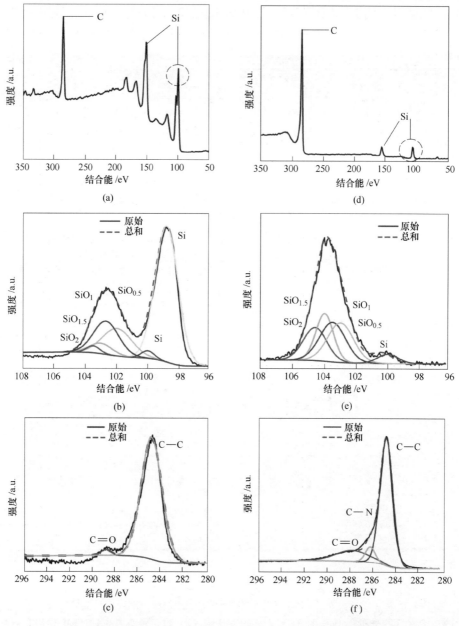

图 7-4　SiNPs（a）~（c）和 SiNPs-C（d）~（f）的 XPS 谱

7-4（d）~（f）为 SiNPs-C 对应的 XPS 总谱以及硅、碳 XPS 分峰谱。图 7-4（b）表明 SiNPs 存在单质硅和 SiO$_x$（SiO$_2$、SiO$_{1.5}$、SiO$_1$、SiO$_{0.5}$）[10,12]。SiO$_x$ 主要是因为 SiNPs 制备过程其表面发生了氧化，形成了薄薄的一层无定形层。C＝O 和 C—C 键的存在主要是因为 SiNPs 制备过程吸附了乙醇。图 7-4（d）表明由于碳包覆在 SiNPs 的表面，SiNPs-C 的碳峰强度明显高于硅的特征峰强度。图 7-4（e）表明 SiNPs-C 表面存在单质硅和氧化态 SiO$_x$（SiO$_2$、SiO$_{1.5}$、SiO$_1$、SiO$_{0.5}$），但是 SiO$_x$ 的强高于硅的（由于 XPS 检测深度不超过 10nm，所以内部的硅无法被检测到），说明 SiNPs-C 在制备过程表面氧化层仍然存在。图 7-4（f）为碳的分峰谱，除了 C＝O 和 C—C 键，还有 C—N 键[13]。C—N 键的存在是因为制备过程加入了 2-甲基咪唑。

碳、SiNPs 以及 SiNPs-C 的 XRD 谱如图 7-5（a）所示。碳的 XRD 谱不存在显著的特征峰，说明碳为无定形碳。SiNPs 的 XRD 谱在 28°、48°、56° 分别存在对应晶体硅（111）、（220）、（311）晶面的特征峰。在 20°~30° 之间存在一个宽峰，说明硅同时存在晶体相和非晶体相。与 SiNPs 比较，SiNPs-C 的硅对应的特征峰强度和位置几乎相同，说明硅在碳化等制备过程，晶体结构没有遭到破坏。图 7-5（b）为 SiNPs-C 的 TG 曲线，表明硅含量为 58.3wt.%，但是如图 7-5（b）的硅 TG 曲线所示，利用 TG 检测硅含量存在硅氧化的问题，需要对其进行校正计算。

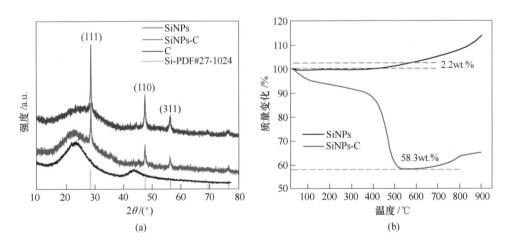

图 7-5 SiNPs、C 和 SiNPs-C 的 XRD 谱（a）以及 SiNPs-C 的 TG 曲线（b）

SiNPs-C 的 TG 曲线在 550~600℃ 之间几乎维持恒定数值，而 600℃ 之后数值增加，可以认为在 550℃ 时，碳已经完全消耗。因此忽略碳层包覆对 SiNPs-C 的 SiNPs 氧化程度的影响，即认为碳层的包覆不会阻碍 SiNPs 氧化的进行，SiNPs 在高温下的氧化程度只与硅的含量有关。

就 SiNPs 的 TG 曲线而言，假设其初始质量为 m_{Si0}。550℃时，与初始质量比较，SiNPs 的质量增加了 2.2wt.%（即 0.022）。SiNPs 质量的增加标记为 Δm，那么 $\Delta m = k \cdot m_{Si0}$，其中 k 为 0.022。

对于 SiNPs-C 的初始质量标记为 M_2，SiNPs 的初始质量标记为 m_{SiNPs2}，碳的质量标记为 m_C。在 550℃时，碳质量消耗的相对量标记为 w_C，SiNPs 质量的增加标记为 $\Delta m'$，那么有：

$$\Delta m' = k \cdot m_{SiNPs2} \tag{7-1}$$

$$m_{SiNPs2} + m_C = M_2 \tag{7-2}$$

$$\frac{m_C - \Delta m'}{M_2} = w_C \tag{7-3}$$

根据方程（7-1）~方程（7-3），可得 SiNPs-C 中硅的含量为：

$$m_{SiNPs2} = \frac{(1 - w_C)M_2}{1 + k} \tag{7-4}$$

根据方程（7-4）和图 7-5（b）的数据，可得 SiNPs-C 的硅含量 w_{SiNPs2} 为：

$$w_{SiNPs2} = \frac{m_{SiNPs2}}{M_2} \times 100\% = \frac{1 - w_C}{1 + k} \times 100\% \approx 57.0\% \tag{7-5}$$

综上所述，SiNPs-C 的硅含量占比大约为 57.0wt.%。

7.3.2　纳米硅-碳负极电化学性能

电解液在 SiNPs-C 的表面分解以及发生其他化学反应生成固态电解质膜主要在第 1 圈嵌锂时发生[14]。固态电解质膜能阻止电解液与活性材料的直接接触，从而提高电极循环稳定性[15]。图 7-6（a）为 SiNPs-C 的 CV 曲线。嵌/脱锂过程发生一系列特征反应，即第 1、2 圈嵌锂曲线在低于 0.22V 位置尖锐的特征峰主要是由晶体硅嵌锂转变成无定形 Li_xSi（0<x<3.75）合金以及无定形 Li_xSi 合金进一步嵌锂转变成晶体 $Li_{15}Si_4$ 合金导致[16]。对于第 2、3、4 圈嵌锂曲线在 0.22V 位置的特征峰主要归因于无定形硅转变成无定形 $Li_{x'}Si$（0≤x'≤3.75）合金，第 2、3、4 圈的嵌锂曲线在 0.22V 存在特征峰，而第 1 圈在 0.22V 没有特征峰，也表明 SiNPs-C 负极的硅主要是晶体硅，所以才会在第 1 圈以晶体硅嵌锂为主，而非晶硅嵌锂特征很不明显。第 1 圈嵌/脱锂之后，绝大部分晶体硅已转变成非晶硅，因此，从第 2 圈开始以非晶硅嵌锂为主，所以表现为 0.22V 具有显著特征峰。0.06V 位置对应的特征峰曲线主要归因于无定形 $Li_{x'}Si$ 合金进一步嵌锂转变成无定形 $Li_{x'+x''}Si$（0≤x'+x''≤3.75）合金[17]。碳嵌入锂离子主要发生在低于 0.2V

的位置（例如 0.02V）[18]。脱锂曲线在 0.47V 位置具有显著的特征峰，主要归因于无定形 Li_xSi 合金脱锂转变成无定形硅[17]。

如图 7-6 中红色箭头所示，随着循环圈数的增加，嵌锂曲线的特征峰越来越显著，表明 SiNPs 经过第 1 圈活化之后，其无定形硅转变成无定形 Li_xSi 合金的反应得到了强化，嵌锂程度越来越高；嵌锂曲线在低于 0.06V 的特征峰越来越弱，表明形成无定形 $Li_{x'}$Si 合金、晶体 $Li_{15}Si_4$ 合金以及无定形 $Li_{x'+x''}$Si 合金的反应越来越弱。脱锂曲线在 0.47V 位置的特征峰越来越显著，表明 SiNPs 经过第 1 圈活化之后，其无定形 $Li_{x'}$Si 合金脱锂反应得到了强化，脱锂程度越来越高。由于硅的嵌/脱锂特征十分显著，掩盖了碳嵌/脱锂的特征峰，导致碳的嵌/脱锂特征不明显。高温裂解的碳存在缺陷，能储存一部分锂离子，在 0.25V 位置发生[18]。然而，脱锂曲线并不存在对应无定形 $Li_{x'+x''}$Si 合金脱锂的特征峰，表明嵌锂过程中形成的无定形 $Li_{x'+x''}$Si 合金无法有效脱出，导致部分锂离不能很好地脱出。SiNPs-PC 负极在 0.1A/g 电流密度时对应的前 3 圈嵌/脱锂曲线如图 7-6（b）所示，展现出典型的硅负极嵌/脱锂特征，且曲线重合度较高，说明嵌脱锂可逆性良好。

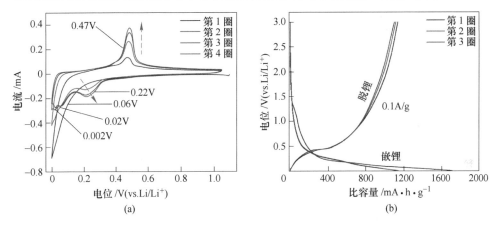

图 7-6　SiNPs-C 负极的 CV 曲线（a），以及 SiNPs-C 负极前三圈嵌/脱锂曲线（b）

图 7-7（a）为 SiNPs-C 负极以 0.1A/g 电流密度嵌/脱锂循环时对应的脱锂比容量曲线。其首次脱锂比容量为 1178mA·h/g，经过 100 圈循环之后，脱锂比容量为 984mA·h/g，可知该负极的可逆比容量在 100 圈内保持率达到 84%，每圈容量下降率大约为 0.16%。该负极的首次库伦效率为 66%，经过初始几圈循环之后，其库伦效率维持在 99% 以上。容量的下降主要归因于 SiNPs-C 表面固态电解质膜的形成、活性物质与集流体接触不良（硅体积膨胀与收缩引起）以及电解液的消耗。同样在 0.1A/g 电流密度嵌/脱锂时，碳（碳由酚醛树脂碳化得到，碳化条件与 SiNPs-C 碳化条件相同）和 SiNPs 的循环曲线如图中黑色和绿色曲线所示。尽管碳负极的循环稳定性非常好，但是其比容量在 100 圈之后只有 372mA·h/g；

SiNPs 负极的首次脱锂比容量为 1756mA·h/g，但是 20 圈之后只有 99mA·h/g。因此，SiNPs-PC 负极兼具碳的循环稳定特性和硅的高比容量特性，表现出优异的高比容量循环稳定性。图 7-7（b）为 SiNPs-C 负极在嵌/脱锂循环电流密度从 0.1A/g 到 10A/g 变换时的脱锂比容量曲线。当电流密度分别为 0.1A/g、0.2A/g、0.5A/g、1A/g、5A/g、10A/g 时，SiNPs-C 负极的脱锂平均比容量分别为 1088mA·h/g、1015mA·h/g、888mA·h/g、788mA·h/g、541mA·h/g、404mA·h/g。特别的，在高达 10A/g 电流密度时，SiNPs-C 负极的脱锂比容量仍然高达 404mA·h/g，高于石墨的理论比容量。嵌/脱锂电流密度返回到 0.1A/g 时，SiNPs-C 负极的脱锂平均比容量为 929mA·h/g。大约是初始 0.1A/g 电流密度嵌/脱锂时脱离比容量的 85%，表明 SiNPs-C 负极具有良好的倍率性能。

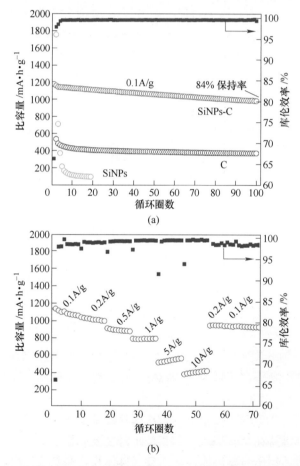

图 7-7　SiNPs、C 及 SiNPs-C 负极循环曲线（a），以及 SiNPs-C 负极倍率性能（b）

　　为了分析 SiNPs-C 负极循环前后的微观结构变化，我们对循环之后的 SiNPs-PC 负极进行拆解（纽扣电池拆解之后的 SiNPs-C 负极在碳酸二甲酯溶液清洗，并在无水乙醇中浸泡 12h）。图 7-8（a）为以 0.1A/g 电流密度循环 100 圈（在嵌锂状态 0.2V 时截至）之后的 SiNPs-C 负极 TEM 图，与循环之前的 SiNPs-C 负极形貌（图 7-3（d））对比，颗粒已完全破碎，并且表面已无明显的碳层轮廓。图 7-8（b）是图 7-7（a）红色圆圈内的局部放大图，存在大量的黑色小颗粒，如图 7-8（b）的红色箭头所示。黑色小颗粒的 HRTEM 如图 7-8（c）所示，可以观察到明显的晶格条纹形貌。对该晶格条纹对应的 FFT 对称亮斑测量计算，可知晶格条纹晶面间距大约为 0.21nm。根据参考文献可知该晶格条纹对应的是 $Li_{15}Si_4$ 合金的（431）晶面[19]。大量的 $Li_{15}Si_4$ 合金被检测到是因为半电池电压截至在嵌锂状态 0.2V，如果是完全脱锂状态，$Li_{15}Si_4$ 合金的数量会少很多。晶体硅并没有被检测到（至少在检测极限范围之内并没有检测到），说明晶体硅已经完全转变成无定形硅和 $Li_{15}Si_4$ 合金。图 7-8（d）~（f）为对应于图 7-8（a）的面扫分布图，其轮廓表明颗粒由硅和碳组成。因此，我们可以判断以 0.1A/g 电流密度嵌/脱锂循环 100 圈之后，SiNPs 破碎成更小的颗粒，碳层遭到破坏，但是破碎的硅颗粒与破坏的碳层（包括导电剂乙炔黑）仍然交织在一起，在一定程度上有助于保持 SiNPs-C 颗粒之间的电子接触性，从而使得 SiNPs-C 负极维持良好的循环稳定性。

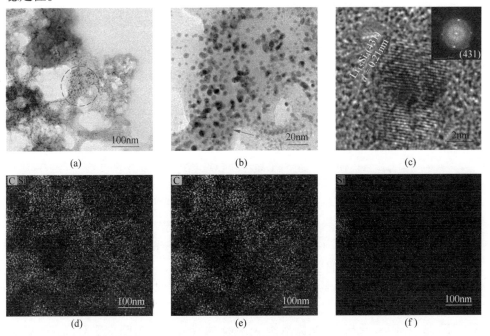

图 7-8　SiNPs-C 负极以 0.1A/g 循环 100 圈之后的 TEM（a）；对应于图（a）
红色圆圈内的 HRTEM（b）；对应于图（b）红色箭头的 HRTEM 和 FFT（c）；
对应于图（a）的面扫分布（d）~（f）

　　图 7-9 为 SiNPs-C 负极以 1A/g 电流密度嵌/脱锂循环的脱锂比容量曲线
（首圈循环以 0.1A/g 电流密度进行）。1A/g 电流密度嵌/脱锂时，其首次脱锂
比容量为 837mA·h/g。根据第 6 章的研究可知，与 0.1A/g 的低电流密度嵌/
脱锂比较，1A/g 的高电流密度嵌/脱锂时的电化学反应不充分，总有部分硅没
有参与嵌/脱锂，所以硅颗粒破碎程度反而不高，表现为前 10 圈的脱锂比容量
维持在较为恒定数字，几乎没有衰减。固态电解质膜的形成消耗了一部分活性
锂，而且有部分锂离子嵌入到活性物质中，在后续脱锂时无法脱出，成为不可
逆的"死锂"。随着嵌/脱锂的进行，硅颗粒由于体积严重膨胀，最终还是会破
碎。而硅破碎导致固态电解质膜重复生长以及活性物质与集流体之间的电子接
触性不良[20]。因此，SiNPs-C 负极的容量逐渐下降。高电流密度循环时的低容
量但是相对稳定的特征与文献报道的相吻合[21]。随着循环圈数的增加，400 圈
之后 SiNPs-C 负极的容量又逐渐增加，800 圈之后维持在 710mA·h/g。这是因
为一方面破碎的活性颗粒能够被显著激活，提高了硅颗粒在嵌/脱锂循环过程
的利用率[22]；另一方面，纽扣电池以锂金属作为负极，而锂金属能够提供源
源不断的锂离子。

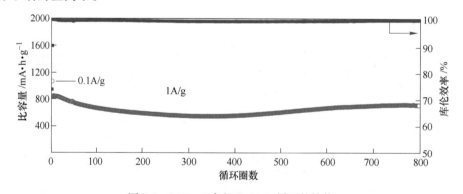

图 7-9　SiNPs-C 负极以 1A/g 循环的性能

　　首次嵌锂的比容量低于理论嵌锂比容量，其主要原因是硅在首次嵌锂的利用
率不高、电解液在电极材料界面发生副反应导致，另一个导致首次嵌锂比容量不
高的原因是硅部分被氧化（如图 7-4（e）所示，XPS 特征峰表面硅表明存在大
量的氧化硅），而氧化硅的理论比容量比硅的更低[23]。
　　为了进一步表征 SiNPs-C 负极的电化学性能，我们对无定形碳、SiNPs 以及
SiNPs-C 负极做了交流阻抗测试，如图 7-10 所示（SiNPs-C-non 表示没有添加
KH-560 的 SiNPs-C 负极）。交流阻抗 Nyquist 曲线的高频半圆主要对应在电极材
料中的电子传递阻值，而低频段的主要对应电极材料中的扩散阻抗[24]，其等效
电路如图 7-10（b）所示。R_s、R_{ct} 和 Z_w 分别表示电解液欧姆阻值、电极-电解液
界面欧姆阻值以及锂离子扩散 Warburg 阻值；C_d 表示电极-电解液界面双电层电

容。图 7-10（c）列出了对应的物理参数数值。图 7-10（c）表明 SiNPs 由于碳的修饰，R_{ct} 从 345.6Ω 降低到 63.7Ω，电子导电性显著提高。

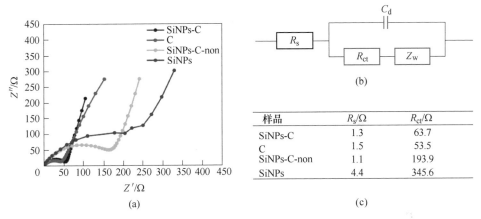

图 7-10　SiNPs、C 及 SiNPs-C 负极 EIS 曲线（a），EIS 测试等效电路图（b），
以及对应于图（b）的欧姆阻抗（c）

7.4　硅烷偶联剂对纳米硅-碳负极电化学性能的影响

没有添加 KH-560 偶联剂的 SiNPs-C 负极，其在 0.1A/g 电流密度嵌/脱锂的循环性能如图 7-11 的黑色曲线所示。由图可知，与添加了 KH-560 偶联剂的 SiNPs-C 负极比较，没有添加 KH-560 偶联剂的 SiNPs-C 负极循环容量快速衰减。100 圈循环之后脱锂比容量只有 307mA·h/g，即容量保持率只有 30%（初始脱锂比容量为 1011mA·h/g）。

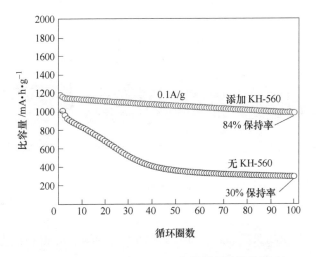

图 7-11　KH-560 对 SiNPs-C 负极循环性能的影响

　　图 7-12（a）为没有添加 KH-560 偶联剂的 SiNPs-C 负极的 TEM 图。与添加了 KH-560 偶联剂的 SiNPs-C 负极（图 7-3（d））比较，可以发现颗粒的表面没有明显的碳层。图 7-12（b）为对应于图 7-12（a）红色圆圈内的 HRTEM 以及 FFT，可以发现存在晶体硅（111）晶面[10]。颗粒的表面存在薄薄的一层无定形状态物相，厚度为 1～4nm，与 SiNPs 的表面很相似（图 7-2（d））。没有添加 KH-560 偶联剂的 SiNPs-C 复合物的面扫分布图如图 7-12（c）所示。硅的信号非常明显，但是碳的信号非常微弱，表明没有 KH-560 偶联剂作用时，SiNPs 表面复合的碳的量非常少，其电极-电解液界面欧姆阻值 R_{ct} 为 193.9Ω，比使用了 KH-560 偶联剂的 SiNPs-C 负极的 R_{ct} 明显更大，表明 KH-560 对提高 SiNPs-C 负极的硅、碳复合效果具有显著的作用。因此，可以推断没有足够厚的碳层包覆，SiNPs-C 的电子导电性较差，使得电化学反应动力不足，最终使得其循环稳定性不佳。

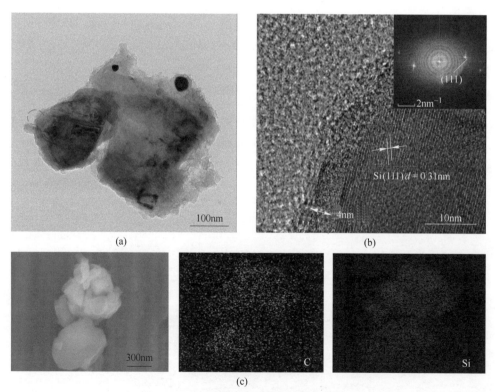

图 7-12　无 KH-560 的 SiNPs-C 微观结构

（a）TEM 图；（b）对应于图（a）红色圆圈内的 HRTEM 及 FFT；（c）SEM 图及面扫分布

　　没有添加 KH-560 偶联剂时，SiNPs 表面复合的碳层很薄主要是因为 SiNPs 表面带负电，如上节所述。酚醛树脂的表面也是带负电[25]。因此，SiNPs 和酚醛树脂因同种电荷而互相排斥，酚醛树脂不易吸附在 SiNPs 表面，导致碳化后 SiNPs 和碳层没有紧密包覆。相比之下，添加了 KH-560 偶联剂时，水解的 KH-560 与 SiNPs 发生氢键作用而紧密复合。KH-560 能够溶解在酚醛树脂和乙醇分散剂中。因此，碳层紧密复合在 SiNPs 表面，提高电极材料电子导电性。

参 考 文 献

[1] Wu H, Du N, Shi X, Yang D. Rational design of three-dimensional macroporous silicon as high performance Li-ion battery anodes with long cycle life [J]. Journal of Power Sources, 2016, 331: 76-81.

[2] Chan C, Peng H, Liu G, et al. High-performance lithium battery anodes using silicon nanowires [J]. Nature Nanotechnology, 2008, 3 (1): 31-35.

[3] Ohara S, Suzuki J, Sekine K, Takamura T. A thin film silicon anode for Li-ion batteries having a very large specific capacity and long cycle life [J]. Journal of Power Sources, 2004, 136 (2): 303-306.

[4] Wu H, Yu G, Pan L, et al. Stable Li-ion battery anodes by in-situ polymerization of conducting hydrogel to conformally coat silicon nanoparticles [J]. Nature Communications, 2013, 4: 1943.

[5] Carbonari G, Maroni F, Birrozzi A, et al. Synthesis and characterization of Si nanoparticles wrapped by V_2O_5 nanosheets as a composite anode material for lithium-ion batteries [J]. Electrochimica Acta, 2018, 281: 676-683.

[6] Fang G, Deng X, Zou J, Zeng X. Amorphous ordered dual carbon coated silicon nanoparticles as anode to enhance cycle performance in lithium ion batteries [J]. Electrochimica Acta, 2019, 295: 498-506.

[7] Yamada M, Inaba A, Ueda A, et al. The negative-electrode material of SiO-C composite for high-energy density lithium-ion batteries [R]. Montréal: The 15th International Meeting on Lithium Batteries-IMLB 2010, 2010.

[8] Pan Q, Zuo P, Lou S, et al. Micro-sized spherical silicon@carbon@graphene prepared by spray drying as anode material for lithium-ion batteries [J]. Journal of Alloys and Compounds, 2017, 723: 434-440.

[9] Liu N, Lu Z, Zhao J, et al. A pomegranate-inspired nanoscale design for large-volume-change lithium battery anodes [J]. Nature Nanotechnology, 2014, 9 (3): 187-192.

[10] Zheng G, Xiang Y, Xu L, et al. Controlling surface oxides in Si/C nanocomposite anodes for high-performance Li-ion batteries [J]. Advanced Energy Materials, 2018, 8 (29): 1801718.

[11] Maniya N H, Patel S R, Murthy Z V P. Study on surface chemistry and particle size of porous silicon prepared by electrochemical etching [J]. Materials Research Bulletin, 2014, 57: 6-12.

[12] Gan C, Wen S, Liu Y, et al. Preparation of Si-SiO$_x$ nanoparticles from volatile residue produced by refining of silicon [J]. Waste Management, 2019, 84: 373-382.

[13] Kim S J, Kim M C, Han S, et al. 3D flexible Si based-composite (Si@Si$_3$N$_4$)/CNF electrode with enhanced cyclability and high rate capability for lithium-ion batteries [J]. Nano Energy, 2016, 27: 545-553.

[14] Agubra V A, Fergus J W. The formation and stability of the solid electrolyte interface on the graphite anode [J]. Journal of Power Sources, 2014, 268: 153-162.

[15] Zhang Q, Xiao X, Zhou W, et al. Toward high cycle efficiency of silicon-based negative electrodes by designing the solid electrolyte interphase [J]. Advanced Energy Materials, 2015, 5 (5): 1401398.

[16] Wu J, Qin X, Miao C, et al. A honeycomb-cobweb inspired hierarchical core-shell structure design for electrospun silicon/carbon fibers as lithium-ion battery anodes [J]. Carbon, 2016, 98: 582-591.

[17] Obrovac M N, Krause L J. Reversible cycling of crystalline silicon powder [J]. Journal of the Electrochemical Society, 2007, 154 (2): A103-A108.

[18] Ru H, Xiang K, Zhou W, et al. Bean-dreg-derived carbon materials used as superior anode material for lithium-ion batteries [J]. Electrochimica Acta, 2016, 222: 551-560.

[19] Liu X, Huang J. In situ TEM electrochemistry of anode materials in lithium ion batteries [J]. Energy & Environmental Science, 2011, 4 (10): 3844-3860.

[20] Cao C, Abate I I, Sivonxay E, et al. Solid electrolyte interphase on native oxide-terminated silicon anodes for Li-ion batteries [J]. Joule, 2019, 3: 762-781.

[21] Zhao K, Pharr M, Cai S, et al. Large plastic deformation in high-capacity lithium-ion batteries caused by charge and discharge [J]. Journal of the American Ceramic Society, 2011, 94 (S1): S226-S235.

[22] Mishra K, George K, Zhou X. Submicron silicon anode stabilized by single-step carbon and germanium coatings for high capacity lithium-ion batteries [J]. Carbon, 2018, 138: 419-426.

[23] Pan K, Zou F, Canova M, et al. Systematic electrochemical characterizations of Si and SiO anodes for high-capacity Li-ion batteries [J]. Journal of Power Sources, 2019, 413 (20-28): 20-28.

[24] Xu Y, Swaans E, Chen S, et al. A high-performance Li-ion anode from direct deposition of Si nanoparticles [J]. Nano Energy, 2017, 38: 477-485.

[25] Li N, Zhang Q, Liu J, et al. Sol-gel coating of inorganic nanostructures with resorcinol-formaldehyde resin [J]. Chemical Communications, 2013, 49 (45): 5135-5137.

8 纳米硅-碳/石墨负极材料制备 与电化学性能

8.1 引言

   自组装法制备的包覆结构纳米硅-碳负极方法简单、工艺可控，可以获得较为稳定的嵌/脱锂稳定性和优良的电化学性能。然而，为了进一步缓解纳米硅-碳负极嵌/脱锂过程巨大的体积变化，在碳包覆纳米硅基础上，其中硅被更进一步设计为更小尺寸的纳米颗粒、纳米线、纳米管、多孔纳米颗粒等[1]。而且，为了解决硅负极电子导电性较差的问题，进一步增强纳米硅-碳负极的电化学稳定性，还会添加高导电性添加剂[2,3]、金属合金[4]以及其他碳材料等[5]。为了增强纳米硅-碳负极材料嵌/脱锂稳定性，还需要特定的结构设计，因此，研究者设计了各种巧妙的微观结构，包括经典的中空结构[6]、层状结构[7]。

   由于硅负极的固有特性，单位质量嵌入的锂离子数量很多，引起不均匀电化学反应、热管理失控等问题。因此，纳米硅-碳负极材料中的硅含量如果比较高，必然导致电池容量衰减较快。高硅含量的纳米硅-碳负极不管如何巧妙设计微观结构和化学成分，都很难达到实际应用的要求。而且，当前正极材料的比容量普遍不超过 $250mA \cdot h/g^{[8]}$，所以纳米硅-碳负极材料也无需过度追求高比容量。石墨负极虽然比容量远不如硅负极，但是其具有超级稳定的电化学性能，是其他高比容量负极材料无法比拟的[9]。基于此，以石墨为主要成分，设计纳米硅-石墨或者纳米硅-碳-石墨负极材料，能够将现有的石墨负极比容量在一定程度上提高，同时也能够兼顾良好的循环稳定性，具有重要的实际应用价值。例如，镶嵌式的纳米硅-石墨负极[10,11]、三明治结构的纳米硅-碳-石墨负极[12]、核壳结构的纳米硅-碳-石墨负极等[13]。这些纳米硅-碳-石墨负极，将硅含量控制在15%以内，表现出优异的电化学性能。

   硅-碳负极材料在充电过程中，嵌锂过程 $Li_{15}Si_4$ 合金的生成会导致微观结构破坏，使得纳米硅-碳负极材料破碎、脱落[14-16]；更糟糕的是，由于硅颗粒的破碎以及电子接触性变差，$Li_{15}Si_4$ 合金在后续的脱锂环节无法完全去合金化（锂离子无法有效脱出），导致容量可逆性变差。因此，$Li_{15}Si_4$ 合金的存在必然也会给纳米硅-碳-石墨负极电化学稳定性带来负面影响[17,18]。为了避开 $Li_{15}Si_4$ 合金，有研究者提出提高嵌锂截止电压的方法阻止过多的 $Li_{15}Si_4$ 合金形成[15]。然而，硅在低电压范围能够嵌入大量的锂，如果提高截止电压，会明显牺牲容量。

根据硅颗粒破碎与尺寸的关系可知，通过尽可能减小硅颗粒尺寸的办法能够有效缓解硅的破碎。颗粒破碎程度得到缓解，那么体积膨胀就能得到缓解，活性物质颗粒之间紧密的电子接触得到维持，从而给电子和离子的迁移提供了充足的动力，强化 $Li_{15}Si_4$ 合金脱锂可逆性，有助于提高负极电化学性能。

为了改善在 $Li_{15}Si_4$ 合金在充放电过程中的结构稳定性，进一步将硅纳米颗粒减小至大约 50nm，同时减少硅烷偶联剂 KH-560 的使用量，利用自组装法制备更加贴合实际应用的包覆结构纳米硅-碳/石墨负极材料（硅含量 10.5wt.%）。该负极材料在高、低电流密度下循环均表现出稳定的电化学性能（0.1A/g 和 1A/g 电流密度充放电时，初始脱锂比容量分别为 505mA·h/g、308mA·h/g；循环 500圈后，容量保持率分别为 86.3%、91.5%），同时具有优异的倍率性能（一系列大小不同的电流密度充放电之后，再次返回到初始电流密度时，容量能够 100%恢复）。本章从纳米硅-碳/石墨负极材料微观结构和物相变化的角度，系统地研究 $Li_{15}Si_4$ 合金的脱锂可逆性与微观结构变化及电化学性能三者之间的逻辑关系。在此基础上，研究活性物质负载量与厚度对纳米硅-碳/石墨负极电化学性能的影响，探索纳米硅-碳/石墨负极与 $LiNi_{1/3}Co_{1/3}Mn_{1/3}O_2$（NCM111）正极材料组装成全电池的电化学性能，为高性能硅碳负极材料应用提供理论和工艺依据。

8.2　纳米硅-碳/石墨负极材料制备及电池组装

8.2.1　纳米硅-碳/石墨负极材料制备

硅原料来自于电子束精炼过程产生的副产物，即物理气相沉积纳米晶硅，如上述章节所述，硅纳米颗粒使用砂磨机制备。

（1）中值粒径大约为 $3\mu m$ 的硅粉与球磨介质以及无水乙醇以 1∶4∶7 的质量比混合（研磨介质为氧化锆珠子，粒径为 0.1mm）。

（2）14h 后获得中值粒径为 51nm 的硅纳米颗粒（SiNPs），标记为 SiNPs-2。

（3）50mg 上述样品加入到 20mL 蒸馏水中。

（4）搅拌 6h。

（5）加入 60mg 酚醛树脂溶液（60mg 酚醛树脂溶解在 20mL 乙醇试剂）和 $100\mu L$ 硅烷偶联剂（KH-560）。

（6）搅拌 12h。

（7）上述分散系置于 80℃ 油浴锅中加热，去除蒸馏水和乙醇，获得酚醛树脂包覆 SiNPs 的样品。

（8）上述样品在管式炉中碳化（以 5℃/min 升温至 800℃，保温 3h，然后以 5℃/min 降温至室温）。

（9）取出样品，标记为 SiNPs-C-2。

（10）SiNPs-C-2 与 80wt.％人造石墨（graphite）混合作为活性物质，标记为 SiNPs-C/G-2（另一组，砂磨机研磨 6h 获得中值粒径大约为 219nm 的硅纳米颗粒，标记为 SiNPs-1，以相同的方法与酚醛树脂复合、碳化处理后，标记为 SiNPs-C-1，与 80wt.％人造石墨混合后，标记为 SiNPs-C/G-1）。

图 8-1 为 SiNPs-C/G-1、SiNPs-C/G-2 活性物质合成过程示意图。图中，SiNPs-1、SiNPs-2 分别表示不同研磨时间获得的硅纳米颗粒；SiNPs-PR-1、SiNPs-PR-2 分别表示 SiNPs-1、SiNPs-2 与酚醛树脂复合；SiNPs-C-1、SiNPs-C-2 分别表示 SiNPs-1、SiNPs-2 与碳复合后获得的复合物；SiNPs-C/G-1、SiNPs-C/G-2 分别表示 SiNPs-C-1、SiNPs-C-2 与石墨混合后获得的负极材料。整个过程包括不同粒径的硅纳米颗粒制备、硅纳米颗粒表面复合酚醛树脂、碳化以及与石墨混合等步骤。该方法简单、成本低廉又无毒。

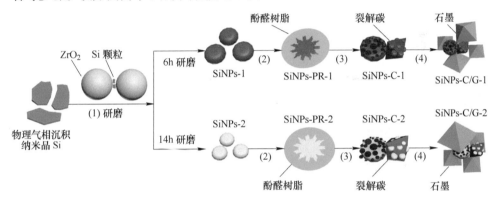

图 8-1 SiNPs-C/G-1 和 SiNPs-C/G-2 制备示意图

8.2.2 半电池组装

（1）以 NMP 为溶剂，SiNPs-C/G-1、SiNPs-C/G-2 分别与乙炔黑、PVDF 以 7:2:1 质量比混合。

（2）搅拌 12h，得到浆料。

（3）涂膜控制器将上述浆料以 100μm 厚度涂敷在铜箔上，得到极片。

（4）上述极片置于真空干燥箱，以 100℃干燥 12h。

（5）将干燥后的极片裁剪成直径为 12mm 的圆形极片（活性物质负载量为 0.33mg/cm^2）。

（6）在手套箱中，上述裁剪的极片作为工作电极、锂片为对电极、Celgard 2300 为隔膜以及 1mol 的 LiPF$_6$（EC-DMC-EMC）为电解液组装 2025 型的纽扣半电池。

作为对照组，人造石墨、SiNPs-C-1、SiNPs-C-2、SiNPs-1/G（SiNPs-1 与石

墨搅拌混合，其中硅的含量与 SiNPs-C-1 中的硅含量相同）以及 SiNPs-2/G（SiNPs-2 与石墨搅拌混合，其中硅的含量与 SiNPs-C-2 中的硅含量相同）负极分别作为工作电极，以相同的方法组装。

8.2.3　全电池组装

（1）将 $LiNi_{1/3}Co_{1/3}Mn_{1/3}O_2$（NCM111，实际脱锂比容量实验值约为 150mA·h/g）与乙炔黑、PVDF 以 8:1:1 质量比混合。

（2）搅拌 12h，制备正极材料浆料。

（3）涂膜控制器将上述浆料以 100μm 厚涂敷在铝箔上，制备正极片。

（4）正极片置于真空干燥箱，以 80℃ 干燥 12h。

（5）干燥后的极片裁剪成直径为 12mm 的圆形极片（活性物质负载量为 0.77mg/cm²）。

（6）在手套箱中，上述 NCM111 的正极片作为正极材料，SiNPs-C/G-2 作为负极材料（负极容量与正极容量比值（N/P 比）大约为 1.5）。使用 502 型号电解液，而其他的（电池壳、隔膜等）与半电池组装相同，组装 2025 型纽扣全电池。

8.2.4　表征与测试

电池检测系统检测纽扣电池循环和倍率性能，其中嵌/脱锂电压范围为 0.01~2.0V(vs. Li/Li⁺)。电化学工作站测试电池的循环伏安（CV）和交流阻抗（EIS）性能，其中 CV 测试的电压范围设置为 0.01~1.6V，扫描速率为 0.1mV/s；EIS 测试的振幅设置为 10mV，给定电压为 0.1V。SEM 和 TEM 检测样品微观结构和物相。XRD 检测样品物相。马尔文粒径测试仪检测样品的粒径分布。热重（TG）分析仪检测样品的硅含量（在空气氛围以 5℃/min 升温至 900℃）。XPS 检测样品表层元素价态变化及化学状态。

8.3　纳米硅-碳/石墨负极材料微观结构及电学性能

8.3.1　纳米硅-碳/石墨负极材料微观结构

图 8-2（a）（b）分别为 SiNPs-1 和 SiNPs-2 的 TEM 图，说明 SiNPs-1 和 SiNPs-2 为不规则多边形颗粒。图 8-2（c）为石墨的 SEM 图，表明石墨是不规则多边形颗粒。图 8-2（d）为石墨、SiNPs-1 以及 SiNPs-2 的粒径分布曲线，表明石墨、SiNPs-1 以及 SiNPs-2 的中值粒径分别为 10μm、219nm、51nm。

图 8-3（a）为 SiNPs-C-1 的 TEM 以及对应高角度环形暗场（High-angle annular dark field, HAADF）图，其对应的面扫分布如图 8-3（b）所示。图 8-3

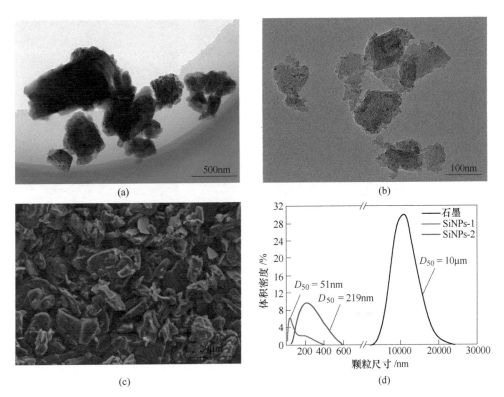

图8-2 SiNPs-1 的 TEM 图 (a), SiNPs-2 的 TEM 图 (b), 石墨的 SEM 图 (c),
以及石墨、SiNPs-1 和 SiNPs-2 的粒径分布曲线 (d)

(a)(b) 有力地说明碳将硅纳米颗粒包覆。图 8-3 (c) 为对应于图 8-3 (a) 红色圆圈的 HRTEM 以及 FFT 图。根据 FFT 的亮斑之间的距离, 可计算晶格条纹间距大约为 0.31nm, 对应晶体硅的 (111) 晶面[19]。图 8-3 (d)(e) 分别为对应 SiNPs-C-2 样品的 TEM、HAADF 图以及面扫分布图, 表明碳将硅纳米颗粒包覆。图 8-3 (f) 为对应于图 8-3 (d) 红色圆圈的 HRTEM 以及 FFT, 也表明对应晶体硅 (111) 晶面。

图 8-4 (a) 为石墨的 XRD 谱, 在 26°、42°、44°、54°附近分别存在对应石墨晶体 (002)、(100)、(101)、(004) 晶面的特征峰[20]。图 8-4 (b) 为碳 (酚醛树脂 800℃ 裂解)、SiNPs-1、SiNPs-2、SiNPs-C-1 以及 SiNPs-C-2 的 XRD 谱。与空白对照组比较 (样品台测试, 图中的空白曲线), 碳的 XRD 谱没有明显的特征峰, 但是在 20°~30°、40°~50°之间存在两个宽峰, 这是无定形碳的特征。SiNPs-1、SiNPs-2、SiNPs-C-1 以及 SiNPs-C-2 的 XRD 谱在大约 28°、47°、56°均有对应于晶体硅 (111)、(220)、(311) 晶面的特征峰[21]。就 SiNPs-C-1 和 SiNPs-C-2 的 XRD 谱强度而言, 相比较 SiNPs-1、SiNPs-2 的特征峰强度并没有减

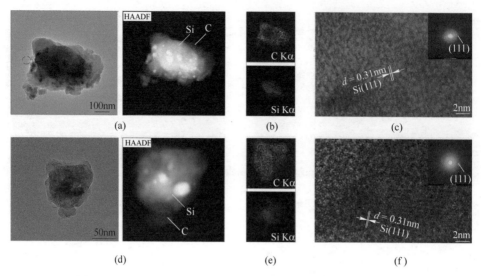

图 8-3　SiNPs-C-1 的 TEM、HAADF、面扫分布图以及对应于红色
圆圈的 HRTEM 和 FFT 图 （a）～（c）；SiNPs-C-2 的 TEM、HAADF、
面扫分布图以及对应于红色圆圈的 HRTEM 和 FFT 图 （d）～（f）

弱，表明碳化处理并不会改变硅的结晶度。与空白对照组的 XRD 谱比较，SiNPs-1 和 SiNPs-2 在 23°左右存在明显的宽峰，表明存在无定形物相（无定形的 SiO_x 或者硅）。

硅纳米颗粒原料（测试时的中值粒径大约 50μm）的 XRD 谱特征峰明显比 SiNPs-1 和 SiNPs-2 的特征峰更强，如图 8-4（c）所示。当硅纳米颗粒的中值粒径从 50μm 减小到 219nm、51nm，硅特征峰强度逐渐减弱，而且 23°附近的宽峰强度明显越来越强，如图 8-4（c）绿色方框所示，表明无定形物相越来越多。无定形物相主要是由于硅纳米颗粒制备过程硅表面发生自氧化。随着颗粒粒径减小，由于比表面积越来越大，表面活性位点越来越多，氧化越严重，生成无定形纳米 SiO_x 层。SiO_x 层由于比容量比硅的更低[22]。因此，随着硅纳米颗粒粒径减小，SiO_x 增加，嵌锂比容量降低，如图 8-5 所示。

图 8-4（d）为 SiNPs-2、SiNPs-C-1、SiNPs-C-2、SiNPs-C/G-1 以及 SiNPs-C/G-2 的 TG 曲线。图中曲线表明 SiNPs-C-1、SiNPs-C-2 的硅含量分别为 57.0wt.%、56.0wt.%，而 SiNPs-C/G-1、SiNPs-C/G-2 的硅含量分别为 12.3wt.%、11.5wt.%。然而，硅纳米颗粒在 550℃之后发生氧化，需要考虑硅氧化给 SiNPs-C-1、SiNPs-C-2、SiNPs-C/G-1 以及 SiNPs-C/G-2 的测试带来的误差。因此，数据需要修正。

类似于纳米硅-碳负极材料的制备方法，调整纳米硅-碳负极中硅含量，从图 8-4（d）可以发现，850℃时质量恒定不变，表明无定形碳和石墨在 850℃已完全消耗，所以硅颗粒表面碳层阻碍硅发生氧化的影响可以忽略不计。因此，假定硅

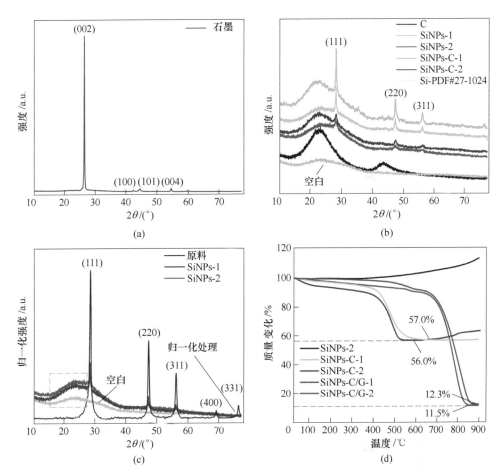

图 8-4 石墨、碳、SiNPs-1、SiNPs-2、SiNPs-C-1 及 SiNPs-C-2 的
XRD 曲线（a）（b），XRD 谱归一化处理后曲线（c），SiNPs-2、SiNPs-C-1、
SiNPs-C-2、SiNPs-C/G-1 及 SiNPs-C/G-2 的 TG 曲线（d）

在硅纳米颗粒以及 SiNPs-C-1、SiNPs-C-2、SiNPs-C/G-1、SiNPs-C/G-2 的氧化程度在一定温度下只受到硅含量影响。

对于硅纳米颗粒热重曲线，硅纳米颗粒初始质量标记为 m_{Si0}。在 850℃ 时，硅质量增加率大约为 10wt.%（即 0.1），硅的质量增加量标记为 Δm。$\Delta m = k \cdot m_{Si0}$，$k = 0.1$。

对于 SiNPs-C/G-2 的热重曲线，SiNPs-C/G-2 的总质量标记为 M_2，硅纳米颗粒、碳以及石墨的质量分别标记为 m_{Si2}、m_{C2}、$m_{graphite}$。

850℃ 时，SiNPs-C/G-2 的质量增加量标记为 $\Delta m'$，$\Delta m' = k \cdot m_{Si2}$，而 SiNPs-C/G-2 的质量减少量与初始质量的比例标记为 w_2。

基于上述假设和分析，可得到方程（8-1）~方程（8-3）：

$$m_{Si2} + m_{C2} + m_{graphite} = M_2 \qquad (8\text{-}1)$$

$$\frac{m_{C2} + m_{graphite} - \Delta m'}{M_2} = w_2 \qquad (8\text{-}2)$$

$$\Delta m' = k \cdot m_{Si2} \qquad (8\text{-}3)$$

根据方程（8-1）~方程（8-3），可以得到 m_{Si2} 的计算方程如式（8-4）所示：

$$m_{Si2} = \frac{(1 - w_2)M_2}{1 + k} \qquad (8\text{-}4)$$

SiNPs-C/G-2 的硅纳米颗粒质量占比标记为 w_{Si2}，那么 w_{Si2} 可以方程（8-5）表达：

$$w_{Si2} = \frac{m_{Si2}}{M_2} \times 100\% = \frac{(1 - w_2)M_2}{(1 + k)M_2} \times 100\% = \frac{1 - w_2}{1 + k} \times 100\% \approx 10.5\%$$

$$(8\text{-}5)$$

根据同样的修正方法，SiNPs-C-1、SiNPs-C-2 以及 SiNPs-C/G-1 的硅含量可分别修正为 55.9wt.%、55.0wt.%、11.2wt.%。

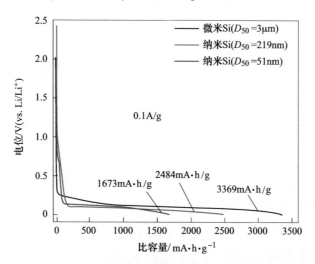

图 8-5　硅负极初始嵌锂比容量随硅颗粒粒径变化的关系曲线

SiNPs-C/G-1 和 SiNPs-C/G-2 对应的碳 XPS 分峰谱分别如图 8-6（a）（d）所示，在 291.25eV、286.5eV、285.2eV 以及 284.7eV 的特征峰分别对应 C—F 键（主要归因于 PVDF）、C＝O（主要归因于碳悬挂键）、C—H（主要归因于碳的悬挂键和 PVDF）以及石墨[23]。由于石墨含量达到了 80wt.%，C—C 键特征峰强度比 C—F、C＝O 以及 C—H 键更显著。SiNPs-C/G-1 和 SiNPs-C/G-2 氧的 XPS 分峰谱分别如图 8-6（b）（e）所示，在 534eV、533eV 的特征峰分别对应 C—O（主要归因于碳的悬挂键）、SiO$_2$（主要归因于硅纳米颗粒氧化）[23,24]。SiNPs-C/

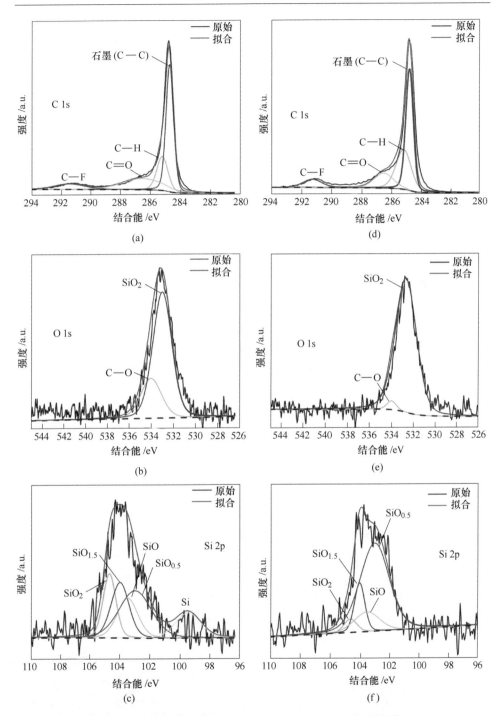

图 8-6　SiNPs-C/G-1 的 XPS 总谱以及对应的 C 1s、O 1s、Si 2p 分峰谱（a）~（c），
SiNPs-C/G-2 的 XPS 总谱以及对应的 C 1s、O 1s、Si 2p 分峰谱（d）~（f）

G-1 和 SiNPs-C/G-2 对应的硅 XPS 分峰谱分别如图 8-6（c）（f）所示，在 104.5eV、104eV、103.5eV、103eV 以及 99.5eV 分别对应 SiO_2、$SiO_{1.5}$、SiO、$SiO_{0.5}$以及 Si[21]，表明 SiNPs-C/G-1 和 SiNPs-C/G-2 的硅发生了明显的氧化。图 8-6（c）显示 99.5eV 的位置存在微弱的硅特征信号，但是图 8-6（f）并不存在硅的特征信号，表明 SiNPs-C/G-2 的硅氧化程度比 SiNPs-C/G-1 的强烈（由于 XPS 的检测深度不超过 10nm，而大量碳和石墨覆盖了硅颗粒，这也导致了单质硅的信号不够明显）。

8.3.2　纳米硅-碳/石墨负极材料的电化学性能

8.3.2.1　硅颗粒粒径对电化学性能影响

SiNPs-C/G-2 负极的 CV 曲线如图 8-7（a）所示。其嵌锂曲线在 0.18V、0.12V 以及 0.08V 存在明显的特征峰，主要归因于无定形硅、晶体硅以及石墨的嵌锂反应[20,25]，而在 0.01V 附近的尖锐特征峰主要归因于无定形 Li_xSi 合金转变成晶体 $Li_{15}Si_4$ 合金、碳嵌锂以及石墨嵌锂反应的累加[26-28]。SiNPs-C/G-2 负极的脱锂曲线在 0.12V、0.26V、0.46V 存在明显的脱锂特征峰，主要归因于石墨、无定形 Li_xSi 合金以及晶体 $Li_{15}Si_4$合金脱锂[25,28]。第 1 圈的嵌锂曲线与第 2、3 圈的嵌锂曲线略有不同，主要是第 1 圈嵌锂过程伴有显著的固态电解质膜形成[20]。第 2、3 圈的嵌/脱锂曲线几乎重合，表明电化学反应可逆程度很高。

图 8-7（b）为石墨、SiNPs-C/G-1 以及 SiNPs-C/G-2 负极以 0.1A/g 电流密度充放电时第 1 圈嵌/脱锂曲线。SiNPs-C/G-1 和 SiNPs-C/G-2 负极的嵌锂比容量分别为 743mA·h/g、752mA·h/g（没有明显的区别），均比石墨负极的高。对于脱锂曲线，SiNPs-C/G-2 负极的脱锂比容量（505mA·h/g）明显高于 SiNPs-C/G-1 负极的脱锂比容量（458mA·h/g），而且 SiNPs-C/G-2 负极的首次库伦效率（67.2%）高于 SiNPs-C/G-1 负极的首次库伦效率（61.6%）。

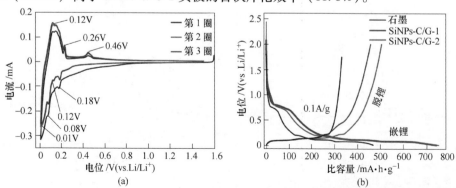

图 8-7　SiNPs-C/G-2 负极的 CV 曲线（a），以及石墨、SiNPs-C/G-1
和 SiNPs-C/G-2 负极首次嵌/脱锂曲线（b）

图 8-8 (a) 为 SiNPs-C-1、SiNPs-C-2、SiNPs-1/G、SiNPs-2/G（如上节实验

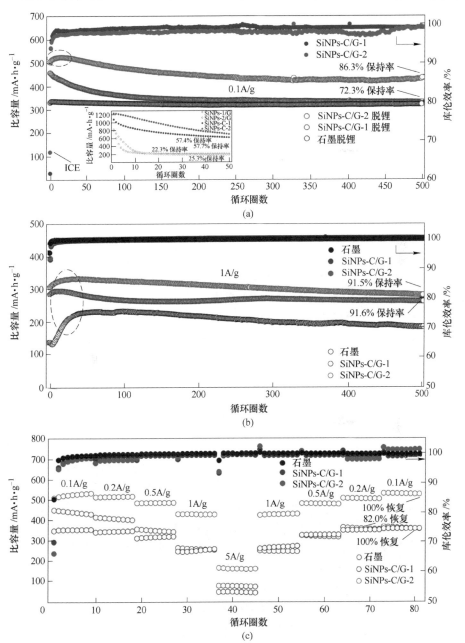

图 8-8 SiNPs-C-1、SiNPs-C-2、SiNPs-1/G、SiNPs-2/G、石墨、SiNPs-C/G-1
及 SiNPs-C/G-2 负极循环性能 (a)，以及石墨、SiNPs-C/G-1 和 SiNPs-C/G-2
负极循环性能和倍率性能 (b)(c)

所述，SiNPs-1 和 SiNPs-2 与石墨搅拌混合，得到 SiNPs-1/G、SiNPs-2/G）、石墨、SiNPs-C/G-1 以及 SiNPs-C/G-2 负极以 0.1A/g 电流密度充放电循环时的脱锂比容量曲线。如左下角的内嵌图所示，SiNPs-C-1、SiNPs-C-2 负极经 50 圈循环后，分别从初始的 1082mA·h/g、1233mA·h/g 降低到 624mA·h/g、708mA·h/g，对应的容量保持率分别为 57.7% 和 57.4%。SiNPs-1/G、SiNPs-2/G 负极经 50 圈循环后，分别从初始的 813mA·h/g、828mA·h/g 快速降低到 206mA·h/g、185mA·h/g，对应的容量保持率分别为 22.3%、25.3%。上述分析表明 SiNPs 与碳复合的负极，其循环性能稳定性比硅纳米颗粒与石墨简单搅拌混合的更佳。

与石墨负极相比较，SiNPs-C/G-1、SiNPs-C/G-2 负极的脱锂比容量更高。对于 SiNPs-C/G-1 负极，其脱锂比容量随着循环圈数的增加逐渐下降，500 圈之后，脱锂比容量为 331mA·h/g，对应的容量保持率为 72.3%。对于 SiNPs-C/G-2 负极，其脱锂比容量在循环的初始十几圈逐渐上升，如图 8-8（a）的黑色圆圈标记所示。比容量上升主要是活性物质经第 1 圈循环之后被活化导致[29]。在接下来的循环，SiNPs-C/G-2 负极的脱锂比容量下降很慢。500 圈循环之后，SiNPs-C/G-2 负极的脱锂比容量为 436mA·h/g，对应的容量保持率为 86.3%。SiNPs-C/G-2 负极的平均库伦效率在 20~500 圈循环时保持在 99% 左右。综上所述，SiNPs-C/G-2 负极比 SiNPs-C/G-1 负极的循环性能更好。由于石墨的加入不仅分散了硅纳米颗粒，防止过度团聚，而且改善了活性物质颗粒之间的电子导电性[13]，所以 SiNPs-C/G-1、SiNPs-C/G-2 负极比 SiNPs-C-1、SiNPs-C-2 负极展现出更优异的循环性能。

图 8-8（b）为石墨、SiNPs-C/G-1 以及 SiNPs-C/G-2 负极以 1A/g 电流密度充放电循环时的脱锂比容量曲线（首圈循环均以 0.1A/g 电流密度充放电，图中未画出）。在 1A/g 电流密度充放电时，石墨负极的初始脱锂比容量为 137mA·h/g，循环 500 之后的脱锂比容量为 183mA·h/g。1A/g 电流密度充放电时，SiNPs-C/G-1、SiNPs-C/G-2 负极的初始脱锂比容量为 286mA·h/g、308mA·h/g。经 500 圈循环之后，SiNPs-C/G-1 负极的脱锂比容量为 262mA·h/g，对应的容量保持率为 91.6%；SiNPs-C/G-2 负极的脱锂比容量为 281mA·h/g，对应的容量保持率为 91.5%。尽管 SiNPs-C/G-1、SiNPs-C/G-2 负极容量保持率没有明显区别，但是 SiNPs-C/G-2 负极的脱锂比容量高于 SiNPs-C/G-1 负极的脱锂比容量。SiNPs-C/G-2 负极的库伦效率除了初始几圈较低之外，其余循环对应的库伦效率均大于 99.8%。石墨、SiNPs-C/G-1 以及 SiNPs-C/G-2 负极在初始十几圈均呈现脱锂比容量上升。主要原因是在 1A/g 的大电流密度时，活性物质均发生了活化导致脱锂比容量上升。

图 8-8（c）为石墨、SiNPs-C/G-1 以及 SiNPs-C/G-2 负极的倍率性能曲线。石墨负极在 0.1A/g、0.2A/g、0.5A/g、1A/g 以及 5A/g 电流密度充放电时，其脱锂平均比容量分别为 351mA·h/g、343mA·h/g、315mA·h/g、248mA·h/g

以及44mA·h/g。当电流密度返回到0.1A/g时，脱锂平均比容量100%恢复到初始0.1A/g时的脱锂比容量。SiNPs-C/G-1负极在0.1A/g、0.2A/g、0.5A/g、1A/g以及5A/g电流密度充放电时，其脱锂平均比容量分别为438mA·h/g、407mA·h/g、347mA·h/g、256mA·h/g以及73mA·h/g。当电流密度返回到0.1A/g时，脱锂平均比容量为359mA·h/g，恢复到初始0.1A/g时脱锂比容量的82%。SiNPs-C/G-2负极在0.1A/g、0.2A/g、0.5A/g、1A/g以及5A/g电流密度充放电时，其脱锂平均比容量分别为522mA·h/g、514mA·h/g、483mA·h/g、427mA·h/g以及159mA·h/g。当电流密度返回到0.1A/g时，SiNPs-C/G-2负极的脱锂比容量为528mA·h/g，几乎100%恢复到初始0.1A/g时的脱锂比容量。值得注意的是，SiNPs-C/G-2负极倍率检测1A/g电流密度时对应的脱锂比容量明显高于直接以1A/g电流密度循环时的脱锂比容量。这是因为倍率检测时，SiNPs-C/G-2负极经过了低电流密度循环活化，锂离子嵌入与脱出均较为顺利，所以脱锂比容量较高，而直接以1A/g电流密度循环时，没有经过低电流密度足够的循环活化。上述分析表明SiNPs-C/G-2负极的倍率性能优于SiNPs-C/G-1的，而且脱锂比容量明显高于石墨的。

图8-9（a）分别为SiNPs-C/G-1（虚线）和SiNPs-C/G-2（实线）负极以0.1A/g电流密度充放电时，循环第1、100、200、300、400以及500圈的脱锂曲线，而图8-9（b）为对应于图8-9（a）红色方框内的放大图。SiNPs-C/G-1负极的脱锂比容量从第1圈循环到第100圈循环下降了21.4%，100圈到200圈下降了4.9%，200圈到300圈下降了1.7%。300圈之后容量几乎保持不变。SiNPs-C/G-2负极的脱锂比容量从第1圈到第100圈下降了4.5%，100圈到200圈下降了6.1%，200圈到300圈下降了3.9%，300圈之后容量几乎保持不变。由此推断，SiNPs-C/G-1负极的比容量衰减集中在前100圈。100圈之后，容量衰减越来越慢，衰减很不均匀。然而，SiNPs-C/G-2负极的容量衰减相当缓慢且均匀。这是由于SiNPs-C/G-2负极的SiNPs粒径较小，提高了循环稳定性。

图8-9（c）分别为SiNPs-C/G-1（蓝色曲线）和SiNPs-C/G-2（红色曲线）负极循环之前以及以0.1A/g电流密度充放电循环第1、100、200、300、400、500圈之后的Nyquist曲线。SiNPs-C/G-2负极的EIS整体比SiNPs-C/G-1负极的低。图8-9（d）为对应于图8-9（c）红色方框的放大图。在低频段，如蓝色和红色虚线所示，除了循环前以及第1圈，SiNPs-C/G-2负极的Nyquist曲线斜率比SiNPs-C/G-1负极的Nyquist曲线更大，表明锂离子在SiNPs-C/G-2负极的扩散动力比在SiNPs-C/G-1负极的更足[30]。图8-9（e）为对应于图8-9（c）的测试等效电路图。R_s、R_{ct}、Z_w分别表示电解液欧姆阻抗、锂离子在电极-电解质界面欧姆阻抗以及反映锂离子在电极扩散动力的Warburg阻抗[31]。循环之前以及第1、100、200、300、400、500圈之后的R_s、R_{ct}如图8-9（f）所示（1表示SiNPs-C/

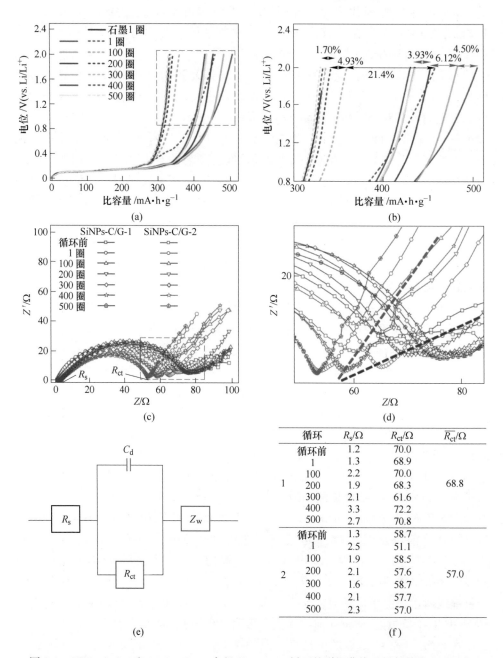

图 8-9　SiNPs-C/G-1 和 SiNPs-C/G-2 负极以 0.1A/g 循环的脱锂曲线及局部放大（a）(b)；
SiNPs-C/G-1 和 SiNPs-C/G-2 负极循环之前以及以 0.1A/g 循环后的 Nyquist 曲线及
局部放大图（c）(d)；EIS 等效电路及阻抗（e）(f)

	循环	R_s/Ω	R_{ct}/Ω	$\overline{R_{ct}}/\Omega$
1	循环前	1.2	70.0	
	1	1.3	68.9	
	100	2.2	70.0	
	200	1.9	68.3	68.8
	300	2.1	61.6	
	400	3.3	72.2	
	500	2.7	70.8	
2	循环前	1.3	58.7	
	1	2.5	51.1	
	100	1.9	58.5	
	200	2.1	57.6	57.0
	300	1.6	58.7	
	400	2.1	57.7	
	500	2.3	57.0	

G-1，2 表示 SiNPs-C/G-2，$\overline{R_{ct}}$ 表示 R_{ct} 的平均值）。SiNPs-C/G-1 和 SiNPs-C/G-2 负极 R_s 的平均值分别为 2.1Ω、2.0Ω，并不存在明显差异。SiNPs-C/G-1 负极 R_{ct} 的平均值为 68.8Ω，比 SiNPs-C/G-2 负极 R_{ct} 的平均值（57.0Ω）更大。上述分析表明 0.1A/g 电流密度循环过程，SiNPs-C/G-2 负极的阻抗比 SiNPs-C/G-1 负极的阻抗更低，这归因于较小硅纳米颗粒减缓了硅颗粒体积应变，整个循环过程较好维持了活性物质电子接触性。良好的电子接触性提高了 SiNPs-C/G-2 负极脱锂可逆性和循环稳定性。

8.3.2.2 导电剂对负极材料容量的影响分析

上述 SiNPs-C/G-1 和 SiNPs-C/G-2 负极的活性物质：乙炔黑：PVDF＝7：2：1，其中活性物质中的硅含量大约是 10.5wt.%，90%的活性物质为无定形碳和石墨。如图 8-10（a）所示，乙炔黑属于无定形碳材质，虽然主要作用是作为导电剂，但是纳米尺寸使得颗粒之间的空隙等界面较为明显。空隙形成的界面也会一定程度上嵌/脱锂离子[32]。特别是 SiNPs-C/G-1 和 SiNPs-C/G-2 负极中的乙炔黑含量占比整个电极材料达到 20wt.%，更需要关注乙炔黑额外产生的容量，阐明活性物质对纳米硅-碳/石墨负极的实际容量贡献。

图 8-10（b）为以乙炔黑作为研究电极，锂金属作为对电极在循环达到稳定状态时的嵌/脱锂曲线，从图中可以发现乙炔黑的嵌锂比容量为 156mA·h/g，而脱锂比容量为 150mA·h/g。

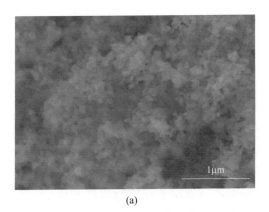

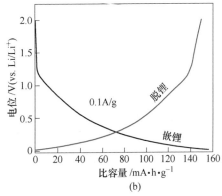

(a)　　　(b)

图 8-10　乙炔黑 SEM 图（a）以及乙炔黑负极嵌/脱锂曲线（b）

对于以 0.1A/g 电流密度嵌/脱锂的 SiNPs-C/G-2 负极，其电极材料（包括活性物质、乙炔黑以及 PVDF）质量为 0.47mg，初始嵌锂容量为 0.25mA·h。乙炔黑质量占比为 20%，那么乙炔黑的质量大约为 0.09mg。乙炔黑的嵌锂比容量为 156mA·h/g，所以 SiNPs-C/G-2 负极中的乙炔黑所贡献的容量为 156mA·h/g×

0.09×10^{-3}g，即大约为 0.01mA·h。0.01mA·h 容量与总的 0.25mA·h 相比较，只占大约 4%（对于 752mA·h/g 的比容量，相当于大约 30mA·h/g）。以上分析表明导电剂乙炔黑对 SiNPs-C/G-2 负极的比容量贡献有限，并不会产生显著影响（乙炔黑对 SiNPs-C/G-1 负极的影响类似）。

8.3.3　硅纳米颗粒尺寸对 $Li_{15}Si_4$ 合金脱锂可逆性的影响

SiNPs-C/G-1、SiNP-C/G-2 以 0.1A/g 电流密度循环 1 圈之后的微观结构如图 8-11 所示。SiNPs-C/G-1 负极的硅与碳交织在一起，如图 8-11（a）的 TEM 以及面扫分布图所示。由于 SiNPs-C/G-1 负极的 SiNPs 尺寸大于 150nm 的临界尺寸[33]，SiNPs 在循环 1 圈之后明显破碎，如图 8-11（a）的白色箭头所示。图 8-11（b）为对应于图 8-11（a）红色圆圈 1 的 HRTEM 以及 FFT 图。根据 FFT 对称亮斑的计算，可知晶格条纹的面间距大约为 0.21nm，对应 $Li_{15}Si_4$ 合金的（431）晶面[34]。该现象表明 SiNPs-C/G-1 负极的晶体 $Li_{15}Si_4$ 合金去锂化不完全，脱锂反应之后仍有残留在电极中，降低了可逆容量。图 8-11（c）为对应于图 8-11（a）红色圆圈内的 HRTEM，对应的 FFT 图像如图 8-11（d）所示。图 8-11（c）（d）表明存在晶体硅（111）晶面。如果硅嵌锂，其晶体物相将全部转变成无定形状态或锂硅合金[35]，所以可判断 SiNPs-C/G-1 负极在嵌锂过程仍然有少部分的硅没有发生嵌锂反应。

然而，SiNP-C/G-2 负极硅的物相结构（图 8-11（e））与初始硅的物相结构并没有明显变化，表明 SiNPs 一次循环之后没有明显破碎。SiNP-C/G-2 负极硅的物相结构完整主要是因为其粒径低于临界尺寸。尺寸越小的颗粒由于比表面积越大，所以表面张力越大，从而有效缓解硅颗粒破碎[36]。SiNP-C/G-2 负极的硅颗粒结构稳定性得到强化的另一个重要原因很可能就是小尺寸颗粒的表面拥有更多的无定形 SiO_x（如图 8-4（c）和图 8-6（c）（f）所示，SiNPs-2 的无定形 SiO_x 比 SiNPs-1 的无定形 SiO_x 更多）。无定形 SiO_x 比晶体硅更具弹性，所以在嵌/脱锂过程中更能够支撑体积膨胀收缩而不破碎[37]。图 8-11（f）为对应于图 8-11（e）红色圆圈的 HRTEM 以及对应的 FFT 图。既没有晶体硅信号被检测到，也没有晶体 $Li_{15}Si_4$ 合金信号被检测到，与 SiNPs-C/G-1 负极的物相有很大不同。上述分析表明，相比较 SiNPs-C/G-1 负极，SiNPs-C/G-2 负极由于硅颗粒的尺寸较小，在嵌/脱锂过程微观结构更加稳定，锂化和去锂化程度均较高，所以电化学性能更加优异。

图 8-12（a）为 SiNPs-C/G-1 负极以 0.1A/g 电流密度循环 500 圈之后微观结构 TEM 图以及对应于红色方框的面扫分布图，表明硅纳米颗粒和碳依然交织在一起。图中存在许多清晰的小黑点，如红色箭头所示。小黑点对应的 HRTEM 以及 FFT 图如图 8-12（b）所示，其化学成分由 $Li_{15}Si_4$ 合金构成。$Li_{15}Si_4$ 合金在脱

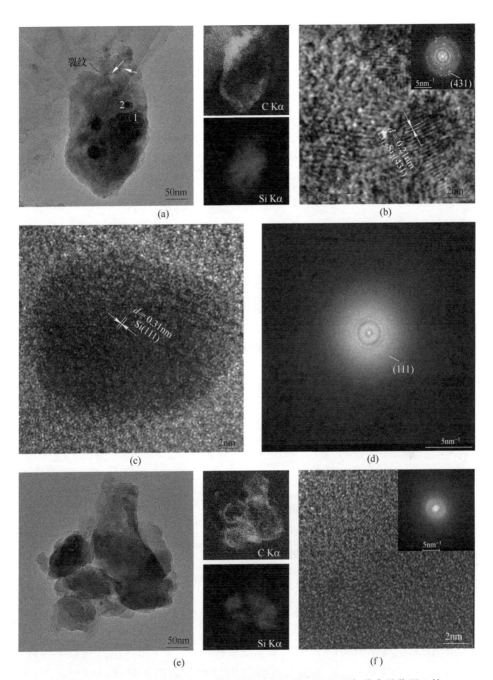

图8-11　0.1A/g循环1圈后，SiNPs-C/G-1负极的TEM、面扫分布及位置1的
HRTEM和FFT图（a）(b)；对应图（a）位置2的HRTEM和FFT图（c）(d)；
SiNPs-C/G-2负极的TEM、面扫分布及对应红色圆圈内的HRTEM和FFT图（e）(f)

锂过程无法完全脱出，残留在电极材料中，增加了不可逆容量。图 8-12（c）为 SiNPs-C/G-2 负极以 0.1A/g 电流密度循环 500 圈之后微观结构 TEM 以及对应于红色方框的面扫分布图，表明硅纳米颗粒和碳交织在一起。与图 8-12（a）比较，黑色小点的信号很微弱。图 8-12（d）为对应于图 8-12（c）红色圆圈的 HRTEM 以及 FFT 图。然而 $Li_{15}Si_4$ 合金的信号比 SiNPs-C/G-1 负极的 $Li_{15}Si_4$ 合金信号更微弱，说明 SiNPs-C/G-2 负极的大部分 $Li_{15}Si_4$ 合金在脱锂过程去合金化程度较高，使得锂离子有效脱出，提高了可逆容量。因此，SiNPs-C/G-2 负极的脱锂比容量较高、较稳定，与图 8-8 和图 8-9 所展示的循环性能相吻合。

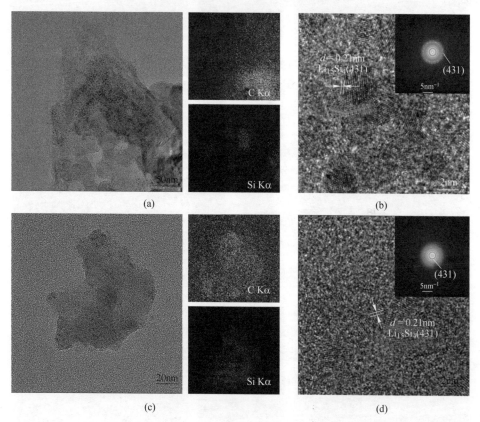

图 8-12　1A/g 循环 1 圈后，SiNPs-C/G-1 负极 TEM、红色方框内面扫分布及 HRTEM、FFT 图（a）（b）；SiNPs-C/G-2 负极 TEM、红色方框内面扫分布及 HRTEM、FFT 图（c）（d）

　　图 8-13 为 SiNPs-C/G-1、SiNP-C/G-2 负极以 0.1A/g 电流密度充放电循环之前、1 圈以及 500 圈之后的正面微观形貌 SEM 图。如图 8-13（a）所示，SiNPs-C/G-1 负极在循环之前的表面相对光滑；循环 1 圈之后，SiNPs-C/G-1 负极的表面出现了明显的裂纹，如图 8-13（b）红色圆圈所示；500 圈循环之后，SiNPs-C/G-1 负极的表面出现了明显的长裂纹，如图 8-13（c）的红色圆圈所示。

相比较而言，SiNP-C/G-2 负极的微观结构在循环之前表面相对光滑；循环 1 圈和 500 圈之后，SiNP-C/G-2 负极的表面没有明显的变化，仍然相对光滑，如图 8-13（d）（f）所示。上述分析表明 SiNP-C/G-2 负极嵌/脱锂循环过程的体积变化比 SiNP-C/G-1 负极嵌/脱锂循环过程的体积变化更缓和，结构更稳定。

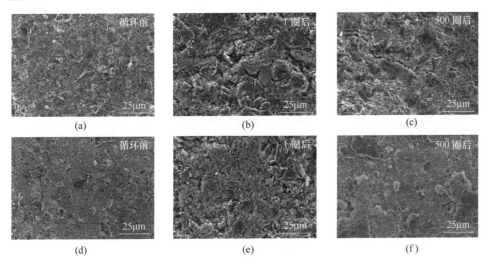

图 8-13　SiNPs-C/G-1（a）~（c）和 SiNPs-C/G-2（d）~（f）负极
循环前以及以 0.1A/g 电流密度循环第 1、500 圈的 SEM 图

基于以上讨论，我们可以得到如下分析与结论：SiNPs-C/G-1 负极的硅纳米颗粒由于粒径较大（大于 150nm），在嵌/脱锂过程会引起更加剧烈的体积应变。SiNPs-C/G-1 负极循环 1 圈之后在硅纳米颗粒、碳颗粒、石墨颗粒以及乙炔黑之间形成明显的裂纹，导致活性物质和铜集流体之间的电子接触性变差[38]。因此，电极的极化更加严重，欧姆阻抗值较大（68.9Ω）。SiNPs-C/G-2 负极的硅纳米颗粒由于粒径较小（粒径小于 150nm），在嵌/脱锂过程硅颗粒破碎程度得以显著缓解，有效缓解了体积应变，所以电子接触性较好。基于以上原因，SiNPs-C/G-2 负极循环 1 圈后电极的极化不明显，欧姆阻抗值较小（51.1Ω）。SiNPs-C/G-1 与 SiNPs-C/G-2 负极具有相近的初始嵌锂比容量（743mA·h/g、752mA·h/g，如图 8-8（b）所示）。然而，SiNPs-C/G-1 负极体积应变剧烈，导致活性物质之间电子接触性差，后续脱锂过程无法完全脱出锂离子，使得一部分锂离子仍然以 $Li_{15}Si_4$ 合金形式残留在活性物质中，如图 8-14（a）所示。因此，SiNPs-C/G-1 负极的可逆比容量较低。相比较而言，在 SiNPs-C/G-2 负极，硅颗粒破碎得以显著缓解，活性物质颗粒之间的电子接触性较好，脱锂过程能够较好地脱出锂离子，如图 8-14（b）所示。因此，SiNPs-C/G-2 负极的可逆比容量较高。

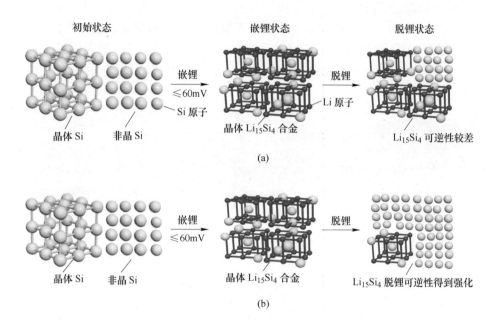

图 8-14　$Li_{15}Si_4$ 合金在嵌/脱锂过程的合金化/去合金化示意图

（a）SiNPs-C/G-1 负极；（b）SiNPs-C/G-2 负极

随着循环圈数的增加，由于硅纳米颗粒的破碎和剧烈的体积应变，SiNPs-C/G-1 负极的电子接触性仍然较差，更多的 $Li_{15}Si_4$ 合金残留在电极材料中。然而，SiNPs-C/G-2 负极在循环过程硅纳米颗粒的破碎和体积应变均较缓和，活性物质颗粒之间的电子接触性一直维持在较好的状态，保证了 $Li_{15}Si_4$ 合金有效脱出，因此，循环和倍率等电化学性能更加优异。

8.4　纳米硅-碳/石墨负极材料在实际锂离子电池中的应用

纳米硅-碳/石墨复合材料作为锂电池负极材料表现出优异的电化学性能，但是在锂离子电池中实际应用还应该与正极材料、电解液和隔膜有机结合起来。锂离子电池在实际商业化应用过程，对于容量的要求，不仅要求单位质量的容量（质量比容量）要高，而且还要单位面积的容量（面容量）要高，才能在有限的面积内得到更高容量的电芯。基于此，实际应用的电池必须尽可能提高浆料（活性物质、导电剂以及黏结剂）中的活性物质比例。

在目前技术，实际应用的锂电池不可能使用锂金属作为负极，而是使用正极材料作为锂源。对于硅-碳负极材料而言，其比容量较高，一般予以匹配比容量较高的三元正极材料（NCM111、NCM811 等）。因此，探索硅-碳负极材料匹配三元正极材料组装成全电池的电化学性能具有重要意义。

8.4.1　提高活性物质负载量

8.4.1.1　提高浆料中的活性物质比例

　　将上节制备的 SiNPs-C/G-2 作为活性物质与乙炔黑、PVDF 分别以 8∶1∶1 以及 9∶0.5∶0.5 制备浆料，涂膜厚度仍然为 100μm，分别标记为 SiNPs-C/G-2-811、SiNPs-C/G-2-90505，而活性物质与乙炔黑、PVDF 以 7∶2∶1 混合的 SiNPs-C/G-2 重新标记为 SiNPs-C/G-2-721。SiNPs-C/G-2-811 和 SiNPs-C/G-2-90505 的电池制备过程与检测条件与 SiNPs-C/G-2-721 相同。图 8-15 为 SiNPs-C/G-2-721、SiNPs-C/G-2-811 和 SiNPs-C/G-2-90505 组装成的三种半电池在 0.1A/g 电流密度充放电时循环性能。SiNPs-C/G-2-721 的初始脱锂比容量为 505mA·h/g，经过 50 圈循环之后，容量保持率大约为 100%，没有衰减；SiNPs-C/G-2-811 的初始比容量为 412mA·h/g，经过 50 圈循环之后，容量保持率大约为 83.1%，明显衰减；SiNPs-C/G-2-90505 的初始比容量为 459mA·h/g，经过 50 圈循环之后，容量保持率大约为 73.6%，也明显衰减。

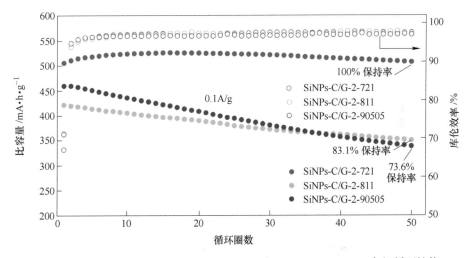

图 8-15　SiNPs-C/G-2-721、SiNPs-C/G-2-811 及 SiNPs-C/G-2-90505 负极循环性能

　　从上述分析可知，浆料中活性物质所占比例的提高，SiNPs-C/G-2 负极的初始脱锂比容量降低（根据初始比容量和首次库伦效率，可以看出提高活性物质在浆料中所占比例使得初始嵌锂比容量也下降了），而且循环性能明显下降。根据 SiNPs-C/G-2-721 负极材料的电池性能分析，推断电池性能下降的主要原因是活性物质比例提高之后，导电剂的使用量减少了，使得 SiNPs-C/G-2 颗粒没有被充

分隔离开，甚至是有部分 SiNPs-C/G-2 颗粒团聚严重。在嵌/脱锂过程，SiNPs-C/G-2 负极团聚的硅颗粒体积膨胀，膨胀之后破坏活性物质结构稳定性，且损坏之后没有足够的导电剂包围，硅颗粒之间的电子接触性不好，使得 SiNPs-C/G-2 的电化学性能显著下降。

8.4.1.2　提高活性物质负载厚度

根据上述的分析可知，提高浆料中活性物质的比例严重影响电池性能，说明在现有材料和电池组装工艺条件下，提高活性物质比例无法满足稳定的高比容量要求。基于此，在不改变混合比例的条件下，活性物质与乙炔黑、PVDF 的混合比例为 7：2：1，以 SiNPs-C/G-2 作为活性物质，利用涂膜控制器在铜箔上涂敷厚度从 100μm 提高到 200μm（活性物质负载量从 $0.33mg/cm^2$ 增加到 $0.79mg/cm^2$），分别标记为 SiNPs-C/G-2-100 和 SiNPs-C/G-2-200。

图 8-16（a）为 SiNPs-C/G-2-100 和 SiNPs-C/G-2-200 在 0.1A/g 电流密度充放电的嵌/脱锂曲线。该图表明 SiNPs-C/G-2-100 的初始比容量为 505mA·h/g，100 圈循环之后，容量保持率高达 94.6%，表现出优异的循环性能；而 SiNPs-C/G-2-200 的初始比容量为 471mA·h/g，100 圈循环，容量保持率只有 80.8%，循环稳定性能较差。图 8-16（b）为 SiNPs-C/G-2-100 和 SiNPs-C/G-2-200 在 1A/g 电流密度时的嵌锂/脱锂曲线（由于 0.1A/g 与 1A/g 电流密度充放电时得到的脱锂比容量数值相差较大，不方便在此图将两者同时展示出，故第 1 圈以 0.1A/g 电流密度循环时的脱离比容量未在图中标注，可参考图 8-16（a）的首次脱锂比容量和库伦效率）。该图表明 SiNPs-C/G-2-100 初始比容量为 308mA·h/g，经过 100 圈循环，容量保持率大约为 100%，几乎没有发生衰减；SiNPs-C/G-2-200 的初始比容量为 276mA·h/g，经过 100 圈循环之后，容量保持率大于 100%。如图 8-16（b）的红色虚线圆圈所标注的，SiNPs-C/G-2-100 和 SiNPs-C/G-2-200 均展现出脱锂比容量在前 20 圈左右时逐渐上升的现象。容量上升主要归因于电极材料润湿不够充分，经过第一圈循环之后，电极材料逐渐被完全润湿，活性物质被进一步活化，发挥出贡献容量的作用，所以表现出脱锂比容量越来越高。值得注意的是，脱锂比容量上升程度随着电极材料厚度的增加而增加，正是因为电极材料越厚，在有限的电解液和静止时间内，电极材料越不容易被润湿，所以第 1 圈循环之后，容量上升的程度越显著。容量上升对于组装成全电池在实际应用过程十分不利，容易造成全电池电压不稳、正极材料过度脱锂等负面影响，所以全电池制备过程应尽量避免这种现象发生。

图 8-16（c）为 SiNPs-C/G-2-100 和 SiNPs-C/G-2-200 的倍率性能曲线。

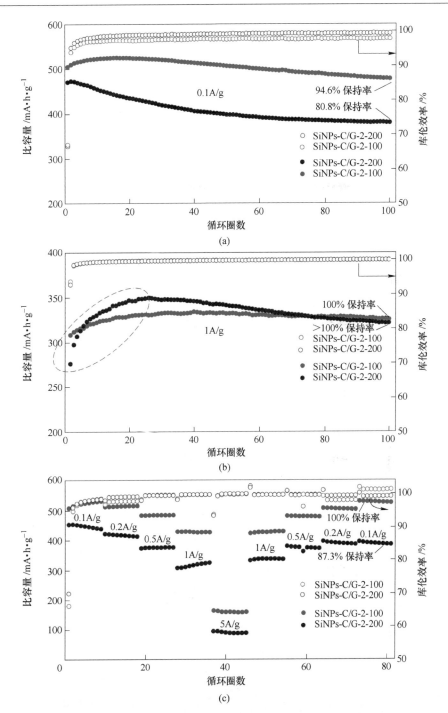

图 8-16　SiNPs-C/G-2-100 与 SiNPs-C/G-2-200 负极的电化学性能

（a）0.1A/g 电流密度时；（b）1A/g 电流密度时；（c）倍率性能

SiNPs-C/G-2-100 在 0.1A/g、0.2A/g、0.5A/g、1A/g 以及 5A/g 电流密度充放电时，其脱锂平均比容量分别为 522mA·h/g、514mA·h/g、483mA·h/g、427mA·h/g 以及 159mA·h/g。当电流密度返回到 0.1A/g 时，SiNPs-C/G-2-100 负极的脱锂平均比容量为 528mA·h/g，几乎 100%恢复到初始 0.1A/g 时的脱锂平均比容量。SiNPs-C/G-2-200 在 0.1A/g、0.2A/g、0.5A/g、1A/g 以及 5A/g 时脱锂平均比容量分别为 447mA·h/g、417mA·h/g、375mA·h/g、316mA·h/g、91mA·h/g，当电流密度返回到 0.1A/g 时，SiNPs-C/G-2-200 负极的脱锂平均比容量为 385mA·h/g，恢复到初始 0.1A/g 时的脱锂平均比容量的 87.3%，说明电极材料厚度增加使得 SiNPs-C/G-2 的倍率性能显著下降。

8.4.2　纳米硅-碳/石墨负极在全电池初步探索

根据上节的分析可知，SiNPs-C/G-2 以 SiNPs-C/G-2：乙炔黑：PVDF=7：2：1 为负极的电池循环性能最优异，故以该比例制备的 SiNPs-C/G-2 作为负极材料，以 NMC111 为正极制备全电池。图 8-17（a）为该全电池在 0.1A/g 电流密度充放电循环时脱锂比容量曲线，其初始脱锂比容量为 130mA·h/g，经过循环 50 圈之后，容量保持率大约为 59.2%。图 8-17（b）为该全电池在 1A/g 电流密度充放电循环时脱锂比容量曲线，其初始脱锂比容量为 73mA·h/g(0.1A/g 时 123mA·h/g)，经过 50 圈循环之后，容量保持率大约为 76.7%。图 8-17（c）为该全电池的倍率性能，其在 0.1A/g、0.2A/g、0.5A/g、1A/g 以及 5A/g 电流密度充放电时，脱锂平均比容量分别为 116mA·h/g、84mA·h/g、59mA·h/g、47mA·h/g 以及 29mA·h/g。当电流密度返回到 0.1A/g 时，该电池的脱锂平均比容量为 89mA·h/g，大约是初始 0.1A/g 电流密度充放电时脱锂平均比容量的 76.8%。

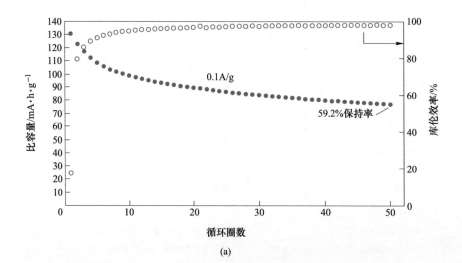

(a)

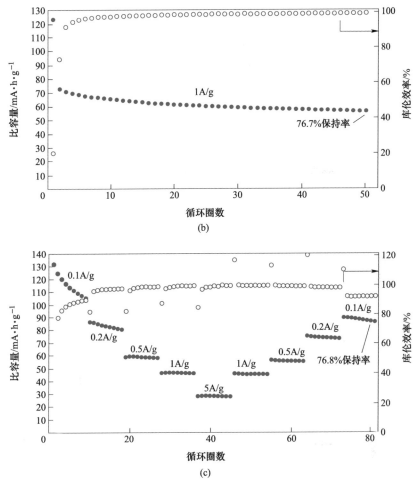

图 8-17 全电池电化学性能

(a) 0.1A/g 时；(b) 1A/g 时；(c) 倍率性能

比较半电池与全电池的电池性能，可以看出虽然 SiNPs-C/G-2 在半电池测试过程中，其在低电流密度、高电流密度以及倍率测试均表现出优异的性能，但是组装成全电池的测试，性能均较差。锂离子嵌入负极材料，一部分用于形成固态电解质膜，一部分残留在电极材料中无法脱出，所以锂离子不断消耗用于补充损失以及固态电解质膜生长[39]。另外一部分原因可能是纳米硅-碳/石墨负极材料过充。过充会导致正极材料 NMC111 过渡脱出锂离子，使得晶体结构坍塌，从而容量快速衰减[40,41]。半电池测试过程使用的对电极是锂金属，能够源源不断地提供锂离子给负极，所以容量衰减缓慢。而全电池测试过程对电极使用的是 NMC111，其锂离子有限，所以随着循环圈数的增加，能够在正、负极之间有效穿梭工作的锂离子越来越少，使得容量严重衰减。

参 考 文 献

[1] Zuo X, Zhu J, Müller-Buschbaum P, Cheng Y. Silicon based lithium-ion battery anodes: A chronicle perspective review [J]. Nano Energy, 2017, 31: 113-143.

[2] Wu H, Yu G, Pan L, et al. Stable Li-ion battery anodes by in-situ polymerization of conducting hydrogel to conformally coat silicon nanoparticles [J]. Nature Communications, 2013, 4: 1943.

[3] Zhang C J, Park S H, Seral-Ascaso A, et al. High capacity silicon anodes enabled by MXene viscous aqueous ink [J]. Nature Communications, 2019, 10: 849.

[4] Cao F, Deng J, Xin S, et al. Cu-Si nanocable arrays as high-rate anode materials for lithium-ion batteries [J]. Advanced Materials, 2011, 23 (38): 4415-4420.

[5] Wang M, Song W, Wang J, Fan L. Highly uniform silicon nanoparticle/porous carbon nanofiber hybrids towards free-standing high-performance anodes for lithium-ion batteries [J]. Carbon, 2015, 82: 337-345.

[6] Liu N, Wu H, McDowell M T, et al. A yolk-shell design for stabilized and scalable Li-ion battery alloy anodes [J]. Nano Letters, 2012, 12 (6): 3315-3321.

[7] Wu J, Qin X, Zhang H, et al. Multilayered silicon embedded porous carbon/graphene hybrid film as a high performance anode [J]. Carbon, 2015, 84: 434-443.

[8] Ellis B L, Lee K T, Nazar L F. Positive electrode materials for Li-ion and Li-batteries [J]. Chemistry of Materials, 2010, 22 (3): 691-714.

[9] Goodenough J B, Kim Y. Challenges for rechargeable Li batteries [J]. Chemistry of Materials, 2010, 22 (3): 587-603.

[10] Schmuch R, Wagner R, Hörpel G, et al. Performance and cost of materials for lithium-based rechargeable automotive batteries [J]. Nature Energy, 2018, 3 (4): 267-278.

[11] Ding Y, Cano Z P, Yu A, et al. Automotive Li-ion batteries: current status and future perspectives [J]. Electrochemical Energy Reviews, 2019, 2: 1-28.

[12] Chen H, Hou X, Chen F, et al. Milled flake graphite/plasma nano-silicon@carbon composite with void sandwich structure for high performance as lithium ion battery anode at high temperature [J]. Carbon, 2018, 130: 433-440.

[13] Li J, Li G, Zhang J, et al. Rational design of robust Si/C microspheres for high-tap-density anode materials [J]. ACS Applied Materials & Interfaces, 2019, 11 (4): 4057-4064.

[14] Gao H, Xiao L, Plumel I, et al. Parasitic reactions in nanosized silicon anodes for lithium-ion batteries [J]. Nano Letters, 2017, 17 (3): 1512-1519.

[15] Tornheim A, Trask S E, Zhang Z. Communication-effect of lower cutoff voltage on the 1st cycle performance of silicon electrodes [J]. Journal of the Electrochemical Society, 2019, 166 (2): A132-A134.

[16] Yao K, Okasinski J S, Kalaga K, et al. Operando quantification of (de) lithiation behavior of silicon-graphite blended electrodes for lithium-ion batteries [J]. Advanced Energy Materials, 2019, 9 (8): 1803380.

[17] Iaboni D S M, Obrovac M N. Li$_{15}$Si$_4$ formation in silicon thin film negative electrodes [J]. Journal of the Electrochemical Society, 2015, 163 (2): A255-A261.

[18] Rhodes K, Dudney N, Lara-Curzio E, Daniel C. Understanding the degradation of silicon electrodes for lithium-ion batteries using acoustic emission [J]. Journal of the Electrochemical Society, 2010, 157 (12): A1354-A1360.

[19] Liu X, Wang J, Huang S, et al. In situ atomic-scale imaging of electrochemical lithiation in silicon [J]. Nature Nanotechnology, 2012, 7 (11): 749-756.

[20] Ru H, Xiang K, Zhou W, et al. Bean-dreg-derived carbon materials used as superior anode material for lithium-ion batteries [J]. Electrochimica Acta, 2016, 222: 551-560.

[21] Zheng G, Xiang Y, Xu L, et al. Controlling surface oxides in Si/C nanocomposite anodes for high-performance Li-ion batteries [J]. Advanced Energy Materials, 2018, 8 (29): 1801718.

[22] Takezawa H, Iwamoto K, Ito S, Yoshizawa H. Electrochemical behaviors of nonstoichiometric silicon suboxides (SiO$_x$) film prepared by reactive evaporation for lithium rechargeable batteries [J]. Journal of Power Sources, 2013, 244 (SI): 149-157.

[23] Hamidah N L, Wang F, Nugroho G. The understanding of solid electrolyte interface (SEI) formation and mechanism as the effect of flouro-O-phenylenedimaleimaide (F-MI) additive on lithium-ion battery [J]. Surface and Interface Analysis, 2019, 51 (3): 345-352.

[24] Cao C, Abate I I, Sivonxay E, et al. Solid electrolyte interphase on native oxide-terminated silicon anodes for Li-ion batteries [J]. Joule, 2019, 3: 762-781.

[25] Obrovac M N, Krause L J. Reversible cycling of crystalline silicon powder [J]. Journal of the Electrochemical Society, 2007, 154 (2): A103-A108.

[26] Wu J, Qin X, Miao C, et al. A honeycomb-cobweb inspired hierarchical core-shell structure design for electrospun silicon/carbon fibers as lithium-ion battery anodes [J]. Carbon, 2016, 98: 582-591.

[27] Chen Y, Li J, Yue G, Luo X. Novel Ag@nitrogen-doped porous carbon composite with high electrochemical performance as anode materials for lithium-ion batteries [J]. Nano-Micro Letters, 2017, 9 (3): UNSP 32.

[28] Xing B, Zhang C, Cao Y, et al. Preparation of synthetic graphite from bituminous coal as anode materials for high performance lithium-ion batteries [J]. Fuel Processing Technology, 2018, 172: 162-171.

[29] Li M, Hou X, Sha Y, et al. Facile spray-drying/pyrolysis synthesis of core-shell structure graphite/silicon-porous carbon composite as a superior anode for Li-ion batteries [J]. Journal of Power Sources, 2014, 248: 721-728.

[30] Meyers J P, Doyle M, Darling R M, Newman J. The impedance response of a porous electrode composed of intercalation particles [J]. Journal of the Electrochemical Society, 2000, 147 (8): 2930-2940.

[31] Guo J, Sun A, Chen X, Wang C, Manivannan A. Cyclability study of silicon-carbon composite anodes for lithium-ion batteries using electrochemical impedance spectroscopy [J]. Electrochimica Acta, 2011, 56 (11): 3981-3987.

［32］Maier J. Thermodynamics of electrochemical lithium storage ［J］. Angewandte Chemie International Edition, 2013, 52 (19): 4998-5026.

［33］Liu X, Zhong L, Huang S, et al. Size-dependent fracture of silicon nanoparticles during lithiation ［J］. ACS Nano, 2012, 6 (2): 1522-1531.

［34］Liu X, Zheng H, Zhong L, et al. Anisotropic swelling and fracture of silicon nanowires during lithiation ［J］. Nano Letters, 2011, 11 (8): 3312-3318.

［35］McDowell M T, Lee S W, Harris J T, et al. In situ TEM of two-phase lithiation of amorphous silicon nanospheres ［J］. Nano Letters, 2013, 13 (2): 758-764.

［36］Zhao K, Pharr M, Vlassak J J, Suo Z. Inelastic hosts as electrodes for high-capacity lithium-ion batteries ［J］. Journal of Applied Physics, 2011, 109 (1): 016110.

［37］Pan K, Zou F, Canova M, et al. Systematic electrochemical characterizations of Si and SiO anodes for high-capacity Li-ion batteries ［J］. Journal of Power Sources, 2019, 413 (20-28): 20-28.

［38］Ryu J H, Kim J W, Sung Y, Oh S M. Failure modes of silicon powder negative electrode in lithium secondary batteries ［J］. Electrochemical and Solid-State Letters, 2004, 7 (10): A306-A309.

［39］潘庆瑞. 硅碳复合负极材料的制备及含硅全电池衰减行为研究 ［M］. 哈尔滨: 哈尔滨工业大学, 2018.

［40］王昆, 黎永志, 罗林. 锂离子电池容量衰减变化及原因分析 ［J］. 中小企业管理与科技, 2019, 8: 146-148.

［41］Ming Y, Xiang W, Qiu L, et al. Dual elements coupling effect induced modification from surface into bulk lattice for Ni-rich cathode with suppressed capacity and voltage decay ［J］. ACS Applied Materials & Interfaces, 2020, DOI: 10. 1021/acsami. 9b18946.